全栈开发 基础入门

夏正东 ◎ 编著

清华大学出版社

北京

内 容 简 介

Python全栈开发系列包括4册,分别为《Python全栈开发——基础入门》《Python全栈开发——高阶编程》《Python全栈开发——数据分析》《Python全栈开发——Web编程》。

本书是Python全栈开发系列的第1册,全书共19章,重点讲解与Python相关的基础知识,包括Python简介、Python开发环境、基本语法、编码规范、变量类型、数据类型转换、运算符、流程控制、函数、面向对象、异常处理、常用模块、文件、正则表达式、数据交换格式、数据库编程、网络编程、多进程和多线程、经典面试题等,搭配570个示例代码,理论知识与实战技巧并重,可以帮助读者快速、深入地理解和应用Python的相关技术,为之后的进阶学习夯实基础。

本书可以作为广大计算机软件技术人员的参考用书,也可以作为高等院校及中等学校计算机科学与技术、自动化、软件工程、网络工程、人工智能与信息系统等专业的教学参考用书。

本书封面贴有清华大学出版社防伪标签,无标签者不得销售。
版权所有,侵权必究。举报: 010-62782989,beiqinquan@tup.tsinghua.edu.cn。

图书在版编目(CIP)数据

Python全栈开发: 基础入门/夏正东编著. —北京: 清华大学出版社,2022.4
 (清华开发者书库・Python)
 ISBN 978-7-302-60090-9

Ⅰ. ①P… Ⅱ. ①夏… Ⅲ. ①软件工具-程序设计 Ⅳ. ①TP311.561

中国版本图书馆 CIP 数据核字(2022)第 018240 号

责任编辑: 赵佳霓
封面设计: 刘　键
责任校对: 时翠兰
责任印制: 宋　林

出版发行: 清华大学出版社
网　　址: http://www.tup.com.cn, http://www.wqbook.com
地　　址: 北京清华大学学研大厦A座　　**邮　编:** 100084
社 总 机: 010-83470000　　**邮　购:** 010-62786544
投稿与读者服务: 010-62776969, c-service@tup.tsinghua.edu.cn
质量反馈: 010-62772015, zhiliang@tup.tsinghua.edu.cn
课件下载: http://www.tup.com.cn,010-83470236

印 装 者: 北京嘉实印刷有限公司
经　　销: 全国新华书店
开　　本: 185mm×260mm　　**印　张:** 21　　**字　数:** 511千字
版　　次: 2022年6月第1版　　**印　次:** 2022年6月第1次印刷
印　　数: 1～2000
定　　价: 79.00元

产品编号: 093019-01

序
FOREWORD

Python 的发布已有 30 多年的历史，近几年更成为炙手可热的编程语言。在多数知名技术交流网站的排名中，Python 能稳定排在前 3 名，说明了 Python 的巨大市场需求和良好的发展前景，也使更多人希望学习和掌握 Python 编程技术，以便提升自身的竞争力，乃至获得更好的求职机会。

Python 语言的流行得益于自身的特点和能力。首先，作为一种通用语言，Python 具有简单、易学、免费、开源、可移植、可扩展、可嵌入和面向对象等诸多优点，能帮助读者轻松完成编程工作；其次，Python 被广泛应用于 GUI 设计、游戏编程、Web 开发、运维自动化、科学计算、数据可视化、数据挖掘及人工智能等多行业和多领域。有专业调查显示，Python 正在成为越来越多开发者的语言选择。目前，如豆瓣、搜狐、金山、腾讯、网易、百度、阿里、淘宝、谷歌、NASA、YouTube 等很多国内外大企业在应用 Python 完成各种各样的任务。

时至今日，Python 几乎可以应用于任何领域和场合。

从近几年的相关领域招聘岗位的需求来看，Python 工程师的岗位需求量巨大，并且这种需求量还在呈现不断上升的趋势。目前，根据知名招聘网站的数据显示，全国 Python 岗位的需求量接近 10 万个，月平均薪资水平约在 13000 元。可见，用"炙手可热"描述 Python 工程师并不为过。

那么，如何才能快速、深入、全面地进入 Python 世界，并且享受到使用 Python 解决实际问题的乐趣呢？本书作者带来了令人兴奋的解决方案。在本书中，作者根据其自身的学习和成长历程，将学习过程中所走的"弯路"做了很好的规避，依据从初学者到资深程序员的认知、成长过程及学习习惯进行合理取舍和编排，使内容衔接自然，极易上手学习，这与目前出版的大量 Python 语法书明显不同。

本书在内容上剔除了软件开发中使用率较低的知识点，将重心置于常用和易错处，使体系更精练，整体感更强。在讲解上，更多地使用通俗、易懂的语言描述，使读者更容易接受，极大地提升了学习乐趣和信心，缩短了学习时间和成本。这些在学习过程中可以遇到的常用和易错知识点配有详尽的示例代码，对帮助读者快速、清晰和深入地理解内容大有裨益。

本书另一个值得推荐的理由来自作者的工程素养。与一般的语法书不同，在讲述语法和编程知识的同时，作者更认真、细致地介绍了与工程相关的规范，并且这种规范贯穿了示例代码的始终。对于实际的软件开发工作来讲，它们既是必须掌握的知识，更是应该在长期的编程实践中养成的良好习惯。此外，本书还为即将求职的读者准备了经典的面试试题，以便在出发前进行备战和自我挑战。

衷心希望本书能为既想了解、学习 Python，又有畏惧心理的广大读者提供帮助，快速掌握这门技术，体会到用 Python 解决工作中的实际问题所带来的成就感。同时，也希望作者能够再接再厉，为广大读者奉献更多的好书。

牛连强

于沈阳工业大学

2022 年 1 月

前 言
PREFACE

  随着互联网时代的快速崛起，众多编程语言走进了大众的视野，尤其是当下的大数据、人工智能（AI）等技术领域更是火遍大江南北，几乎每天都可以从各种新闻报道中看到它们的身影，相关工作岗位所需要的技术人才更是一度出现供不应求的现象，而 Python 正是迈进上述技术领域需要掌握的最佳编程语言之一。

  Python 横跨多个互联网核心技术领域，并且因其简单、高效的特点，被广泛应用于各种应用场景，包括 GUI 开发、游戏开发、Web 开发、运维自动化、科学计算、数据可视化、数据挖掘及人工智能等。

  此外，随着国家对未来的人工智能等技术领域的重视和布局，更凸显出了 Python 的重要地位。从 2018 年起，浙江省信息技术教材已启用 Python，放弃 Visual Basic，这一改动也意味着 Python 已成为浙江省高考内容之一。更有前瞻性的是，山东省最新出版的小学信息技术教材，在六年级课本中也加入了 Python 的相关内容。终于，小学生也开始学习 Python 了！

  本书正是在这样的背景下应运而生。本书是 Python 全栈开发系列的第 1 册，重点讲解与 Python 相关的基础入门知识，搭配 570 个示例代码，可以帮助读者快速、深入地理解和应用相关技术，为之后的进阶学习夯实基础。

  本书共 19 章。第 1 章 Python 简介，主要包括 Python 的历史、设计哲学、特点和应用场景等知识点；第 2 章 Python 开发环境，主要包括 Python 解释器、Python 编辑器和 IDE 工具的安装等知识点；第 3 章基本语法，主要包括变量、常量、模块和包的定义等知识点；第 4 章编码规范，主要包括命名规范、注释规范、导入规范和代码排版等知识点；第 5 章变量类型，主要包括整数、浮点数、复数、布尔值、空值、字符串、列表、元组、字典和集合等类型；第 6 章数据类型转换，主要包括 int()、float()、bool()、str()、list()、tuple()、set() 和 dict() 等函数；第 7 章运算符，主要包括算术、赋值、位、逻辑、比较、成员和身份等运算符；第 8 章流程控制，主要包括顺序结构、选择结构和循环结构；第 9 章函数，主要包括函数的创建、函数的调用、函数的嵌套、函数式编程、迭代器和生成器等知识点；第 10 章面向对象，主要包括类、对象、封装、继承、多态和枚举类等知识点；第 11 章异常处理，主要包括异常的分类、捕获异常、异常堆栈和自定义异常类等知识点；第 12 章常用模块，主要包括 math、random、datetime、logging、pickle 和 configparser 等模块；第 13 章文件，主要包括文件内容操作、文件和目录操作等知识点；第 14 章正则表达式，主要包括普通字符、转义字符、字符类、量词、分组、断言和 re 模块等知识点；第 15 章数据交换格式，主要包括 CSV、XML 和 JSON 等格式；第 16 章数据库编程，主要包括 SQLite、MySQL、MongoDB 和 Redis 等数据库；第 17 章网络编程，主要包括网络基础和 Socket 编程等知识点；第 18 章多进程和多线程，主要包括进程守护、进程阻塞、进程池、进程间的消息队列、线程守护、线程阻塞、互斥锁、事件、条件变量、信号量、障碍对象、线程定时器、线程池和线程间的消息队列等知识点；第19章经典面试题，主要包括与Python面试相关的36道面试题。

著名的华人经济学家张五常曾经说过："即使世界上99%的经济学论文没有发表，世界依然会发展成现在的这样子。"而互联网时代的发展同样具有其必然性，所以要想成功，就必须顺势而为，真正地站稳在时代的风口上！

本书覆盖人群广泛，包括编程初学者、在校学生、职场新人及职场程序员等，而在实际用途上不仅可以满足初学者的入门学习要求，还可以指导其真正步入该行业，最终实现高质量就业，并且还能满足高等院校及中等学校的在校学生对课本之外更深层次的学习需求，确保其可以轻松通过学校内的相关考试。此外，更可以满足职场程序员的深层次学习、扩展编程技能广度和资料查询等需求，真正起到一书多用的功能。

致谢

首先，感谢每位读者，感谢你在茫茫书海中选择了本书，笔者衷心地祝愿各位读者能够借助本书学有所成，并最终顺利地完成自己的学习目标、学业考试和职业选择！

其次，感谢笔者的导师、同事、学生和朋友，感谢他们不断地鼓励和帮助笔者，非常荣幸能够和这些聪明、勤奋、努力、踏实的人一起学习、工作和交流。

最后，感谢笔者的父母，是他们给予了笔者所需要的一切，没有他们无私的爱，就没有笔者今天的事业，更不能达成笔者的人生目标！

此外，在本书的编写和出版过程中得到了来自沈阳工业大学的牛连强教授、大连东软信息学院的张明宝副教授、大连华天软件有限公司的陈秋男先生、51CTO学堂的曹亚莉女士、印孚瑟斯技术(中国)有限公司的崔巍先生和清华大学出版社的大力支持和帮助，在此表示衷心感谢。

在本书的编写过程中，笔者始终本着科学、严谨的态度，力求精益求精，但书中难免存在疏漏之处，恳请广大读者批评指正。

夏正东
于辽宁省大连市
2022年1月

本书源代码

目 录
CONTENTS

第 1 章 Python 简介 ·· 1

1.1 Python 的历史 ·· 1
1.2 Python 的设计哲学 ·· 1
1.3 Python 的特点 ·· 2
1.4 Python 的应用场景 ·· 3

第 2 章 Python 开发环境 ·· 5

2.1 安装 Python 解释器 ··· 5
2.2 安装 Python 编辑器和 IDE 工具 ······························ 7
  2.2.1 安装 Sublime Text 编辑器 ···························· 7
  2.2.2 安装 PyCharm ······································ 7

第 3 章 基本语法 ·· 10

3.1 变量的定义 ·· 10
3.2 变量的命名 ·· 10
  3.2.1 标识符 ·· 10
  3.2.2 关键字 ·· 10
3.3 常量的定义 ·· 11
3.4 模块和包 ·· 11
  3.4.1 模块和包的定义 ···································· 11
  3.4.2 模块和包的使用 ···································· 12
3.5 行与缩进 ·· 16

第 4 章 编码规范 ·· 18

4.1 命名规范 ·· 18
4.2 注释规范 ·· 19
  4.2.1 文件注释 ·· 19
  4.2.2 文档注释 ·· 19
  4.2.3 代码注释 ·· 21
  4.2.4 TODO 注释 ·· 21

　　　　4.2.5　编码注释 ·· 21
　4.3　导入规范 ··· 21
　4.4　代码排版 ··· 23
　　　　4.4.1　空行 ·· 23
　　　　4.4.2　空格 ·· 24
　　　　4.4.3　断行 ·· 25

第 5 章　变量类型 ·· 27

　5.1　整数 ·· 27
　5.2　浮点数 ··· 27
　5.3　复数 ·· 28
　5.4　布尔值 ··· 28
　5.5　空值 ·· 29
　5.6　字符串 ··· 29
　　　　5.6.1　创建字符串 ··· 29
　　　　5.6.2　访问字符串中的值 ·· 30
　　　　5.6.3　字符串的相关操作 ·· 31
　　　　5.6.4　字符串格式化 ··· 34
　5.7　列表 ·· 35
　　　　5.7.1　创建列表 ·· 35
　　　　5.7.2　访问列表中的值 ··· 36
　　　　5.7.3　列表的特性 ··· 37
　　　　5.7.4　列表的相关操作 ··· 37
　　　　5.7.5　列表推导式 ··· 41
　5.8　元组 ·· 42
　　　　5.8.1　创建元组 ·· 42
　　　　5.8.2　访问元组中的值 ··· 43
　　　　5.8.3　元组的特性 ··· 44
　　　　5.8.4　元组的相关操作 ··· 44
　　　　5.8.5　元组推导式 ··· 44
　5.9　字典 ·· 45
　　　　5.9.1　创建字典 ·· 45
　　　　5.9.2　访问字典中的键 ··· 45
　　　　5.9.3　访问字典中的值 ··· 46
　　　　5.9.4　访问字典中的键和值 ·· 47
　　　　5.9.5　字典的特性 ··· 47
　　　　5.9.6　字典的相关操作 ··· 48
　　　　5.9.7　字典推导式 ··· 50
　5.10　集合 ·· 50

	5.10.1 创建集合	50
	5.10.2 访问集合中的值	51
	5.10.3 集合的特性	52
	5.10.4 集合的相关操作	52
	5.10.5 集合推导式	54

第 6 章 数据类型转换 ·········· 55

- 6.1 int()函数 ·········· 55
- 6.2 float()函数 ·········· 55
- 6.3 bool()函数 ·········· 56
- 6.4 str()函数 ·········· 57
- 6.5 list()函数 ·········· 58
- 6.6 tuple()函数 ·········· 58
- 6.7 set()函数 ·········· 58
- 6.8 dict()函数 ·········· 59

第 7 章 运算符 ·········· 60

- 7.1 算术运算符 ·········· 60
- 7.2 赋值运算符 ·········· 60
- 7.3 位运算符 ·········· 61
- 7.4 逻辑运算符 ·········· 63
- 7.5 比较运算符 ·········· 63
- 7.6 成员运算符 ·········· 64
- 7.7 身份运算符 ·········· 64
- 7.8 运算符的优先级和结合性 ·········· 66

第 8 章 流程控制 ·········· 68

- 8.1 顺序结构 ·········· 68
- 8.2 选择结构 ·········· 68
- 8.3 循环结构 ·········· 72
  - 8.3.1 while 循环 ·········· 72
  - 8.3.2 for 循环 ·········· 73
  - 8.3.3 循环嵌套 ·········· 74
  - 8.3.4 循环控制语句 ·········· 75

第 9 章 函数 ·········· 77

- 9.1 函数的创建 ·········· 77
- 9.2 函数的调用 ·········· 77
- 9.3 函数的文档注释 ·········· 78

9.4 函数的参数 79
    9.4.1 参数的分类 79
    9.4.2 参数的传递 79
9.5 变量作用域 83
    9.5.1 局部变量 84
    9.5.2 全局变量 84
    9.5.3 获取指定作用域中的变量值 85
9.6 函数的嵌套 87
9.7 递归函数 88
9.8 函数式编程 89
    9.8.1 高阶函数 89
    9.8.2 闭包函数 91
    9.8.3 回调函数 92
    9.8.4 lambda 表达式 92
    9.8.5 偏函数 93
    9.8.6 函数装饰器 94
9.9 函数的高级特性 97
    9.9.1 迭代器 98
    9.9.2 生成器 98

第 10 章 面向对象 100

10.1 面向对象简介 100
10.2 类和对象 100
    10.2.1 类和对象简介 100
    10.2.2 类的创建 101
    10.2.3 对象的创建 101
    10.2.4 类的属性和类的方法 102
    10.2.5 常用函数 105
10.3 封装 107
    10.3.1 封装简介 107
    10.3.2 私有属性和私有方法 107
10.4 继承 111
    10.4.1 继承简介 111
    10.4.2 单继承 111
    10.4.3 多继承 113
    10.4.4 super()函数 113
10.5 多态 115
    10.5.1 多态简介 115
    10.5.2 类型检测 116

　　　　10.5.3　鸭子类型 ·· 117
　10.6　根类object ··· 119
　10.7　枚举类 ··· 125

第11章　异常处理 ··· 128

　11.1　异常概述 ··· 128
　11.2　异常的分类 ·· 128
　11.3　捕获异常 ··· 131
　11.4　异常堆栈 ··· 134
　11.5　自定义异常类 ··· 135

第12章　常用模块 ··· 138

　12.1　math模块 ·· 138
　12.2　random模块 ·· 141
　12.3　datetime模块 ··· 142
　　　　12.3.1　date类 ··· 143
　　　　12.3.2　time类 ··· 144
　　　　12.3.3　datetime类 ·· 144
　　　　12.3.4　timedelta类 ··· 146
　　　　12.3.5　timezone类 ··· 146
　12.4　logging模块 ··· 148
　　　　12.4.1　logging模块的日志级别 ································· 149
　　　　12.4.2　logging模块的日志处理流程 ··························· 149
　　　　12.4.3　logging模块的常用函数 ································· 153
　12.5　pickle模块 ··· 156
　12.6　configparser模块 ·· 158

第13章　文件 ·· 160

　13.1　文件内容操作 ··· 160
　　　　13.1.1　打开文件 ·· 160
　　　　13.1.2　读、写文件 ··· 162
　　　　13.1.3　关闭文件 ·· 165
　13.2　文件和目录操作 ·· 167
　　　　13.2.1　os模块 ··· 167
　　　　13.2.2　os.path模块 ·· 170
　　　　13.2.3　shutil模块 ··· 173

第14章　正则表达式 ·· 175

　14.1　正则表达式简介 ·· 175

14.2 正则表达式的基本语法 …… 175
    14.2.1 普通字符 …… 175
    14.2.2 元字符 …… 175
14.3 re 模块 …… 180
    14.3.1 直接使用 re 模块中的相关方法 …… 180
    14.3.2 编译正则表达式 …… 186

第 15 章 数据交换格式 …… 187

15.1 CSV 数据交换格式 …… 187
15.2 XML 数据交换格式 …… 188
15.3 JSON 数据交换格式 …… 192
    15.3.1 JSON 数据编码 …… 193
    15.3.2 JSON 数据解码 …… 194

第 16 章 数据库编程 …… 196

16.1 关系数据库 …… 196
    16.1.1 SQLite …… 199
    16.1.2 MySQL …… 203
16.2 非关系数据库 …… 208
    16.2.1 MongoDB …… 208
    16.2.2 Redis …… 216

第 17 章 网络编程 …… 250

17.1 网络基础 …… 250
    17.1.1 C/S 架构和 B/S 架构 …… 250
    17.1.2 TCP/IP …… 250
    17.1.3 IP 地址 …… 252
    17.1.4 域名 …… 253
    17.1.5 端口号 …… 253
17.2 Socket 编程 …… 253
    17.2.1 Socket TCP …… 255
    17.2.2 Socket UDP …… 257

第 18 章 多进程和多线程 …… 260

18.1 多进程 …… 261
    18.1.1 进程守护 …… 262
    18.1.2 进程阻塞 …… 263
    18.1.3 进程池 …… 264
    18.1.4 进程间的消息队列 …… 266

18.2 多线程 ··· 270
    18.2.1 线程守护 ·· 272
    18.2.2 线程阻塞 ·· 273
    18.2.3 线程同步 ·· 275
    18.2.4 线程定时器 ··· 286
    18.2.5 线程池 ·· 287
    18.2.6 线程间的消息队列 ·· 288

第 19 章 经典面试题 ·· 293

第 1 章 Python 简介

1.1 Python 的历史

1989 年圣诞节期间,荷兰人吉多·范·罗苏姆(Guido van Rossum)在阿姆斯特丹为了打发圣诞节的无聊时间,决心开发一个新的脚本解释程序,以作为 ABC 语言的一种继承,这就是 Python。

之所以将 Python 作为该编程语言的名字,是因为吉多·范·罗苏姆喜欢看英国 20 世纪 70 年代首播的电视喜剧《蒙提·派森的飞行马戏团》(*Monty Python's Flying Circus*),于是他将这种新的编程语言起名为 Python(大蟒蛇的意思)。Python 的 Logo 如图 1-1 所示。

1991 年第 1 个 Python 解释器公开版发布,它是用 C 语言编写实现的,并能够调用 C 语言的库文件,并且 Python 一诞生就已经具有了类、函数和异常处理等内容,包含字典、列表等核心数据结构。

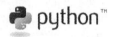

图 1-1 Python 的 Logo

2000 年 Python 2 发布,经过数年的发展,其维护者兼发布经理本杰明·彼得森(Benjamin Peterson)于 2020 年 4 月 20 日 23 点 06 分在邮件组中正式声明,Python 2.7.18 正式发布,并且这将是 Python 2 的最后一个版本。

2008 年 12 月 3 日 Python 3 正式发布,需要注意的是 Python 3 与 Python 2 是不完全兼容的,但是由于很多 Python 程序和库是基于 Python 2 开发的,所以 Python 2 和 Python 3 的程序仍然会在较长的一段时期内并存。不过,由于 Python 3 的新功能吸引了很多开发人员,所以很多开发人员正在从 Python 2 升级到 Python 3。作为初学者,如果想学习 Python,强烈建议从 Python 3 开始。

1.2 Python 的设计哲学

Beautiful is better than ugly.(优雅胜于丑陋)
Explicit is better than implicit.(明确胜于含糊)
Simple is better than complex.(简单胜于复杂)
Complex is better than complicated.(复杂胜于烦琐)

Flat is better than nested.（扁平胜于嵌套）

Sparse is better than dense.（间隔胜于紧凑）

Readability counts.（可读性很重要）

Special cases aren't special enough to break the rules.（即使假借特殊之名，也不应打破这些原则）

Although practicality beats purity.（尽管实践大于理论）

Errors should never pass silently.（错误不可置之不理）

Unless explicitly silenced.（除非另有明确要求）

In the face of ambiguity, refuse the temptation to guess.（面对模棱两可，拒绝猜测）

There should be one-and preferably only one-obvious way to do it.（用一种方法，最好是只有一种方法来做一件事）

Although that way may not be obvious at first unless you're Dutch.（虽然这种方式开始时并不容易，除非你是Python之父）

Now is better than never.（从现在开始这么做，总比永远都不做好）

Although never is often better than right now.（但不假思索就动手还不如不做）

If the implementation is hard to explain, it's a bad idea.（如果一个方案不容易解释，则它肯定是个坏主意）

If the implementation is easy to explain, it may be a good idea.（如果一个方案很容易解释，则它可能是个好主意）

Namespaces are one honking great idea-let's do more of those!（命名空间就是一个绝妙的想法，应当多加利用）

1.3 Python 的特点

1. 免费开源

Python 是 FLOSS（自由/开放源码软件）之一，允许自由发布软件的备份、阅读和修改其源代码，并可以将其一部分自由地用于新的自由软件中。

2. 简单易学

Python 遵循"简单、优雅、明确"的设计哲学，并且拥有相对较少的关键字和一个明确定义的语法，使读者学习起来更加简单。

3. 高级语言

Python 是一种高级语言，相对于 C 语言，它牺牲了性能而提升了编程人员的效率，使得编程人员可以不用关注底层的细节，从而把精力全部放在编程上。

4. 解释执行

Python 是解释型语言，边编译边执行。

5. 可移植性

基于其开放源代码的特性，Python 能运行在不同的平台上。

6. 面向对象

Python 既支持面向过程，也支持面向对象。

7．可嵌入性

Python 可以嵌入 C/C++ 语言中，从而让程序的用户获得"脚本化"的能力。

8．可扩展性

可以通过 C/C++ 语言为 Python 编写扩展模块。

9．丰富的库

Python 拥有许多功能丰富和可跨平台的库，并且在不同的平台上其兼容性良好。

1.4 Python 的应用场景

1．Web 开发

Python 语言能够满足快速迭代的需求，这种特性非常适合互联网公司的 Web 应用开发场景。Python 用作 Web 开发语言已有十多年的历史，在这个过程中，涌现出了众多优秀的 Web 开发框架，如 Django、Pyramid、Bottle、Tornado、Flask 和 web2py 等，并且许多知名的网站也在使用 Python 语言开发，如豆瓣、知乎、网易、YouTube 和 Yelp 等。这一方面足以说明 Python 作为 Web 开发语言的受欢迎程度，另一方面也说明 Python 语言用作 Web 开发经受住了大规模用户并发访问的考验。该应用场景的具体内容，读者可以通过阅读《Python 全栈开发——Web 编程》一书进行学习。

2．GUI 开发

Python 语言可以轻松地开发出一套 GUI 应用程序。Python 的 GUI 开发不仅可以使用 Python 的标准库 Tkinter 模块进行编程，还可以使用 PyGObject、PyQt、PySide、Kivy 或 wxPython 等第三方库进行编程。该应用场景的具体内容，读者可以通过阅读《Python 全栈开发——高阶编程》一书进行学习。

3．游戏开发

与 Web 开发和 GUI 开发一样，Python 同样具有用于游戏开发的大量工具和库。Python 可以直接调用 Open GL 实现 3D 绘制，这是高性能游戏引擎的技术基础。此外，Python 还提供了众多 2D 和 3D 游戏的库，包括 Pygame、Pyglet、Cocos2d、Pycap、Construct、Panda3D、PySoy 和 PyOpenGL 等。该应用场景的具体内容，读者可以通过阅读《Python 全栈开发——高阶编程》一书进行学习。

4．网络爬虫

互联网拥有海量的免费数据信息，而网络爬虫就是从不同的网站上爬取数据信息，并利用这些数据信息解决一系列诸如金融风险分析、社交媒体情绪分析和机器学习项目等相关问题。Python 提供了众多用于构建网络爬虫的库，包括 urllib、requests、BeautifulSoup、PyQuery 和 Selenium 等。该应用场景的具体内容，读者可以通过阅读《Python 全栈开发——数据分析》一书进行学习。

5．科学计算

Python 语言也广泛地应用于科学计算，其中，NumPy、SciPy 和 Pandas 就是优秀的数值计算和科学计算库。该应用场景的具体内容，读者可以通过阅读《Python 全栈开发——数据分析》一书进行学习。

6. 数据可视化

Python 语言也可以将复杂的数据通过图表展示出来，以便于数据分析。常用的数据可视化库包括 Matplotlib、Seaborn 和 Pyecharts 等。该应用场景的具体内容，读者可以通过阅读《Python 全栈开发——数据分析》一书进行学习。

7. 人工智能

人工智能是目前非常火爆的技术领域之一。Python 语言可以广泛应用于深度学习、机器学习和自然语言处理等技术领域。并且由于 Python 语言的动态特点，很多人工智能框架采用了 Python 语言实现。

8. 大数据

大数据分析中涉及的分布式计算、数据可视化、数据库操作等在 Python 中都有成熟的库，并且 Hadoop 和 Spark 都可以直接使用 Python 编写计算逻辑。

9. 自动化运维

Python 语言可以编写服务器运维自动化脚本。服务器多数采用 Linux 和 UNIX 系统，以前很多运维人员通过编写用于系统管理的 Shell 脚本实现运维工作，而现在则可以使用 Python 语言编写系统管理程序，在代码可读性、重用性和可扩展性等方面都优于普通的 Shell 脚本。

第 2 章 Python 开发环境

本章将学习如何安装 Python 解释器,以及与 Python 开发相关的编辑器和 IDE 工具。

2.1 安装 Python 解释器

首先,介绍 Python 解释器的种类。

1. CPython

该解释器是用 C 语言实现的 Python 解释器,也是官方提供的,并且是使用最广泛的 Python 解释器之一。CPython 使用的是字节码的解释器,任何程序源代码在执行之前都要先编译成字节码,类似于 Java 语言,然后由虚拟机执行,这样当再次执行相同源代码文件时,如果源代码文件没有被修改过,则它会直接解释执行字节码文件,从而提高程序的运行速度。

2. IPython

该解释器是基于 CPython 的一个交互式解释器,也就是说,IPython 只是在交互方式上有所增强,其执行 Python 代码的功能和 CPython 是完全一致的。

3. PyPy

该解释器是基于 Python 编写的 Python 解释器,采用 JIT 技术(即时编译技术)对 Python 代码进行动态编译,所以可以显著提高 Python 代码的执行速度,因此该解释器的执行速度要比 CPython 解释器快,但兼容性不如 CPython 解释器。

4. JPython

该解释器是基于 Java 编写的 Python 解释器,运行在 Java 平台上,可以直接把 Python 代码编译成 Java 字节码执行。

5. IronPython

该解释器和 JPython 解释器类似,只不过 IronPython 解释器运行在微软的.NET 平台上,可以直接把 Python 代码编译成.NET 的字节码,并且可以兼容.NET Framework 链接库,所以其优势也是显而易见的。

在了解完 Python 解释器的种类之后,本书就以目前使用最为广泛的 Python 解释器——CPython 解释器,来演示一下如何下载和安装。

本书所使用的 Python 解释器的版本为 3.7.0，读者可以前往 Python 的官方网站下载 Python 解释器，单击 Windows x86 executable installer 即可完成下载，如图 2-1 所示。

Version	Operating System	Description	MD5 Sum	File Size	GPG
Gzipped source tarball	Source release		41b6595deb4147a1ed517a7d9a580271	22745726	SIG
XZ compressed source tarball	Source release		eb8c2a6b1447d50813c02714af4681f3	16922100	SIG
macOS 64-bit/32-bit installer	Mac OS X	for Mac OS X 10.6 and later	ca3eb84092d0ff6d02e42f63a734338e	34274481	SIG
macOS 64-bit installer	Mac OS X	for OS X 10.9 and later	ae0717a02efea3b0eb34aadc680dc498	27651276	SIG
Windows help file	Windows		46562af86c2049dd0cc7680348180dca	8547689	SIG
Windows x86-64 embeddable zip file	Windows	for AMD64/EM64T/x64	cb8b4f0d979a36258f73ed541def10a5	6946082	SIG
Windows x86-64 executable installer	Windows	for AMD64/EM64T/x64	531c3fc821ce0a4107b6d2c6a129be3e	26262280	SIG
Windows x86-64 web-based installer	Windows	for AMD64/EM64T/x64	3cfdaf4c8d3b0475aaec12ba402d04d2	1327160	SIG
Windows x86 embeddable zip file	Windows		ed9a1c028c1e99f5323b9c20723d7d6f	6395982	SIG
Windows x86 executable installer	Windows		ebb6444c284c1447e902e87381afeff0	25506832	SIG
Windows x86 web-based installer	Windows		779c4085464eb3ee5b1a4fffd0eabca4	1298280	SIG

图 2-1　Python 解释器下载

下载完毕之后，执行安装包，需要注意两点，一是一定要选中 Add Python 3.7 to PATH，将 Python 解释器的路径添加至系统环境变量之中，否则可能会无法正常运行；二是建议选择 Customize installation，即自定义选择安装 Python 的位置，便于后期进行其他操作，如图 2-2 所示。

最后，一直单击 Next 按钮进行安装即可。

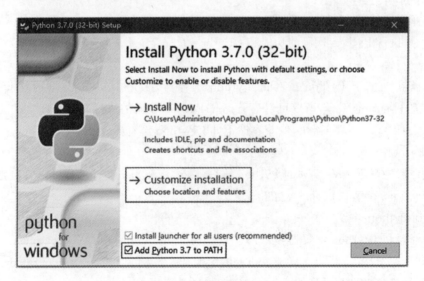

图 2-2　Python 解释器安装

2.2 安装 Python 编辑器和 IDE 工具

本书中推荐读者使用的 Python 编辑器和 IDE 工具分别为 Sublime Text 和 PyCharm。

2.2.1 安装 Sublime Text 编辑器

目前流行的软件编辑器非常多,如 Sublime Text、Atom、VI/VIM、Visual Studio Code 和 GNU Emacs 等,这些都是非常优秀的软件编辑器。本书强烈推荐读者使用 Sublime Text 编辑器。

Sublime Text 是一款轻量级的软件编辑器,它体积小,运行速度快,支持多种编程语言,如 PHP、Python 和 JavaScript 等,并且 Sublime Text 编辑器具有极其丰富的扩展插件,如 Ctags、emmet 等。

关于 Sublime Text 编辑器及其插件的安装流程,读者可以参考随书附赠的 Sublime Text 编辑器中的"软件安装说明书"(资源包\Software\Sublime Text),然后逐步安装即可。

在完成 Sublime Text 编辑器的安装之后,读者还需要注意以下几点问题:

(1) 如何使用 Sublime Text 编辑器执行 Python 代码。

通过快捷键 Ctrl+B 即可执行 Python 代码。

(2) 如何解决输出中文字符出现 Bug 的问题。

当首次安装完 Sublime Text 编辑器之后,如果程序需要输出中文字符,则会出现 Decode error-output not utf-8 错误。解决该问题需要依次打开 Sublime Text 编辑器中的 "首选项"→"浏览器程序包"→Python→Python.sublime-build,然后在该文件内添加语句 "encoding":"cp936"即可解决该问题,如图 2-3 所示。

```
{
    "cmd": ["python", "-u", "$file"],
    "file_regex": "^[ ]*File \"(...*?)\", line ([0-9]*)",
    "selector": "source.python",
    "encoding":"cp936"
}
```

图 2-3 解决输出中文字符 Bug

2.2.2 安装 PyCharm

PyCharm 是由 JetBrains 公司打造的一款 Python IDE,它拥有一整套可以帮助编程人员在使用 Python 开发时提高其效率的工具,例如调试、语法高亮、Project 管理、代码跳转、智能提示、自动完成、单元测试和版本控制等。

PyCharm 共有两个版本,即专业版和社区版。与 PyCharm 社区版相比,PyCharm 专业版是收费的,但是 PyCharm 专业版的功能更丰富,它增加了 Web 开发、Python Web 框架、Python 分析器、远程开发、支持数据库与 SQL 等更多高级功能。对于初学者来讲,PyCharm 社区版足以满足其学习要求,所以推荐读者下载 PyCharm 社区版,如图 2-4 所示。

下载完 PyCharm 社区版之后,打开软件进行安装,一直单击 Next 按钮即可。

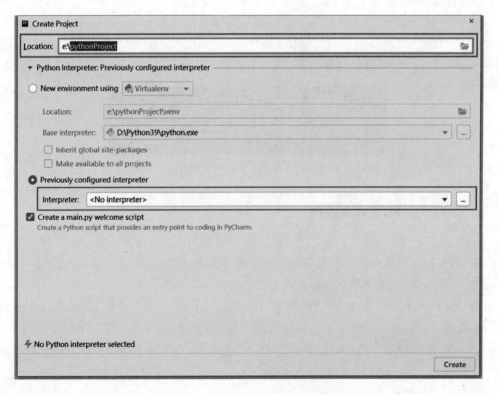

图 2-4 PyCharm 的不同版本

在安装完成之后,进入 PyCharm,单击 File→New Project 来创建项目,只有创建了项目,才能执行 Python 的相关程序。

在进入 Create Project 界面后,选项 Location 表示项目的位置,可以进行自定义,选项 Interpreter 表示选择 Python 解释器,单击该行最后面的"…"便可进入 Add Python Interpreter 界面进行设置,如图 2-5 所示。

图 2-5 Create Project 界面

在 Add Python Interpreter 界面中共有 4 种解释器,选择 System Interpreter 选项,然后单击下拉箭头就能看到刚才安装的 Python 解释器,选择该 Python 解释器即可,如图 2-6 所示。

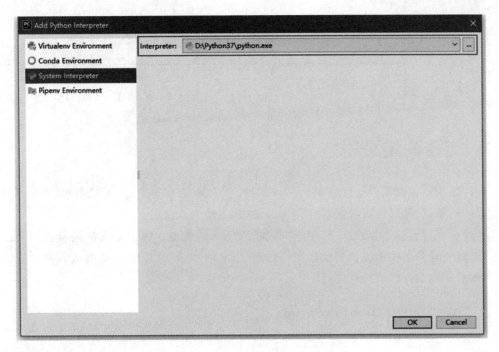

图 2-6　Add Python Interpreter 界面

至此,Python 解释器及编辑器和 IDE 工具就全部安装完毕了。从第 3 章开始,将正式学习如何使用 Python 进行编程。

第 3 章 基本语法

3.1 变量的定义

任何编程语言都需要处理数据,例如处理数字、字符和字符串等,而处理数据时,不仅可以直接使用数据,还可以将数据保存到变量之中,方便以后使用。

变量可以看成一个容器,专门用来"盛装"程序中的数据。每个变量都拥有独一无二的名字,通过变量的名字就能找到变量中的数据,而从底层看,程序中的数据最终都要放到内存中,变量其实就是这块内存的名字。

3.2 变量的命名

3.2.1 标识符

在 Python 中,标识符的第 1 个字符必须是字母表中的字母或下画线,其他部分可以是字母、数字和下画线,并且标识符对大小写敏感,示例代码如下:

```
#资源包\Code\chapter3\3.4\0301.py
#合法标识符
身高 = 186
name = '夏正东'
_sys_val = 1024
#非法标识符,首字符不能是数字
6email = 'xiazhengdong@vip.qq.com'
#非法标识符,标识符中只能字母、数字和下画线
na$me = '夏正东'
#非法标识符,class为关键字
class = 'this is keyword'
#由于标识符对大小写敏感,所以 myname 和 Myname 是两个不同的变量
myname = '夏正东'
Myname = '夏正东'
```

3.2.2 关键字

在 Python 中一共有 36 个关键字,其中,只有 True、False 和 None 的首字母大写,其他

的关键字均为小写。需要注意的是，不能把关键字用作任何标识符名称。

此外，Python中的标准库提供了一个keyword模块，可以输出当前版本的所有关键字，示例代码如下：

```python
# 资源包\Code\chapter3\3.4\0302.py
import keyword
# 查询所有关键字
# 输出结果如下：['False', 'None', 'True', '__peg_parser__', 'and', 'as', 'assert', 'async', 'await',
# 'break', 'class', 'continue', 'def', 'del', 'elif', 'else', 'except', 'finally', 'for', 'from',
# 'global', 'if', 'import', 'in', 'is', 'lambda', 'nonlocal', 'not', 'or', 'pass', 'raise', 'return',
# 'try', 'while', 'with', 'yield']
print(keyword.kwlist)
```

3.3 常量的定义

Python并未提供诸如C、C++和Java一样的const修饰符，换言之，在Python中没有真正意义上的常量，而是约定将变量名全部大写来表示一个常量，但是这种方式并没有真正实现常量，其对应的值仍然可以被改变。示例代码如下：

```python
# 资源包\Code\chapter3\3.4\0303.py
# 常量
PI = 3.1415926535898
TEACHER = '夏正东'
# 常量值可被修改
TEACHER = '于萍'
print(TEACHER)
```

3.4 模块和包

在程序开发的过程中，随着项目的不断深入，程序的相关文件和文件中的代码就会越来越多，必然会增加程序的维护难度。

为了编写可维护性高的代码，这里就需要使用模块和包。

3.4.1 模块和包的定义

在Python中，一个.py的文件就称为一个模块，模块中包含了功能类似的变量、常量、函数和类等Python程序元素。模块的名称就是该.py文件的文件名，例如oldxia.py就是一个模块，其模块名为oldxia。

模块具有很多优势，一是提高了代码的可维护性，因为模块中包含了功能类似的变量、常量、函数和类等Python程序元素；二是提升了编程的效率，因为在编写程序的时候会经常引用其他模块来帮助完成项目，例如会引用Python的内置模块或第三方模块等；三是可以避免函数名和变量名的冲突，因为相同名字的函数和变量完全可以分别存在于不同的模块之中,但也要注意,模块名不要与 Python 内置的函数名冲突。

但是,随着模块的数量不断增加,模块名冲突的问题就会凸显出来。为了避免模块名冲突,Python 又引入了按目录形式来组织模块的方法,这个目录就是包。每个包中除了包含模块之外,还必须包含一个__init__.py 文件,否则,Python 就会把这个目录当成一个普通目录,而不是一个包。__init__.py 可以是空文件,其内部也可以包含 Python 代码,因为__init__.py 本身也是一个模块。

图 3-1 所示的就是一个包结构,包的名称就是该目录的目录名,即 language 是一个包,其包名就是 language,该包中又包含了 3 个模块,分别为__init__.py、php.py 和 python.py。

包的内部除了包含__init__.py 文件和模块之外,还可以继续包含包,即多级层次的包结构。

图 3-2 所示的就是一个多级层次的包结构,即 system 包中包含了 language 包。

图 3-1　language 包结构

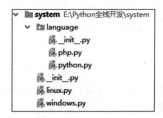

图 3-2　system 包结构

除此之外,读者还需要了解一个概念,那就是库。库指的是具有相关功能模块的集合,这也是 Python 的一大特色,它包括了标准库、第三方库及自定义模块。

3.4.2　模块和包的使用

当模块定义好之后,可以通过 import 语句和 from…import 语句引入模块,但有两点需要注意,一是引入的模块和当前文件在不同的命名空间中;二是不管执行了多少次 import 语句,为了防止重复导入,一个模块只会被导入一次,因为在第一次导入模块后,系统会将模块名加载到内存之中,后续无论执行多少次 import 语句,仅是对已经加载到内存中的模块增加了一次引用而已,不会重新执行模块内的语句。

1. import 语句

通过 import 语句导入模块中的全部内容,其语法格式如下:

```
import module1[, module2[,..., moduleN]]
```

如果模块在包中,也可以通过 import 语句将其导入,并可以通过 as 关键字为其起别名,以减少名称的复杂度,其语法格式如下:

```
import package.module
#起别名
import package.module as pm
```

下面创建一个 language 包,并在包中创建模块 python.py,然后创建一个主程序 index.py,

其包结构如图 3-3 所示。

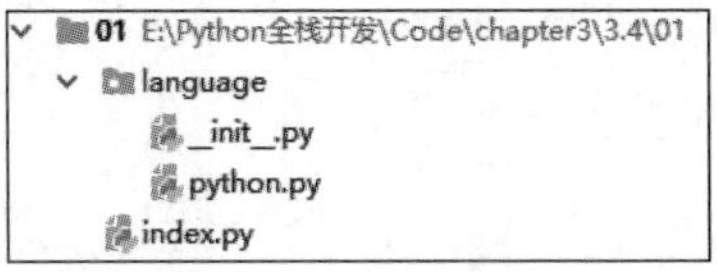

图 3-3　language 包结构

下面再来看一下，如何在主程序中导入 python 模块中的全部内容。

模块 python.py 的示例代码如下：

```
#资源包\Code\chapter3\3.4\01\language\python.py
def python():
    print('python:{0}'.format(__name__))
if __name__ == '__main__':
    python()
```

主程序 index.py 的示例代码如下：

```
#资源包\Code\chapter3\3.4\01\index.py
#导入 language 包中 python 模块,并通过 as 起别名
import language.python as lp
if __name__ == '__main__':
    #调用 python 模块中定义的函数 python
    lp.python()
```

2. from…import 语句

如果想从模块中导入指定的部分，例如想导入某一函数，import 语句就显得无能为力了，因为 import 语句是一次性导入模块中的全部内容。这时候就需要使用 from…import 语句来导入模块中所需要的指定部分，其语法格式如下：

```
from module import name1[, name2[, ..., nameN]]
```

如果模块在包中，则可以通过 from…import 语句将其导入，其语法格式如下：

```
from package.module import name1[, name2[, ..., nameN]]
```

from…import 语句也可以完成 import 语句的功能，即导入模块中的全部内容，只需把 from…import 语句后的具体内容改为 *，其语法格式如下：

```
from module import *
```

下面创建一个 language 包，并在包中创建模块 python.py，然后创建一个主程序 index.py，其包结构如图 3-4 所示。

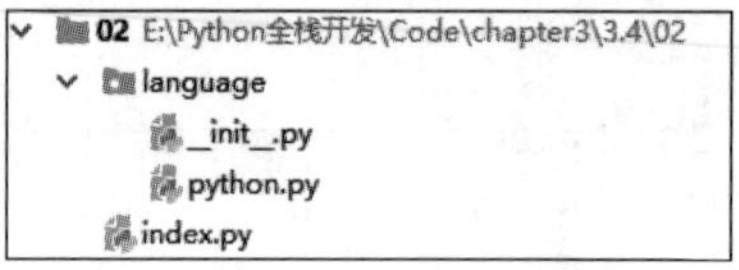

```
              02 E:\Python全栈开发\Code\chapter3\3.4\02
                language
                    __init__.py
                    python.py
                index.py
```

图 3-4　language 包结构

模块 python.py 的示例代码如下：

```
# 资源包\Code\chapter3\3.4\02\language\python.py
def python():
    print('python:{0}'.format(__name__))
if __name__ == '__main__':
    python()
```

主程序 index.py 的示例代码如下：

```
# 资源包\Code\chapter3\3.4\02\index.py
# 从 language 包中的 python 模块导入 python 函数
from language.python import python
if __name__ == '__main__':
    # 调用 python 模块中定义的函数 python
    python()
```

3. 内置变量 __name__

在上述 import 语句和 from...import 语句的代码中反复出现了一个内置变量 __name__，它表示当前模块运行时的名称，其具有以下特点：一是如果当前模块是程序运行的主入口，则内置变量 __name__ 的值等于 __main__；二是如果当前模块是被其他模块通过 import 语句引入的，则当前模块的内置变量 __name__ 的值为该模块名称。

下面创建一个 language 包，并在包中创建模块 python.py，然后创建一个主程序 index.py，其包结构如图 3-5 所示。

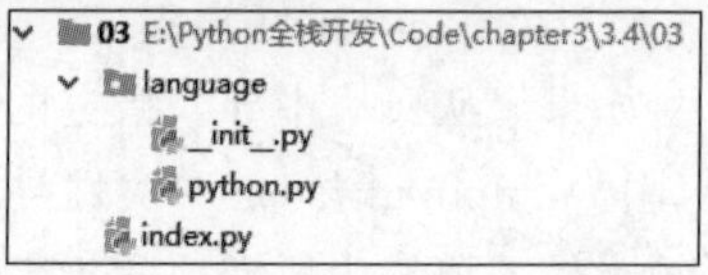

```
              03 E:\Python全栈开发\Code\chapter3\3.4\03
                language
                    __init__.py
                    python.py
                index.py
```

图 3-5　language 包结构

模块 python.py 的示例代码如下：

```
# 资源包\Code\chapter3\3.4\03\language\python.py
print('1-python:{0}'.format(__name__))
if __name__ == '__main__':
    print('2-python:{0}'.format(__name__))
```

主程序 index.py 的示例代码如下：

```
# 资源包\Code\chapter3\3.4\03\index.py
# 导入 language 包中 python 模块
import language.python
print('1-index:{0}'.format(__name__))
if __name__ == '__main__':
    print('2-index:{0}'.format(__name__))
```

首先，运行主程序 index.py，发现其输出结果如图 3-6 所示。

分析运行结果后会有一个疑问，即为什么 python 模块中 if 语句后的代码没有正常执行。这是因为 index.py 为程序当前运行时的主入口，所以 index.py 中的内置变量 __name__ 的值就等于 __main__，而 python 模块由于是被引用的，所以其内置变量 __name__ 的值就等于该模块的名称 python，进而导致 if 语句的判断条件为 False，也就无法运行 if 语句后的代码了，而如果直接运行 python.py，则运行结果如图 3-7 所示。

```
1-python:language.python
1-index:__main__
2-index:__main__

Process finished with exit code 0
```
图 3-6　运行 index.py 的结果

```
1-python:__main__
2-python:__main__

Process finished with exit code 0
```
图 3-7　运行 python.py 的结果

这是因为模块 python 此时已经成为程序运行时的主入口，其内置变量 __name__ 的值就等于 __main__，所以 if 语句的判断条件为 True，则其后面的语句就可以正常运行了。

在了解了内置变量 __name__ 之后，再来进一步研究 if __name__ == '__main__': 这条语句的作用。

下面创建一个 language 包，并在包中创建模块 python.py，然后创建一个主程序 index.py，其包结构如图 3-8 所示。

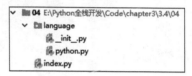

图 3-8　language 包结构

模块 python.py 的示例代码如下：

```python
# 资源包\Code\chapter3\3.4\04\language\python.py
def python():
    print('python:{0}'.format(__name__))
if __name__ == '__main__':
    python()
```

一般情况下，在定义完模块文件中的内容后，需要在该模块中写一段执行代码，用来测试该模块的功能是否正常，上面代码中的执行代码为 python()，这时候就需要将该执行代码放到 if __name__ == '__main__': 语句之后。

主程序 index.py 的示例代码如下：

```python
# 资源包\Code\chapter3\3.4\04\index.py
from python import python
if __name__ == '__main__':
    python()
```

运行主程序 index.py，其运行结果如图 3-9 所示。

但是，如果将模块 python 中的 if __name__ == '__main__': 语句去掉，再次运行主程序 index.py，则会发现其运行结果如图 3-10 所示。

```
python:language.python

Process finished with exit code 0
```

图 3-9 运行 index.py 的结果

```
python:language.python
python:language.python

Process finished with exit code 0
```

图 3-10 运行 index.py 的结果

从运行结果中不难发现，模块 python 中的执行代码 python()也被执行了一遍，这显然不符合程序的要求，即不需要模块中的执行代码运行，所以说 if __name__ == '__main__': 的作用是将程序定义功能和执行功能分开，以避免执行功能被重复执行多次。

4. 模块搜索顺序

当使用 import 语句或 form...import 语句导入模块时，Python 解释器会对模块所在的位置进行搜索，其顺序是：程序的根目录→PYTHONPATH 环境变量设置的目录→标准库的目录→任何能够找到的.pth 文件的内容→第三方扩展的 site-package 目录。其中，程序的根目录、标准库的目录和第三方扩展的 site-package 目录均是自动生成的。

通过 sys 模块中的 path 属性可以查看以上 5 部分内容，示例代码如下：

```
#资源包\Code\chapter3\3.4\0312.py
import sys
print(sys.path)
```

此外，还可以通过使用 sys 模块中的 append()方法和 remove()方法临时添加或删除模块的搜索路径，示例代码如下：

```
#资源包\Code\chapter3\3.4\0313.py
import sys
#添加一个路径
sys.path.append('oldxia')
#添加多个路径
sys.path += ['oldxia1', 'oldxia2']
#删除路径
sys.path.remove('oldxia')
print(sys.path)
```

如果想要永久添加模块搜索路径，则可以在 Python 安装目录中的 Lib\site-packages 目录下创建一个.pth 文件，并在该文件中写明路径（注意，该路径必须实际存在）即可。

3.5 行与缩进

在 Python 中，每行语句末尾可以添加分号，也可以不添加分号，但是，强烈建议读者在每行语句的末尾不要添加分号，示例代码如下：

```
#资源包\Code\chapter3\3.5\0314.py
#每行语句后不加分号，建议采用此种方式
name = '夏正东'
```

```
# 每行语句后加分号,不报错,但是不建议采用此种方式
print(name);
```

此外,Python 最具特色的就是可以使用缩进来表示代码块。缩进的空格数是可变的,但是同一个代码块的语句必须包含相同的缩进空格数,通常建议使用键盘中的 Tab 键进行缩进,示例代码如下:

```
# 资源包\Code\chapter3\3.5\0315.py
if True:
    # 建议使用 Tab 键进行缩进
    print('True')
else:
    # 没有严格缩进空格数,所以会报错
    print('False')
```

第4章 编码规范

4.1 命名规范

在Python中,变量、常量、模块、包、函数、类、方法、对象和异常类都具有一定的命名规范,但是,这些命名规范都是通用性规范,而不是强制性规范,所以具体的命名规范还需要以开发项目的要求为主。

1)变量

建议全部使用小写字母,例如:name。如果变量名由多个单词构成,则可以使用下画线分隔,例如:user_name。此外,要避免使用小写l、大写O和大写I作为变量名。

2)常量

建议全部使用大写字母,例如:MAX。如果常量名由多个单词构成,则可以使用下画线分隔,例如:WEEK_OF_MONTH。

3)模块

建议全部使用小写字母,例如:math。如果模块由多个单词构成,则可以使用下画线分隔,例如:del_score。

4)包

建议全部使用小写字母,例如:package。这里需要强调一下,由于包会作为命名空间,所以包名应该具有唯一性,推荐使用公司或组织域名的倒置,例如:com.oldxia.xzd。

5)函数

建议使用驼峰命名法中的小驼峰式命名法,例如:userName;也可以同变量一样使用下画线命名,例如:user_name。

6)类

建议使用帕斯卡命名法,例如:UserName。

7)对象

建议全部使用小写字母,例如:person。

8)方法

建议使用驼峰命名法中小驼峰式命名法,例如:userName;也可以同变量一样使用下画线命名,例如:user_name。

9)异常类

由于异常类属于类,所以其命名规范与类的命名规范相同,但需要使用Error作为异常类的后缀,例如:FileNotFoundError。

下面再来解释一下上文中所提到的驼峰命名法和帕斯卡命名法。

驼峰命名法一词源自于 Perl 语言中普遍使用的大小写混合格式,而拉里·沃尔(Larry Wall)等人所著的畅销书 *Programming Perl* 的封面图片正是一匹骆驼。

驼峰命名法可视为一种命名惯例,并无绝对与强制,为的是增加识别和可读性。一旦选用或设置好命名规则,在程序编写时格式应保持一致。

驼峰命名法常见的格式有两种:一是小驼峰式命名法,即第 1 个单词的首字母小写,而第 2 个单词的首字母大写,例如:firstName、lastName;二是大驼峰式命名法,又称为帕斯卡命名法,即每个单词的首字母都采用大写字母,例如:FirstName、LastName、CamelCase。

4.2 注释规范

注释规范包括文件注释、文档注释、代码注释、TODO 注释和编码注释。这里需要强调一点,即在程序代码中,对容易引起误解的代码进行注释是必要的,但应避免对已经清晰表达信息的代码进行再次注释,因为频繁地注释有时恰恰反映了代码的低质量,当觉得被迫需要添加注释的时候,不妨考虑一下重写代码,使其更加清晰。

4.2.1 文件注释

文件注释就是在每个文件的开头添加注释。

文件注释采用多行注释,需要注意的是,文件注释不会生成 API 帮助文档。

文件注释通常包括以下信息:版权信息、文件名、所在模块、作者信息、历史版本信息、文件内容和作用等,示例代码如下:

```
# 资源包\Code\chapter4\4.2\0401.py
# 版权所有 2012 夏正东 www.oldxia.com
# 许可信息查看 LICENSE.txt 文件
# 描述
# 实现日期基本功能
# 历史版本
# 2017-7-22:创建 夏正东
# 2017-8-20:添加 datetime 模块
# 2017-8-22:添加 Math 模块
```

4.2.2 文档注释

文档注释就是文档字符串,其注释内容能够生成 API 帮助文档,可以通过 Python 官方提供的 pydoc 工具从 Python 源代码文件中提取信息,这些信息也可以生成 HTML 文件。

所有公有的模块、函数、类和方法都应该进行文档注释。

文档注释推荐使用一对三重双引号包裹起来,不推荐使用三重单引号,示例代码如下:

```
# 资源包\Code\chapter4\4.2\0402.py
class Login(object):
    ''' 类的作用说明,例如此类用来实现登录功能 '''
    def __init__(self):
```

```
        ''' 初始化参数说明 '''
        pass
    def check(self):
        ''' 实现的功能说明 '''
        pass
```

如何通过 pydoc 工具来提取这些信息呢?

首先,打开命令提示符,然后进入当前文件所在的位置,输入"python -m pydoc 模块名",即可实现在控制台中查看文档注释,如图 4-1 所示。

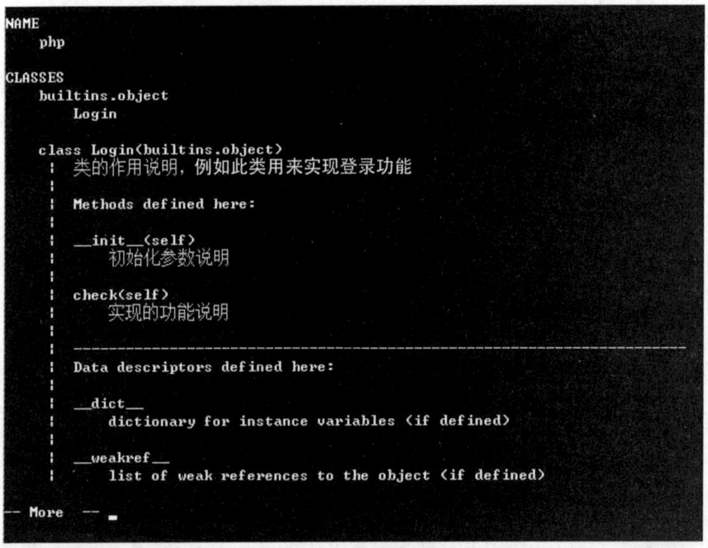

图 4-1　在控制台中查看文档注释

此外,输入"python -m pydoc -w 模块名",即可生成 HTML 文件,如图 4-2 所示。

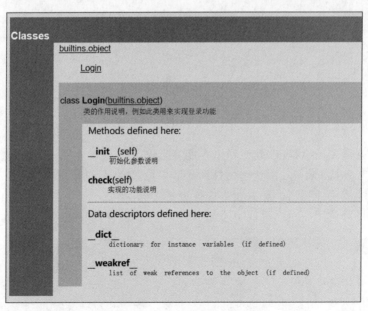

图 4-2　生成 HTML 文件

4.2.3 代码注释

可以通过"#"为单行代码添加注释,代码注释建议加在代码的右侧或者上方,示例代码如下:

```
#资源包\Code\chapter4\4.2\0403.py
#定义变量,代表教师
teacher = '夏正东'
```

4.2.4 TODO 注释

在编写程序时,有些代码的功能暂时无法确定,或者暂时未完成,为了便于后期查找可以使用 TODO 注释,示例代码如下:

```
#资源包\Code\chapter4\4.2\0404.py
name = '夏正东'
age = 35
teach = 'Python'
def teacher(name, age, teach):
    return f'老师的名字:{name},老师的年龄:{age},老师所教的课程:{teach}'
#TODO 待完成功能:调用函数 teacher()
```

4.2.5 编码注释

由于 Python 2 和 Python 3 的程序存在长期共存的问题,所以建议在文件的第一行添加编码注释,用于将文件的编码指定为 utf-8,否则 Python 2 会默认使用 ASCII 编码,即如果文件中存在中文,则运行时会出现乱码。

在 Windows 系统中的编码注释书写方式如下:

```
#coding=utf-8
```

在 Linux 系统中的编码注释书写方式如下:

```
#-*-coding:utf-8-*-
```

4.3 导入规范

导入语句包括 import 语句和 from...import 语句,该语句需要位于编码注释和文件注释之后,全局变量和常量之前。建议每一条导入语句只导入一个模块,示例代码如下:

```
#资源包\Code\chapter4\4.3\0405.py
#建议每一条导入语句只导入一个模块
```

```
import re
import struct
import binascii
#不推荐此法,一条语句导入多个模块
import re, struct, binascii
```

在之前的章节中,已经学习过库的分类,即 Python 中的库可以分为标准库、第三方库及自定义模块,而导入语句应该按照从通用到特殊的顺序进行分组,即标准库→第三方库→自定义模块,并且每个分组中的模块均是按照英文字典顺序进行排序的,示例代码如下:

```
#资源包\Code\chapter4\4.3\0406.py
#标准库
import io
import os
import pkgutil
import platform
import re
import sys
import time
#第三方库
from html import unescape
#自定义模块
from com.oldxia import example
```

此外,可以通过 PyCharm 中的 Optimize Imports 对导入语句进行自动优化,如图 4-3 所示。

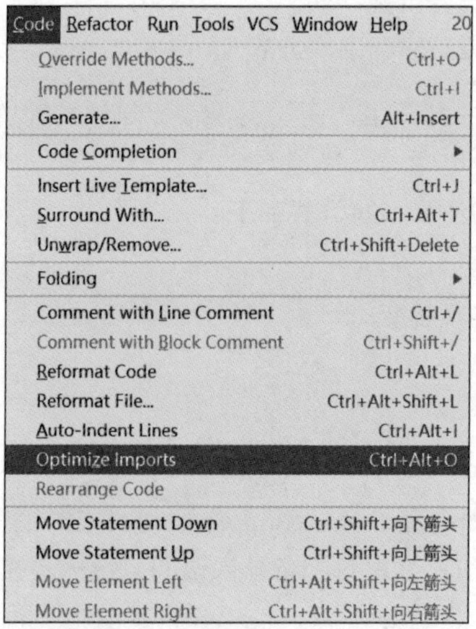

图 4-3 Optimize Imports

4.4 代码排版

4.4.1 空行

导入语句的前面要保留一个空行,其后面要保留两个空行。其中,①②③分别表示空行,示例代码如下:

```
# 资源包\Code\chapter4\4.4\0407.py
# 版权所有 2012 夏正东 www.oldxia.com
# 许可信息查看 LICENSE.txt 文件
# 描述
# 实现日期基本功能
# 历史版本
# 2017-7-22: 创建 夏正东
# 2017-8-20: 添加 datetime 模块
# 2017-8-22: 添加 Math 模块
①
import re
import struct
import binascii
②
③
```

函数声明的前、后均要保留两个空行。其中,①②③④分别表示空行,示例代码如下:

```
# 资源包\Code\chapter4\4.4\0408.py
import re
import struct
import binascii
①
②
def del_user():
    pass
③
④
```

类声明的前、后均要保留两个空行。其中,①②③④分别表示空行,示例代码如下:

```
# 资源包\Code\chapter4\4.4\0408.py
①
②
class AddUser():
    pass
③
④
```

类中的方法声明的前、后均要保留一个空行。其中,①②分别表示空行,示例代码如下:

```python
# 资源包\Code\chapter4\4.4\0410.py
class AddUser():
    tag = True
    ①
    def __init__(self):
        pass
    ②
```

多个逻辑代码块之间要保留一个空行。其中，①②分别表示空行，示例代码如下：

```python
# 资源包\Code\chapter4\4.4\0411.py
tag = None
①
if tag == True:
    pass
else:
    pass
②
for num in range(100):
    pass
```

4.4.2 空格

赋值符号的前、后均要添加一个空格，示例代码如下：

```python
# 资源包\Code\chapter4\4.4\0412.py
name = '夏正东'
age = 35
```

所有的二元运算符都应该使用空格与操作数分开，示例代码如下：

```python
# 资源包\Code\chapter4\4.4\0413.py
a = 10
b = 10
c = 10
a += b + c
```

算术运算符"-"和位运算符"~"与操作数之间不要添加空格，示例代码如下：

```python
# 资源包\Code\chapter4\4.4\0414.py
b = 10
a = -b
c = ~b
```

小括号、中括号和大括号内的开始和结尾不要添加空格，示例代码如下：

```python
# 资源包\Code\chapter4\4.4\0415.py
tp = ({'name': '夏正东'}, [1, 2, 3])
```

不要在逗号、分号和冒号前面添加空格,而是要在它们的后面添加空格,除非该符号已经处于行尾,示例代码如下:

```
#资源包\Code\chapter4\4.4\0416.py
dt = {'name': '夏正东'}
lt = [1, 2, 3, 4, 5, 6]
tag = True
#此处的冒号后可以不添加空格
if tag == True:
    print(tag)
```

参数列表、索引或切片的左括号前不要添加空格,示例代码如下:

```
#资源包\Code\chapter4\4.4\0417.py
dt = {'name': '夏正东'}
lt = [1, 2, 3, 4, 5, 6]
name = dt['name']
val = lt[0]
```

4.4.3 断行

在 Python 中,建议一行代码不要超过 80 个字符,超过 80 个字符就需要使用断行,可以依据以下的建议性规范进行断行。

建议在一行代码中的逗号后和运算符前进行断行,示例代码如下:

```
#资源包\Code\chapter4\4.4\0418.py
def change_function_tags( * args):
    pass
tag1 = None
tag2 = None
tag3 = None
tag4 = None
#在逗号后进行断行
val = change_function_tags(tag1, tag2,
                          tag3, tag4)
number1 = 0
number2 = 0
number3 = 0
number4 = 0
number5 = 0
#在运算符前进行断行
total_number = (number1 + number2
                + number3 * number4) - number5 / 88
```

在 Python 中可以通过续行符进行断行,续行符用"\"表示,但是建议读者尽量不要使用续行符,因为当有小括号、中括号或大括号时,可以在小括号、中括号或大括号中断开,这样就可以避免使用续行符,示例代码如下:

```python
# 资源包\Code\chapter4\4.4\0419.py
def change_function_tags( * args):
    return args[0] + args[1] + args[2] \①
           * args[3] - args[4] / 88
tag1 = 0
tag2 = 0
tag3 = 0
tag4 = 0
tag5 = 0
val = change_function_tags(tag1, tag2, tag3, tag4, tag5)
```

在上面的代码中，在①处使用了续行符，但是为了避免使用续行符，可以将 return 语句之后的表达式用小括号包裹起来，示例代码如下：

```python
# 资源包\Code\chapter4\4.4\0420.py
def change_function_tags( * args):
    return (args[0] + args[1] + args[2]
            * args[3] - args[4] / 88)
tag1 = 0
tag2 = 0
tag3 = 0
tag4 = 0
tag5 = 0
val = change_function_tags(tag1, tag2, tag3, tag4, tag5)
```

注意，有的表达式无法使用小括号、中括号或大括号包裹，所以不要为了避免使用续行符就随意使用小括号、中括号或大括号包裹表达式，这样反而可能会引起程序报错。

此外，可以通过 PyCharm 中的 Reformat Code 来自动格式化代码，如图 4-4 所示。

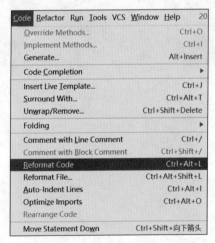

图 4-4 Reformat Code

第 5 章

变 量 类 型

5.1 整数

Python 中的整数跟平常所认知的整数一样，包括正整数、负整数和零，即没有小数点的数字。在 Python 中也可以用二进制、八进制或十六进制表示十进制整数，其中，二进制以 0b 或 0B 为前缀，八进制以 0o 或 0O 为前缀，十六进制以 0x 或 0X 为前缀。另外，需要注意的是，Python 可以处理任意大小的整数，示例代码如下：

```
#资源包\Code\chapter5\5.1\0501.py
num1 = 10
#输出结果为 10
print(num1)
#type()函数用于返回数据类型,整数的输出结果为< class 'int'>
print(type(num1))
num2 = 0b110
#输出结果为十进制的 6
print(num2)
#Python 可以处理任意大小的整数
num3 = 12345678901234567890
#输出结果为 12345678901234567890
print(num3)
```

5.2 浮点数

浮点数就是小数，即带有小数点的数，示例代码如下：

```
#资源包\Code\chapter5\5.2\0502.py
num = 0.55
#输出结果为 0.55
print(num)
#type()函数用于返回数据类型,浮点数的输出结果为< class 'float'>
print(type(num))
```

这里有一点非常重要，读者必须注意，即由于计算机的内存、CPU 寄存器等硬件单元都是有限的，只能表示有限位数的二进制，因此存储的二进制小数就会和实际转换而成的二进

制数有一定的误差,所以整数运算永远是精确的,而浮点数运算则可能是不精确的,示例代码如下:

```python
# 资源包\Code\chapter5\5.2\0503.py
num1 = 0.55
num2 = 0.4
# 输出结果为 0.9500000000000001
print(num1 + num2)
```

为了解决浮点数运算不精确的问题,可以通过 decimal 模块中的 Decimal 类进行精确运算,示例代码如下:

```python
# 资源包\Code\chapter5\5.2\0504.py
from decimal import Decimal
num1 = Decimal('0.55')
num2 = Decimal('0.4')
# 输出结果为 0.95
print(num1 + num2)
```

5.3　复数

在 Python 中,把形如 $z=a+bj(a,b$ 均为实数)的数称为复数,其中,a 称为实部,b 称为虚部,j 称为虚数单位。当 z 的虚部等于零时,称 z 为实数;当 z 的虚部不等于零,但实部等于零时,称 z 为纯虚数,示例代码如下:

```python
# 资源包\Code\chapter5\5.3\0505.py
z1 = 2 + 3j
z2 = 1 + 2j
# 输出结果为(3+5j)
print(z1 + z2)
# type()函数用于返回数据类型,复数的输出结果为<class 'complex'>
print(type(z1 + z2))
```

5.4　布尔值

在 Python 中,可以直接使用 True 或 False 来表示布尔值。需要注意的是,布尔值的首字母一定要大写,否则会报错,示例代码如下:

```python
# 资源包\Code\chapter5\5.4\0506.py
bl1 = True
# 输出结果为 True
print(bl1)
# type()函数用于返回数据类型,布尔值的输出结果为<class 'bool'>
```

```
print(type(bl1))
#报错,首字母必须大写
bl2 = false
```

5.5 空值

空值是 Python 里的一个特殊值,用 None 来表示。None 不能表示为 0,也不能表示为空字符串等,因为后者是有意义的,而 None 表示没有值,也就是空值,示例代码如下:

```
#资源包\Code\chapter5\5.5\0507.py
val = None
#输出结果为 None
print(None)
#type()函数用于返回数据类型,None 的输出结果为<class 'NoneType'>
print(type(None))
```

5.6 字符串

5.6.1 创建字符串

可以通过单引号或双引号包裹字符来创建字符串。在 Python 3.x 版本中,字符串是以 Unicode 编码的,也就是说,Python 的字符串支持多种语言,示例代码如下:

```
#资源包\Code\chapter5\5.6\0508.py
str1 = 'hello Python'
print(str1)
str2 = '你好,Python'
print(str2)
#type()函数用于返回数据类型,字符串的输出结果为<class 'str'>
print(type(str2))
```

如果想让字符串中的所有字符(如反斜线、元字符和换行符等具有特殊含义的字符)都直接按照其字面的意思来使用,有两种方式:一是创建原始字符串,即在字符串的第 1 个引号之前加上字母 r;二是在具有特殊含义的字符前添加反斜线。建议读者使用第 1 种方式,示例代码如下:

```
#资源包\Code\chapter5\5.6\0509.py
#原始字符串
str1 = r'hello \n world'
#输出结果为 hello \n world
print(str1)
#在具有特殊含义的字符之前添加反斜线
str2 = 'hello \\n world'
#输出结果为 hello \n world
print(str2)
```

此外，如果书写的字符串非常长，即需要跨多行时，则需要使用一对3个单引号（或双引号，建议读者使用单引号）代替一对单引号（或双引号）来创建字符串。注意，此种方式可以在一对3个单引号之间同时使用单引号或双引号，而不需要使用反斜线进行转义，示例代码如下：

```python
# 资源包\Code\chapter5\5.6\0510.py
str = '''name－'夏正东'
age－35
teach－"Python"'''
print(str)
```

5.6.2 访问字符串中的值

1. 索引访问

字符串是字符的有序集合，可以通过其位置来获得具体的元素。在 Python 中，字符串中的字符是通过索引来提取的，索引从 0 开始，第 1 个元素的索引为 0，第 2 个元素的索引为 1，也可以取负值，表示从末尾提取，最后一个元素的索引为 -1，倒数第 2 个元素的索引为 -2。

索引访问分为指定索引访问和分片索引访问。其中，分片索引获取的字符串包括开始索引的元素，但不包括结束索引的元素，示例代码如下：

```python
# 资源包\Code\chapter5\5.6\0511.py
str = 'www.oldxia.com'
# 通过指定索引访问,获取字符串中的第5个元素,即o
print(str[4])
# 通过指定索引访问,获取字符串中的最后一个元素,即m
print(str[-1])
# 通过分片索引访问,获取从索引1开始到索引3的元素,即ww.
print(str[1:4])
# 通过分片索引访问,获取从索引4开始一直到最后的元素,即oldxia.com
print(str[4:])
# 通过分片索引访问,获取从索引0开始一直到索引6的元素,即www.old
print(str[:7])
# 通过分片索引访问,获取全部字符串,即www.oldxia.com
print(str[:])
```

2. 循环遍历

可以通过 for 循环获取字符串中的每个元素，示例代码如下：

```python
# 资源包\Code\chapter5\5.6\0512.py
str = 'www.oldxia.com'
for s in str:
    print(s)
```

3. 拆包访问

对于可迭代的对象，都可以进行拆包访问。拆包是指将一个结构中的数据拆分为多个单独的变量的值。

拆包的方式有两种,一种用单独的变量接收;另一种用"*"号接收,该种方式返回的是一个列表,示例代码如下:

```
#资源包\Code\chapter5\5.6\0513.py
str = 'www.oldxia.com'
a, b, c, *s = str
#输出的结果为w w w ['.', 'o', 'l', 'd', 'x', 'i', 'a', '.', 'c', 'o', 'm']
print(a, b, c, s)
```

5.6.3 字符串的相关操作

1. 连接

通过"+"号将多个字符串连接到一起,示例代码如下:

```
#资源包\Code\chapter5\5.6\0514.py
str1 = '夏正东'
str2 = 'teach'
str3 = 'Python'
print(str1 + ' ' + str2 + ' ' + str3)
```

2. 拼接

通过join()方法将字符串中的元素以指定的分隔符拼接成一个新的字符串并返回。注意,该方法不修改原字符串,其语法格式如下:

```
join(str)
```

其中,参数str表示需要拼接的字符串,示例代码如下:

```
#资源包\Code\chapter5\5.6\0515.py
str = 'www.oldxia.com'
#seq 表示分隔符
seq = '-'
#输出结果为w-w-w-.-o-l-d-x-i-a-.-c-o-m
print(seq.join(str))
#不修改原字符串
print(str)
```

3. 计数

通过count()方法统计字符串中指定字符出现的次数并返回,其语法格式如下:

```
count(sub[, start, end])
```

其中,参数sub表示需要统计的子字符串;参数start为可选参数,表示搜索的开始索引,如果省略该参数,则默认值为0;参数end为可选参数,表示搜索的结束索引,如果省略该参数,则默认值为需要统计的子字符串的长度,注意,统计范围不包括结束索引对应的值,示例代码如下：

```
# 资源包\Code\chapter5\5.6\0516.py
str1 = 'http://www.oldxia.com'
print(str1.count('w'))
str2 = 'http://www.oldxia.com'
# 输出结果为2,如果为str.count('w',0,10),则结果为3
print(str2.count('w', 0, 9))
```

4. 去除空格

通过 strip()方法移除字符串开头和结尾指定的字符(默认为空格或换行符)并返回,并且该方法只能删除开头或结尾的指定字符,不能删除中间部分的字符。注意,该方法不修改原字符串,其语法格式如下：

```
strip([chars])
```

其中,参数 chars 为可选参数,表示需要移除的字符,如果省略该参数,则默认值为空格或换行符,示例代码如下：

```
# 资源包\Code\chapter5\5.6\0517.py
str1 = ' 夏正东 '
# 移除默认值空格
print(str1.strip())
# 不修改原字符串
print(str1)
str2 = '123Python123'
# 移除指定字符 123
print(str2.strip('123'))
# 不修改原字符串
print(str2)
```

5. 替换

通过 replace()方法可以把字符串中的字符串替换成指定的字符串并返回。注意,该方法不修改原字符串,其语法格式如下：

```
replace(old, new[, max])
```

其中,参数 old 表示需要被替换的子字符串;参数 new 表示用于替换的子字符串;参数 max 为可选参数,表示最多替换的次数,如果省略该参数,则默认为全部替换,示例代码如下：

```
# 资源包\Code\chapter5\5.6\0518.py
str = '夏正东 teach Python'
print(str.replace('Python', 'Linux'))
# 不修改原字符串
print(str)
```

```
str = 'this is Python this is PHP this is Java'
#指定第 3 个参数,替换 2 次
print(str.replace('this', 'that', 2))
```

6. 查找

通过 find()方法查找字符串中是否包含指定的字符或字符串,如果包含,则返回该字符对应的索引或该字符串的开始索引,否则返回-1。注意,该方法不修改原字符串,其语法格式如下:

```
find(str[, start, end])
```

其中,参数 str 表示需要查找的字符或字符串;参数 start 为可选参数,表示开始索引,如果省略该参数,则默认值为 0;参数 end 为可选参数,表示结束索引,如果省略该参数,则默认值为需要查找的字符或字符串的长度。注意,查找范围不包括结束索引对应的值,示例代码如下:

```
#资源包\Code\chapter5\5.6\0519.py
str = 'this is Python this is PHP this is Java'
#查找字符对应的索引为 1
print(str.find('h'))
#查找字符串开始的索引为 2
print(str.find('is'))
#没有查找到,所以返回 -1
print(str.find('Linux'))
#不修改原字符串
print(str)
str = 'this is Python this is PHP this is Java'
#没有查找到,因为查找范围不包括结束索引 3 对应的值
print(str.find('this', 0, 3))
#查找字符串开始的索引为 0
print(str.find('this', 0, 4))
```

7. 分割

通过 split()方法将字符串按照指定分隔符进行分割,并返回分割后的字符串列表。注意,该方法不修改原字符串,其语法格式如下:

```
split(str[, num])
```

其中,参数 str 表示分隔符;参数 num 为可选参数,表示分割的次数,如果省略该参数,则默认为全部分割,示例代码如下:

```
#资源包\Code\chapter5\5.6\0520.py
str = 'www.oldxia.com'
print(str.split('.'))
#分割 1 次
print(str.split('.', 1))
```

5.6.4 字符串格式化

在 Python 中有 3 种方式可以对字符串中的全部或部分字符串进行格式化,分别是%格式符、format()函数和 f-string。

在进行格式化时,字符串中的待格式化字符串需要使用占位符进行代替,并且需要在占位符中使用字符串格式化符号,如表 5-1 所示,用于以指定格式输出。

表 5-1 字符串格式化符号

格式化符号	描述
c	格式化字符
s	格式化字符串
d	格式化整数
u	格式化无符号整数
o	格式化无符号八进制数
x	格式化无符号十六进制数
X	格式化无符号十六进制数(十六进制字符大写)
f	格式化浮点数字,可指定小数点后的精度
e	用科学记数法格式化浮点数
E	用科学记数法格式化浮点数(科学记数法字符大写)
g	%f 和%e 的简写
G	%F 和%E 的简写
%	输出%

1. %格式符

当使用%格式符进行格式化时,其占位符为"%",其字符串格式化符号需要在占位符之后,并且%格式符右侧的待格式化字符串必须与占位符一一对应,示例代码如下:

```
#资源包\Code\chapter5\5.6\0521.py
name = '夏正东'
age = 35
# %s 表示格式化字符串,%o 表示格式化无符号八进制数
print('name:%s age:%o' % (name, age))
salary = 12366.7893
#指定小数精度,保留小数点后两位
print('月薪为:%.2f' % (salary))
```

2. format()函数

当使用 format()函数进行格式化时,其占位符为"{}",并且有两种方式表示待格式化字符串,即位置映射和关键字映射。此外,占位符中的字符串格式化符号需要在位置映射和关键字映射之后,并且两者之间需要使用冒号进行分隔,示例代码如下:

```
#资源包\Code\chapter5\5.6\0522.py
name = '夏正东'
age = 35
#位置映射
```

```
print('name:{1} age:{0}'.format(age, name))
#关键字映射
print('name:{name} age:{age}'.format(name = '夏正东', age = 35))
salary = 12366.7893
#指定小数精度,保留小数点后两位
print('月薪为:{0:.2f}'.format(salary))
```

3. f-string

f-string 是 Python 3.6 新引入的一种字符串格式化方式,主要目的是使格式化字符串的操作更加简便。

f-string 在形式上是以 f 或 F 修饰符开头的字符串,其占位符同样为"{}"。需要注意的是,f-string 的占位符表示待格式化字符串的方式不同于 format()函数,后者使用映射的方式表示待格式化字符串,而 f-string 的占位符可以直接为整数、浮点数、字符串或函数,甚至可以是对象中的属性或方法。此外,f-string 占位符中的字符串格式化符号同样需要在待格式化的字符串之后,并且其中间需要使用冒号进行分隔。

综上所述,f-string 在功能方面不逊于传统的%格式符和 format()函数,同时性能又优于二者,并且使用起来也更加简洁明了,因此对于 Python 3.6 及以后的版本,推荐读者使用 f-string 进行字符串格式化,示例代码如下:

```
#资源包\Code\chapter5\5.6\0523.py
name = '夏正东'
age = 35
def getsalary():
    return 10329.788
#占位符类型可以为函数
str = f"名字:{name},年龄:{age}岁,薪水:{getsalary()}元"
print(str)
class Person:
    def __init__(self):
        self.name = '夏正东'
        self.age = 35
        self.salary = 10329.788
    def getsalary(self):
        return self.salary
person = Person()
#占位符类型可以为对象中的属性或方法,并且可以指定小数的精度
str = f"名字:{person.name},年龄:{person.age}岁,薪水:{person.getsalary():.2f}元"
print(str)
```

5.7 列表

5.7.1 创建列表

通过中括号将元素包裹,并且元素之间使用逗号分隔,即可完成列表的创建,示例代码如下:

```
# 资源包\Code\chapter5\5.7\0524.py
lt = [1, 6.66, 'name', None]
print(lt)
# type()函数用于返回数据类型,列表的输出结果为<class 'list'>
print(type(lt))
```

5.7.2 访问列表中的值

1. 索引访问

与字符串的索引一样,列表的索引也是从 0 开始的,第 1 个元素的索引为 0,第 2 个元素的索引为 1;同样也可以取负值,表示从末尾提取,最后一个元素的索引为 −1,倒数第 2 个元素的索引为 −2。

索引访问分为指定索引访问和分片索引访问。其中,分片索引获取的列表包括开始索引的元素,但不包括结束索引的元素,示例代码如下:

```
# 资源包\Code\chapter5\5.7\0525.py
lt = [1, 2, 3, 4, 5, 6, 7, 8, 9]
# 通过指定索引访问,获取列表中的第 4 个元素,即 4
print(lt[3])
# 通过指定索引访问,获取列表中的倒数第 2 个元素,即 8
print(lt[-2])
# 通过分片索引访问,获取从索引 1 开始到索引 4 的元素,即[2, 3, 4, 5]
print(lt[1:5])
# 通过分片索引访问,获取从索引 3 开始一直到最后的元素,即[4, 5, 6, 7, 8, 9]
print(lt[3:])
# 通过分片索引访问,获取从索引 0 开始到索引 5 的元素,即[1, 2, 3, 4, 5, 6]
print(lt[:6])
# 通过分片索引访问,获取列表中的全部元素,即[1, 2, 3, 4, 5, 6, 7, 8, 9]
print(lt[:])
```

2. 循环遍历

可以通过 for 循环获取列表中的每个元素,示例代码如下:

```
# 资源包\Code\chapter5\5.7\0526.py
lt = [1, 2, 3, 4, 5, 6, 7, 8, 9]
for val in lt:
    print(val)
```

3. 拆包访问

对于可迭代的对象,都可以进行拆包访问。拆包是指将一个结构中的数据拆分为多个单独的变量的值。

拆包的方式有两种,一种用单独的变量接收;另一种用"*"号接收,该种方式返回的是一个列表,示例代码如下:

```
#资源包\Code\chapter5\5.7\0527.py
lt = [1, 2, 3, 4, 5, 6, 7]
n1, n2, n3, *n = lt
#输出的结果为1 2 3 [4, 5, 6, 7]
print(n1, n2, n3, n)
```

5.7.3 列表的特性

列表中可以存储任意数据类型的值,并且列表中的元素值可以进行修改,示例代码如下:

```
#资源包\Code\chapter5\5.7\0528.py
lt = [1, 2, 3, 4, 5, 6, 7, 8, 9]
lt[0] = 100
#输出结果为[100, 2, 3, 4, 5, 6, 7, 8, 9]
print(lt)
```

5.7.4 列表的相关操作

1. 插入

通过 insert()方法可以将指定的元素插入列表中的指定位置。注意,该方法无返回值,但会修改原列表,其语法格式如下:

```
insert(index, obj)
```

其中,参数 index 表示索引;参数 obj 表示元素,示例代码如下:

```
#资源包\Code\chapter5\5.7\0529.py
lt = ['PHP', 'Python', 'Java']
#在索引1的位置插入元素
lt.insert(1, 'C++')
#修改原列表
print(lt)
```

2. 追加

通过 append()方法可以在列表的末尾添加新的元素。注意,该方法无返回值,但会修改原列表,其语法格式如下:

```
append(obj)
```

其中,参数 obj 表示元素,示例代码如下:

```
#资源包\Code\chapter5\5.7\0530.py
lt = ['PHP', 'Python', 'Java']
lt.append('C++')
#修改原列表
print(lt)
```

3. 删除

删除列表中的元素有两种方式。

1) remove()方法

该方法用于删除列表中第一次出现的指定元素。注意,该方法无返回值,但会修改原列表,其语法格式如下:

```
remove(obj)
```

其中,参数 obj 表示元素,示例代码如下:

```
#资源包\Code\chapter5\5.7\0531.py
lt = ['PHP', 'Python', 'PHP', 'Java']
lt.remove('PHP')
#删除第1个PHP,输出结果为['Python', 'PHP', 'Java'],修改原列表
print(lt)
```

2) pop()方法

该方法用于删除列表中指定的元素。注意,该方法的返回值为被删除元素,并会修改原列表,其语法格式如下:

```
pop([index])
```

其中,参数 index 为可选参数,表示索引,如果省略该参数,则默认删除最后一个元素,示例代码如下:

```
#资源包\Code\chapter5\5.7\0532.py
lt1 = ['PHP', 'Python', 'Java']
#删除索引为0的元素
val1 = lt1.pop(0)
#返回被删除元素的值
print(val1)
#修改原列表
print(lt1)
lt2 = ['PHP', 'Python', 'Java']
#删除最后一位元素
val2 = lt2.pop()
print(val2)
#输出结果为['PHP', 'Python']
print(lt2)
```

4. 倒置

通过 reverse()方法可以倒置列表中的元素。注意,该方法无返回值,但会修改原列表,其语法格式如下:

```
reverse()
```

示例代码如下:

```
#资源包\Code\chapter5\5.7\0533.py
lt = ['PHP', 'Python', 'Java']
lt.reverse()
#修改原列表
print(lt)
```

5. 复制

通过 copy() 方法可以返回一个列表的浅复制。注意,该方法返回复制之后的新列表,不会修改原列表,其语法格式如下:

```
copy()
```

示例代码如下:

```
#资源包\Code\chapter5\5.7\0534.py
lt = ['PHP', 'Python', 'Java']
new_lt = lt.copy()
print(new_lt)
```

下面,详细介绍直接赋值、浅复制和深复制之间的区别。

首先,来看一段程序,示例代码如下:

```
#资源包\Code\chapter5\5.7\0535.py
a = [1, 2, 3, 4, [1, 2, 3]]
b = a
print('a 的内存地址:{0}'.format(id(a)))
print('b 的内存地址:{0}'.format(id(b)))
a.append(100)
a[4].append(100)
#输出结果为[1, 2, 3, 4, [1, 2, 3, 100], 100]
print('列表 a:{0}'.format(a))
#输出结果为[1, 2, 3, 4, [1, 2, 3, 100], 100]
print('列表 b:{0}'.format(b))
```

上面的代码使用的是直接赋值。由于列表本身就是一个对象,所以直接赋值其本质就是对象的引用,即起别名,所以列表 a 和列表 b 的内存地址是一致的,并且由于列表 a 和列表 b 都指向同一个引用,所以列表 a 和列表 b 中的元素(包括子对象[1,2,3])也会被同时修改,如图 5-1 所示。

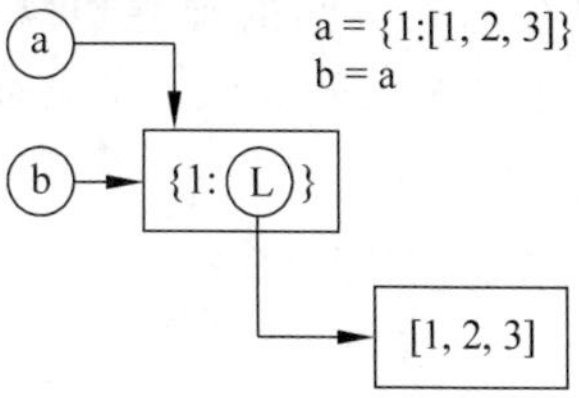

然后,再来看一段程序,示例代码如下:

图 5-1 直接赋值

```
#资源包\Code\chapter5\5.7\0536.py
a = [1, 2, 3, 4, [1, 2, 3]]
b = a.copy()
```

```
print('a 的内存地址: {0}'.format(id(a)))
print('b 的内存地址: {0}'.format(id(b)))
a.append(100)
a[4].append(100)
# 输出结果为[1, 2, 3, 4, [1, 2, 3, 100], 100]
print('列表 a: {0}'.format(a))
# 输出结果为列表 b: [1, 2, 3, 4, [1, 2, 3, 100]]
print('列表 b: {0}'.format(b))
```

上面的代码使用的是浅复制。由于列表本身就是一个对象,经过浅复制之后,列表 a 和列表 b 都是占有内存空间的独立对象,所以列表 a 和列表 b 的内存地址是不一致的,进而导致当修改列表 a 内的元素时,无法影响列表 b,但是,它们内部元素中的子对象[1,2,3]还是指向统一的引用,不会因为浅复制而改变,所以列表 a 和列表 b 内部元素中的子对象[1,2,3]会被同时修改,如图 5-2 所示。

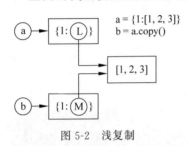

图 5-2 浅复制

最后,再来看一段程序,示例代码如下:

```
# 资源包\Code\chapter5\5.7\0537.py
import copy
a = [1, 2, 3, 4, [1, 2, 3]]
b = copy.deepcopy(a)
print('a 的内存地址: {0}'.format(id(a)))
print('b 的内存地址: {0}'.format(id(b)))
a.append(100)
a[4].append(100)
# 输出结果为[1, 2, 3, 4, [1, 2, 3, 100], 100]
print('列表 a: {0}'.format(a))
# 输出结果为列表 b: [1, 2, 3, 4, [1, 2, 3]]
print('列表 b: {0}'.format(b))
```

上面的代码使用的是深复制,需要使用 copy 模块。由于列表本身就是一个对象,经过深复制之后,列表 a 和列表 b,以及其内部元素(包括子对象[1,2,3])都是占有内存空间的独立对象,两个列表属于完全独立的两个对象,所以列表 a 和列表 b 的内存地址是不一致的,并且其内部元素(包括子对象[1,2,3])也不会被同时修改,如图 5-3 所示。

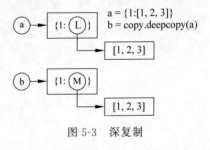

图 5-3 深复制

6. 清空

通过 clear()方法可以将列表中的元素清空。注意,该方法无返回值,但会修改原列表,其语法格式如下:

```
clear()
```

示例代码如下:

```
#资源包\Code\chapter5\5.7\0538.py
lt = ['PHP', 'Python', 'Java']
lt.clear()
#修改原列表
print(lt)
```

7. 计数

通过 count()方法可以统计在列表中指定元素出现的次数并返回,其语法格式如下:

```
count(obj)
```

其中,参数 obj 表示元素,示例代码如下:

```
#资源包\Code\chapter5\5.7\0539.py
lt = ['PHP', 'Python', 'Java','python','Python']
#区分大小写
num = lt.count('Python')
#输出结果为 2
print(num)
```

8. 查找索引

通过 index()方法查找指定元素第一次出现的索引并返回,其语法格式如下:

```
index(x[, start, end])
```

其中,参数 x 表示元素;参数 start 为可选参数,表示开始索引,如果省略该参数,则默认值为 0;参数 end 为可选参数,表示结束索引,如果省略该参数,则默认值为需要查找的字符或字符串的长度,注意,查找范围不包括结束索引对应的值,示例代码如下:

```
#资源包\Code\chapter5\5.7\0540.py
lt1 = ['PHP', 'python', 'Java', 'Python', 'Python']
#区分大小写
print(lt1.index('Python'))
lt2 = ['PHP', 'python', 'Java', 'Python', 'JavaScript', 'C++', 'Python', 'C']
#不包含结束索引对应的值,输出结果为 6
print(lt2.index('Python', 4, 7))
```

5.7.5 列表推导式

列表推导式提供了一种简明扼要的方法来创建列表,其语法格式如下:

```
[ 表达式 for 语句 [, if 语句 [, for 语句 ...] ] ]
```

列表推导式的结构是在一个中括号里包含一个表达式,之后是一个 for 语句,然后是 0

个或多个 if 语句或 for 语句,最后在这个以 if 语句和 for 语句为上下文的表达式运行完成之后,返回一个新的列表。其执行顺序为左边第 2 条语句是最外层,依次往右进一层,左边第 1 条语句是最后一层,示例代码如下:

```python
#资源包\Code\chapter5\5.7\0541.py
#列表推导式的方式
lt1 = [x * y for x in range(1, 5) if x > 2 for y in range(1, 4) if y < 3]
#输出结果为[3, 6, 4, 8]
print(lt1)
#列表推导式的执行顺序
lt2 = []
for x in range(1, 5):
    if x > 2:
        for y in range(1, 4):
            if y < 3:
                lt2.append(x * y)
#输出结果同样为[3, 6, 4, 8]
print(lt2)
```

5.8 元组

5.8.1 创建元组

创建元组有两种方式,一种使用逗号将元素分隔;另一种使用小括号将元素包裹,并且元素之间使用逗号分隔。强烈推荐读者使用第 2 种方式,示例代码如下:

```python
#资源包\Code\chapter5\5.8\0542.py
#使用逗号将数据分隔
tp1 = 1, 6.66, 'name', None
print(tp1)
#type()函数用来返回数据类型,元组的输出结果为<class 'tuple'>
print(type(tp1))
#使用小括号将数据包裹,并且数据之间使用逗号分隔
tp2 = (1, 6.66, 'name', None)
print(tp2)
#type()函数用于返回数据类型,元组的输出结果为<class 'tuple'>
print(type(tp2))
```

有一点需要重点强调,即当创建的元组中只有一个数据的时候,无论使用上述哪种方式创建,只要该数据之后没有逗号,则创建的不是元组,而是一个整数,所以,读者在创建只包含一个数据的元组时,一定要注意在该数据之后加上逗号,示例代码如下:

```python
#资源包\Code\chapter5\5.8\0543.py
tp = 1,
#此种方式创建的是元组,输出结果为<class 'tuple'> (1,)
print(type(tp), tp)
```

```
tp = (1,)
#此种方式创建的是元组,输出结果为< class 'tuple'> (1,)
print(type(tp), tp)
tp = (1)
#此种方式创建的是整数,输出结果为< class 'int'> 1
print(type(tp), tp)
```

5.8.2 访问元组中的值

1. 索引访问

与字符串的索引一样,元组的索引也是从 0 开始,第 1 个元素的索引为 0,第 2 个元素的索引为 1;同样也可以取负值,表示从末尾提取,最后一个元素的索引为 −1,倒数第 2 个元素的索引为 −2。

索引访问分为指定索引访问和分片索引访问。其中,分片索引获取的元组包括开始索引的元素,但不包括结束索引的元素,示例代码如下:

```
#资源包\Code\chapter5\5.8\0544.py
tp = (1, 2, 3, 4, 5, 6, 7, 8, 9)
#通过指定索引访问,获取元组中的第 4 个元素,即 4
print(tp[3])
#通过指定索引访问,获取元组中的倒数第 2 个元素,即 8
print(tp[-2])
#通过分片索引访问,获取从索引 1 开始到索引 4 的元素,即(2, 3, 4, 5)
print(tp[1:5])
#通过分片索引访问,获取从索引 3 开始一直到最后的元素,即(4, 5, 6, 7, 8, 9)
print(tp[3:])
#通过分片索引访问,获取从索引 0 开始到索引 5 的元素,即(1, 2, 3, 4, 5, 6)
print(tp[:6])
#通过分片索引访问,获取元组中的全部元素,即(1, 2, 3, 4, 5, 6, 7, 8, 9)
print(tp[:])
```

2. 循环遍历

可以通过 for 循环获取元组中的每个元素,示例代码如下:

```
#资源包\Code\chapter5\5.8\0545.py
tp = (1, 2, 3, 4, 5, 6, 7, 8, 9)
for val in tp:
    print(val)
```

3. 拆包访问

对于可迭代的对象,都可以进行拆包访问。拆包是指将一个结构中的数据拆分为多个单独的变量的值。

拆包的方式有两种,一种用单独的变量接收;另一种用"＊"号接收,该种方式返回的是一个列表,示例代码如下:

```
#资源包\Code\chapter5\5.8\0546.py
tp = (1, 2, 3, 4, 5, 6, 7)
n1, n2, n3, *n = tp
#输出结果为 1 2 3 [4, 5, 6, 7]
print(n1, n2, n3, n)
```

5.8.3 元组的特性

元组属于不可变的数据类型,其元素值不允许修改,所以元组与列表不一样,元组不具有添加、删除和修改其内部元素的方法,示例代码如下:

```
#资源包\Code\chapter5\5.8\0547.py
tp = (1, 2, 3, 4, 5, 6, 7)
#报错
tp[0] = 100
```

5.8.4 元组的相关操作

1. 连接

元组中的元素值是不允许修改的,但可以对元组进行连接,组合成一个新的元组,示例代码如下:

```
#资源包\Code\chapter5\5.8\0548.py
tp1 = (1, 2, 3)
tp2 = ('a', 'b', 'c')
tp = tp1 + tp2
#输出结果为(1, 2, 3, 'a', 'b', 'c')
print(tp)
```

2. 删除

元组中的元素值是不允许删除的,但可以使用 del 语句来删除整个元组,示例代码如下:

```
#资源包\Code\chapter5\5.8\0549.py
tp = (1, 2, 3)
del tp
#由于元组已经被删除,所以会报错,提示 tp 未定义
print(tp)
```

5.8.5 元组推导式

元组推导式提供了一种简明扼要的方法来创建元组,其语法格式如下:

```
( 表达式 for 语句 [, if 语句 [, for 语句 ...] ] )
```

元组推导式的结构是在一个小括号里包含一个表达式,之后是一个 for 语句,然后是 0 个或多个 if 语句或 for 语句,注意,与列表推导式不同,最后在这个以 if 语句和 for 语句为上下文的表达式运行完成之后,返回的是一个生成器对象,需要使用 tuple() 函数来获得新元组。其执行顺序为左边第 2 条语句是最外层,依次往右进一层,左边第一条语句是最后一层,示例代码如下:

```
#资源包\Code\chapter5\5.8\0550.py
#元组推导式的方式
tp1 = (x * y for x in range(1, 5) if x > 2 for y in range(1, 4) if y < 3)
#输出结果为一个生成器对象
print(tp1)
#输出结果为(3, 6, 4, 8)
print(tuple(tp1))
#元组推导式的执行顺序
lt = []
for x in range(1, 5):
    if x > 2:
        for y in range(1, 4):
            if y < 3:
                lt.append(x * y)
#输出结果同样为(3, 6, 4, 8)
print(tuple(lt))
```

5.9 字典

5.9.1 创建字典

字典由多个键和其对应的值构成的键值对组成,键和值中间以冒号分隔,每个键值对之间使用逗号分隔,最后,由大括号将每个键值对包裹,即可完成字典的创建,示例代码如下:

```
#资源包\Code\chapter5\5.9\0551.py
dt = {'name': '夏正东', 'age': 35, 'teach': 'Python'}
#输出结果为{'name': '夏正东', 'age': 35, 'teach': 'Python'}
print(dt)
#type()函数用于返回数据类型,字典的输出结果为<class 'dict'>
print(type(dt))
```

5.9.2 访问字典中的键

1. keys()方法访问

该方法返回一个可迭代对象,对象中包含了字典里所有的键。该可迭代对象的类型为 dict_keys,可以使用数据类型转换函数将其转换为指定的数据类型,示例代码如下:

```
# 资源包\Code\chapter5\5.9\0552.py
dt = {'name': '夏正东', 'age': 35, 'teach': 'Python'}
items = dt.keys()
# 类型为< class 'dict_keys'>
print(type(items))
# 使用list()函数将其转换为列表,输出结果为['name', 'age', 'teach']
print(list(items))
# 使用tuple()函数将其转换为元组,输出结果为('name', 'age', 'teach')
print(tuple(items))
```

2. 循环遍历

可以使用for循环直接获取字典中的键,示例代码如下:

```
# 资源包\Code\chapter5\5.9\0553.py
dt = {'name': '夏正东', 'age': 35, 'teach': 'Python'}
for key in dt:
    print(key)
```

5.9.3 访问字典中的值

1. 键值访问

通过字典中的键,即可访问字典中相对应的值,示例代码如下:

```
# 资源包\Code\chapter5\5.9\0554.py
dt = {'name': '夏正东', 'age': 35, 'teach': 'Python'}
print(dt['name'])
```

2. get()方法访问

该方法返回指定键的值,如果键不在字典中,则返回默认值None或者设置的默认值,示例代码如下:

```
# 资源包\Code\chapter5\5.9\0555.py
dt = {'name': '夏正东', 'age': 35, 'teach': 'Python'}
item = dt.get('name')
print(item)
# 如果键值不存在,则返回设置的默认值:身高是秘密!
item = dt.get('height', '身高是秘密!')
print(item)
```

3. values()方法访问

该方法返回一个可迭代对象,对象中包含了字典里所有的值。该可迭代对象的类型为dict_values,可以使用数据类型转换函数将其转换为指定的数据类型,示例代码如下:

```
# 资源包\Code\chapter5\5.9\0556.py
dt = {'name': '夏正东', 'age': 35, 'teach': 'Python'}
items = dt.values()
```

```
#类型为<class 'dict_values'>
print(type(items))
#使用list()函数将其转换为列表,输出结果为['夏正东', 35, 'Python']
print(list(items))
#使用tuple()函数将其转换为元组,输出结果为('夏正东', 35, 'Python')
print(tuple(items))
```

4．循环遍历

可以使用for循环获取字典中的键,然后使用键值访问,从而获取字典中的值,示例代码如下：

```
#资源包\Code\chapter5\5.9\0557.py
dt = {'name': '夏正东', 'age': 35, 'teach': 'Python'}
for key in dt:
    print(dt[key])
```

5.9.4　访问字典中的键和值

1．items()方法访问

该方法返回一个可迭代对象,对象中包含了字典里所有键值对组成的元组。该可迭代对象的类型为dict_items,可以使用数据类型转换函数将其转换为指定的数据类型,示例代码如下：

```
#资源包\Code\chapter5\5.9\0558.py
dt = {'name': '夏正东', 'age': 35, 'teach': 'Python'}
items = dt.items()
#类型为<class 'dict_items'>
print(type(items))
#使用list()函数将其转换为列表,输出结果为[('name', '夏正东'), ('age', 35), ('teach', 'Python')]
print(list(items))
#使用tuple()函数将其转换为元组,输出结果为(('name', '夏正东'), ('age', 35), ('teach', 'Python'))
print(tuple(items))
```

2．循环遍历

可以使用for循环直接获取字典中的键,然后使用键值访问,获取字典中的值,示例代码如下：

```
#资源包\Code\chapter5\5.9\0559.py
dt = {'name': '夏正东', 'age': 35, 'teach': 'Python'}
for key in dt:
    print(key, dt[key])
```

5.9.5　字典的特性

字典中的值可以是任何Python对象,既可以是标准的对象,也可以是用户定义的对象,但键不行。另外,有两点需要注意,一是在字典中不允许同一个键出现两次,在创建字典时,如果同一个键被赋值两次,则前一个键值对会被后一个键值对覆盖;二是字典中的键必须是不可变的,所以可以用数字、字符串或元组等充当,但是,列表不可以作为键,因为列表是可变的数据类型,示例代码如下:

```
#资源包\Code\chapter5\5.9\0560.py
dt1 = {'name': '夏正东', 'age': 35, 'teach': 'Python', 'teach': 'PHP'}
#第3个键值对被第4个键值对覆盖
print(dt1)
dt2 = {1: 'one', 'name': '夏正东', ('tp1', 'tp2'): 'tuple'}
#不变的数据类型可以作为字典的键
print(dt2)
dt3 = {1: 'one', 'name': '夏正东', ['lt1', 'lt2']: 'list'}
#报错,可变的数据类型不可以作为字典的键
print(dt3)
```

5.9.6 字典的相关操作

1. 添加

通过向字典中增加新的键值对的方式,来向字典中添加新的内容,示例代码如下:

```
#资源包\Code\chapter5\5.9\0561.py
dt = {'name': '夏正东', 'age': 35, 'teach': 'Python'}
dt['city'] = '大连'
#输出结果为{'name': '夏正东', 'age': 35, 'teach': 'Python', 'city': '大连'}
print(dt)
```

2. 修改

通过修改字典中键值对的方式,来改修字典中已经存在的内容,示例代码如下:

```
#资源包\Code\chapter5\5.9\0562.py
dt = {'name': '夏正东', 'age': 35, 'teach': 'Python', 'city': '大连'}
dt['teach'] = 'Linux'
#输出结果为{'name': '夏正东', 'age': 35, 'teach': 'Linux', 'city': '大连'}
print(dt)
```

3. 删除

删除字典中的键值对有3种方式。

1) del 关键字

该关键字可以删除字典中指定的键值对,示例代码如下:

```
#资源包\Code\chapter5\5.9\0563.py
dt = {'name': '夏正东', 'age': 35, 'teach': 'Python', 'city': '大连'}
del dt['city']
#输出结果为{'name': '夏正东', 'age': 35, 'teach': 'Python'}
print(dt)
```

2) pop()方法

该方法可以删除字典中指定的键值对。注意,该方法的返回值为被删除的键所对应的值,并修改原字典,其语法格式如下:

```
pop(key[, default])
```

其中,参数 key 表示键;参数 default 为可选参数,表示当删除的键不存在时返回的值,如果省略该参数,则默认无返回值,示例代码如下:

```
#资源包\Code\chapter5\5.9\0564.py
dt = {'name': '夏正东', 'age': 35, 'teach': 'Python', 'city': '大连'}
val = dt.pop('city')
print(val)
#修改原字典
print(dt)
#给定默认值
val = dt.pop('phone','秘密!')
print(val)
print(dt)
```

3) popitem()方法

该方法可以删除字典中的最后一个键值对。注意,该方法返回被删除键值对组成的元组,并修改原字典,其语法格式如下:

```
popitem()
```

示例代码如下:

```
#资源包\Code\chapter5\5.9\0565.py
dt = {'name': '夏正东', 'age': 35, 'teach': 'Python', 'city': '大连'}
val = dt.popitem()
#输出结果为('city', '大连')
print(val)
#修改原字典
print(dt)
```

4. 清空

通过 clear()方法删除字典内所有的键值对。注意,该方法无返回值,但会修改原字典,其语法格式如下:

```
clear()
```

示例代码如下:

```
#资源包\Code\chapter5\5.9\0566.py
dt = {'name': '夏正东', 'age': 35, 'teach': 'Python', 'city': '大连'}
dt.clear()
#修改原字典
print(dt)
```

5. 复制

通过 copy()方法可以返回一个字典的浅复制(关于直接赋值、浅复制和深复制的区别,参考列表的相关操作中的复制)。注意,该方法返回复制之后的新字典,不会修改原字典,其语法格式如下:

```
copy()
```

示例代码如下:

```python
#资源包\Code\chapter5\5.9\0567.py
dt = {'name': '夏正东', 'age': 35, 'teach': 'Python', 'city': '大连'}
new_dt = dt.copy()
print(new_dt)
```

5.9.7 字典推导式

字典推导式提供了一种简明扼要的方法来创建字典,其语法格式如下:

```
{ 表达式 for 语句 [, if 语句 [, for 语句 ...] ] }
```

字典推导式的结构是在一个大括号里包含一个表达式,之后是一个 for 语句,然后是 0 个或多个 if 语句或 for 语句,最后在这个以 if 语句和 for 语句为上下文的表达式运行完成之后,返回一个新的字典。其执行顺序为左边第 2 条语句是最外层,依次往右进一层,左边第 1 条语句是最后一层,示例代码如下:

```python
#资源包\Code\chapter5\5.9\0568.py
input_dt = {'one': 1, 'two': 2, 'three': 3, 'four': 4, 'five': 5}
#字典推导式的方式
dt1 = {key: val for key, val in input_dt.items() if val % 2 == 0}
#输出结果为一个新的字典{'two': 2, 'four': 4}
print(dt1)
#字典推导式的执行顺序
input_dt = {'one': 1, 'two': 2, 'three': 3, 'four': 4, 'five': 5}
dt2 = {}
for key, val in input_dt.items():
    if val % 2 == 0:
        dt2[key] = val
#输出结果同样为一个新的字典{'two': 2, 'four': 4}
print(dt2)
```

5.10 集合

5.10.1 创建集合

创建可变集合有两种方式,一种通过大括号将元素包裹,并且元素之间使用逗号分隔;另一种通过 set()函数创建,该函数的参数为可迭代对象。

注意，集合中的元素不能为字典，否则会产生语法错误，示例代码如下：

```python
#资源包\Code\chapter5\5.10\0569.py
st1 = {1, 6.66, 'name', None}
#创建可变集合,输出结果为{None, 1, 6.66, 'name'}
print(st1)
#type()函数用于返回数据类型,可变集合的输出结果为< class 'set'>
print(type(st1))
#创建可变集合,参数为可迭代对象字符串
st2 = set('abcdefg')
print(st2)
#创建可变集合,参数为可迭代对象列表
st3 = set([1, 6.66, 'name', None])
print(st3)
#创建可变集合,参数为可迭代对象集合
st4 = set({1, 6.66, 'name', None})
print(st4)
```

创建不可变集合可以使用 frozenset() 函数，该函数的参数为可迭代对象，示例代码如下：

```python
#资源包\Code\chapter5\5.10\0570.py
#创建不可变集合,参数为可迭代对象字符串
st1 = frozenset('abcdefg')
print(st1)
#type()函数用于返回数据类型,不可变集合的输出结果为< class 'frozenset'>
print(type(st1))
#创建不可变集合,参数为可迭代对象列表
st2 = frozenset([1, 6.66, 'name', None])
print(st2)
#创建不可变集合,参数为可迭代对象集合
st3 = frozenset({1, 6.66, 'name', None})
print(st3)
```

注意，创建空的可变集合或不可变集合，必须使用 set() 函数或 frozenset() 函数，因为{}表示的是空字典，示例代码如下：

```python
#资源包\Code\chapter5\5.10\0571.py
#数据类型为< class 'set'>
print(type(set()))
#数据类型为< class 'frozenset'>
print(type(frozenset()))
#数据类型为< class 'dict'>
print(type({}))
```

5.10.2 访问集合中的值

在集合中，无论是可变集合，还是不可变集合，都无法通过索引访问元素，只能通过 for 循环，获取可变集合或不可变集合中的元素，示例代码如下：

```
#资源包\Code\chapter5\5.10\0572.py
st1 = set({1, 6.66, 'name', None})
#报错,提示集合不能通过索引访问
print(st1[0])
st2 = frozenset({1, 6.66, 'name', None})
#报错,提示集合不能通过索引访问
print(st2[0])
st3 = set({1, 6.66, 'name', None})
for val1 in st3:
    print(val1)
st4 = frozenset({1, 6.66, 'name', None})
for val2 in st4:
    print(val2)
```

5.10.3 集合的特性

集合是一个无序的数据类型,并且其内部的元素值不可重复,示例代码如下:

```
#资源包\Code\chapter5\5.10\0573.py
st1 = {1, 'name', 1, 'age', 6.66, 'name', None}
#输出结果为{1, 'age', 6.66, 'name', None}
print(st1)
st2 = frozenset({1, 'name', 1, 'age', 6.66, 'name', None})
#输出结果为frozenset({1, 'age', 6.66, 'name', None})
print(st2)
```

不可变集合属于不可变的数据类型,其元素值不允许修改,所以不可变集合不具有添加、删除和修改其内部元素的方法。

5.10.4 集合的相关操作

1. 添加

通过add()方法给可变集合添加元素,如果添加的元素在集合中已存在,则不执行任何操作。注意,该方法无返回值,但会修改原集合,其语法格式如下:

```
add(element)
```

其中,参数element表示元素,示例代码如下:

```
#资源包\Code\chapter5\5.10\0574.py
st = {1, 6.66, 'name', None}
st.add('Python')
print(st)
```

2. 删除

删除可变集合中的元素有3种方式。

1) remove()方法

该方法可以删除可变集合中的指定元素,如果删除一个不存在的元素,该方法则会发生

错误。注意,该方法无返回值,但会修改原集合,其语法格式如下:

```
remove(element)
```

其中,参数 element 表示元素,示例代码如下:

```
#资源包\Code\chapter5\5.10\0575.py
st = {1, 6.66, 'name', None}
st.remove('name')
print(st)
st.remove('100')
#报错,删除不存在的元素
print(st)
```

2) discard()方法

该方法可以删除可变集合中的指定元素,如果删除一个不存在的元素,该方法则不会发生错误,而是直接输出原集合。注意,该方法无返回值,但会修改原集合,其语法格式如下:

```
discard(element)
```

其中,参数 element 表示元素,示例代码如下:

```
#资源包\Code\chapter5\5.10\0576.py
st = {1, 6.66, 'name', None}
st.discard('name')
print(st)
st.discard('100')
#删除不存在的元素,不会报错,直接输出原集合
print(st)
```

3) pop()方法

该方法可以删除可变集合中的一个随机元素。注意,该方法无返回值,但会修改原集合,其语法格式如下:

```
pop()
```

示例代码如下:

```
#资源包\Code\chapter5\5.10\0577.py
st = {1, 6.66, 'name', None}
st.pop()
print(st)
```

3. 清空

通过 clear()方法清空可变集合。注意,该方法无返回值,但会修改原集合,其语法格式如下:

```
clear()
```

示例代码如下：

```
# 资源包\Code\chapter5\5.10\0578.py
st = set({1, 6.66, 'name', None})
st.clear()
print(st)
```

4. 复制

通过 copy()方法可以返回一个可变集合或不可变集合的浅复制。注意，该方法返回复制之后的新集合，不会修改原集合，其语法格式如下：

```
copy()
```

示例代码如下：

```
# 资源包\Code\chapter5\5.10\0579.py
st1 = {1, 6.66, 'name', None}
new_st1 = st1.copy()
print(new_st1)
st2 = frozenset({1, 6.66, 'name', None})
new_st2 = st2.copy()
print(new_st2)
```

5.10.5　集合推导式

集合推导式提供了一种简明扼要的方法来创建集合，其语法格式如下：

```
{ 表达式 for 语句 [, if 语句 [, for 语句 …] ] }
```

集合推导式的结构是在一个大括号里包含一个表达式，之后是一个 for 语句，然后是 0 个或多个 if 语句或 for 语句，最后在这个以 if 语句和 for 语句为上下文的表达式运行完成之后，返回一个新的集合。其执行顺序为左边第 2 条语句是最外层，依次往右进一层，左边第 1 条语句是最后一层，示例代码如下：

```
# 资源包\Code\chapter5\5.10\0580.py
# 集合推导式的方式
st1 = {x * y for x in range(1, 5) if x > 2 for y in range(1, 4) if y < 3}
# 输出结果为{8, 3, 4, 6}
print(st1)
# 集合推导式的执行顺序
st2 = set()
for x in range(1, 5):
    if x > 2:
        for y in range(1, 4):
            if y < 3:
                st2.add(x * y)
# 输出结果同样为{8, 3, 4, 6}
print(st2)
```

第 6 章 数据类型转换

在 Python 中可以通过内置函数来完成各种数据类型的转换。

6.1 int()函数

该函数可以将字符串(仅含有数字)或浮点数转换为整数,其语法格式如下:

```
int([x [, base]])
```

其中,参数 x 为可选参数,表示仅含有数字的字符串或浮点数,如果省略该参数,则该函数返回 0;参数 base 为可选参数,表示进制数,如果省略该参数,则默认为十进制。注意,如果设置了该参数,则参数 x 必须为仅含有数字的字符串,示例代码如下:

```
#资源包\Code\chapter6\6.1\0601.py
num1 = int()
print(num1)
num2 = int(3.6)
print(num2)
num3 = int('123')
print(num3)
#26 为八进制,对应的十进制为 22
num4 = int('26', 8)
print(num4)
```

6.2 float()函数

该函数可以将字符串(仅含有数字)或整数转换为浮点数,其语法格式如下:

```
float([x])
```

其中,参数 x 为可选参数,表示仅含有数字的字符串或整数,如果省略该参数,则该函数返回 0.0,示例代码如下:

```python
# 资源包\Code\chapter6\6.2\0602.py
num1 = float()
print(num1)
num2 = float(3)
print(num2)
num3 = float('123')
print(num3)
```

6.3 bool()函数

该函数可以将给定的值转换为布尔值,其语法格式如下:

```
bool([x])
```

其中,参数 x 为可选参数,表示 Python 中数据类型所对应的值,如果省略该参数,则该函数返回值为 False,示例代码如下:

```python
# 资源包\Code\chapter6\6.3\0603.py
bl1 = bool()
print(bl1)
bl2 = bool('oldxia')
print(bl2)
```

该部分内容读者需要重点记忆的是给定的值转换为布尔值为假的情况,包括整数 0、浮点数 0.0、空字符串、复数 0j、布尔值 False、空列表、空元组、空字典、空集合和 None。注意,对象(包括空对象)转换成布尔值后为 True,示例代码如下:

```python
# 资源包\Code\chapter6\6.3\0604.py
bl1 = bool()
print(bl1)
# 整数 0
bl2 = bool(0)
print(bl2)
# 浮点数 0.0
bl3 = bool(0.0)
print(bl3)
# 空字符串
bl4 = bool('')
print(bl4)
# 复数 0j
bl5 = bool(0j)
print(bl5)
# 布尔值 False
bl6 = bool(False)
print(bl6)
# 空列表
```

```
bl7 = bool([])
print(bl7)
#空元组
bl8 = bool(())
print(bl8)
#空字典
bl9 = bool({})
print(bl9)
#空集合
bl10 = bool(set())
print(bl10)
# None
bl11 = bool(None)
print(bl11)
class Car(object):
    pass
audi = Car()
#对象转换成布尔值后为 True
bl12 = bool(audi)
print(bl12)
```

6.4 str()函数

该函数可以将给定的值转换为字符串,其语法格式如下:

```
str([x])
```

其中,参数 x 为可选参数,表示 Python 中数据类型所对应的值,如果省略该参数,则该函数返回空字符串,示例代码如下:

```
#资源包\Code\chapter6\6.4\0605.py
s1 = str()
print(s1)
num = 12
s2 = str(num)
print(s2)
lt = [1, 2, 3]
s3 = str(lt)
print(s3)
tp = (1, 2, 3)
s4 = str(tp)
print(s4)
dt = {'name': '夏正东', 'age': 30, 'teach': 'Python'}
s5 = str(dt)
print(s5)
st = {1, 2, 3}
s6 = str(st)
print(s6)
```

6.5　list()函数

该函数可以将字符串、元组或集合转换为列表，其语法格式如下：

```
list([x])
```

其中，参数 x 为可选参数，表示字符串、元组或集合，如果省略该参数，则该函数返回空列表，示例代码如下：

```python
#资源包\Code\chapter6\6.5\0606.py
lt1 = list()
print(lt1)
lt2 = list('www.oldxia.com')
print(lt2)
lt3 = list((1, 2, 3, 4, 5, 6))
print(lt3)
lt4 = list({1, 2, 3, 4, 5, 6})
print(lt4)
```

6.6　tuple()函数

该函数可以将字符串、列表或集合转换为元组，其语法格式如下：

```
tuple([x])
```

其中，参数 x 为可选参数，表示字符串、列表或集合，如果省略该参数，则该函数返回空元组，示例代码如下：

```python
#资源包\Code\chapter6\6.6\0607.py
tp1 = tuple()
print(tp1)
tp2 = tuple('www.oldxia.com')
print(tp2)
tp3 = tuple([1, 2, 3, 4, 5, 6])
print(tp3)
tp4 = tuple({1, 2, 3, 4, 5, 6})
print(tp4)
```

6.7　set()函数

该函数可以将字符串、列表或元组转换为可变集合，其语法格式如下：

```
set([x])
```

其中,参数 x 为可选参数,表示字符串、列表或元组,如果省略该参数,则该函数返回空集合,示例代码如下:

```python
#资源包\Code\chapter6\6.7\0608.py
st1 = set()
print(st1)
st2 = set('www.oldxia.com')
print(st2)
st3 = set([1, 2, 3, 4, 5, 6])
print(st3)
st4 = set((1, 2, 3, 4, 5, 6))
print(st4)
```

6.8 dict()函数

该函数可以将列表或元组转换为字典,其语法格式如下:

```
dict([x])
```

其中,参数 x 为可选参数,表示列表或元组,并且该列表或元组必须是键值对形式,如果省略该参数,则该函数返回空字典,示例代码如下:

```python
#资源包\Code\chapter6\6.8\0609.py
#列表转字典
#由于字典中的参数需要键值对形式,所以会报错
lt1 = [5, 2, 3, 5]
print(dict(lt1))
#列表内的元素为键值对形式的列表
lt2 = [['name', '夏正东'], ['age', 30]]
print(dict(lt2))
#列表内的元素为键值对形式的元组
lt3 = [('name', '夏正东'), ('age', 30)]
print(dict(lt3))
#元组转字典
#由于字典中的参数需要键值对形式,所以会报错
tp1 = (5, 2, 3, 5)
print(dict(tp1))
#元组内的元素为键值对形式的元组
tp2 = (('name', '夏正东'), ('age', 30))
print(dict(tp2))
#元组内的元素为键值对形式的列表
tp3 = (['name', '夏正东'], ['age', 30])
print(dict(tp3))
```

第 7 章 运 算 符

7.1 算术运算符

算术运算符用于对数字进行数学运算,例如加、减、乘、除等。

表 7-1 中列出了 Python 中的算术运算符,在该表中,假设变量 a 的值为 3,变量 b 的值为 2。

表 7-1 算术运算符

运算符	描述	实例
+	加法	a + b,输出结果为 5
-	减法	a - b,输出结果为 1
*	乘法	a * b,输出结果为 6
/	除法	a / b,输出结果为 1.5
%	取模,返回除法的余数	a % b,输出结果为 1
**	幂,返回 a 的 b 次幂	a ** b,输出结果为 9
//	整除,返回商的整数部分(向下取整)	a // b,输出结果为 1

示例代码如下:

```
#资源包\Code\chapter7\7.1\0701.py
a = 3
b = 2
print(a + b)
print(a - b)
print(a * b)
print(a / b)
print(a % b)
print(a ** b)
print(a //b)
```

7.2 赋值运算符

赋值运算符用于将其右侧的值传递给左侧的变量(或者常量),也可以将右侧的值进行某些运算之后再传递给左侧的变量。

表 7-2 中列出了 Python 中的赋值运算符,在该表中,假设变量 a 的值为 3,变量 b 的值为 2。

表 7-2 赋值运算符

运算符	描述	实例
=	基本的赋值运算符	c = a + b,将 a+b 的运算结果赋值给 c,c 的输出结果为 5
+=	加法赋值运算符	a += b 等价于 a=a+b,a 的输出结果为 5
-=	减法赋值运算符	a -= b 等价于 a=a-b,a 的输出结果为 1
*=	乘法赋值运算符	a *= b 等价于 a=a*b,a 的输出结果为 6
/=	除法赋值运算符	a /= b 等价于 a=a/b,a 的输出结果为 1.5
%=	取模赋值运算符	a %= b 等价于 a=a%b,a 的输出结果为 1
**=	幂赋值运算符	a **= b 等价于 a=a**b,a 的输出结果为 9
//=	整除赋值运算符	a //= b 等价于 a=a//b,a 的输出结果为 1

示例代码如下:

```
#资源包\Code\chapter7\7.2\0702.py
a = 3
b = 2
c = a + b
print(c)
a = 3
a += b
print(a)
a = 3
a -= b
print(a)
a = 3
a *= b
print(a)
a = 3
a /= b
print(a)
a = 3
a %= b
print(a)
a = 3
a **= b
print(a)
a = 3
a //= b
print(a)
```

7.3 位运算符

位运算符只能用来操作整数,按照整数在内存中的二进制形式进行计算。

表 7-3 中列出了 Python 中的位运算符,在该表中,假设变量 a 的值为 3,变量 b 的值为 2。

表 7-3 位运算符

运算符	描述	实例
&	按位与运算符。参与运算的两个值,如果两个值的相应位为1,则该位计算的结果为1,否则为0	a & b,输出结果为2
|	按位或运算符。参与运算的两个值,只要对应的二进位有一个为1时,则该位的计算结果就为1	a | b,输出结果为3
^	按位异或运算符。参与运算的两个值,如果对应的二进位相同,则该位计算的结果为0,否则为1	a ^ b,输出结果为1
~	按位取反运算符。对当前运算数的每个二进制位取反,即把1变为0,把0变为1	~a,输出结果为-4。注意,二进制中的最高位为符号位,0表示正数,1表示负数
<<	左移运算符。当前运算数的各二进位全部左移若干位,左移后的低位补0,左移运算符的右边数字指定了移动的位数	a << 3,输出结果为24
>>	右移运算符。当前运算数的各二进位全部右移若干位,右移后的高位补0,右移运算符的右边数字指定了移动的位数	a >> 1,输出结果为1

示例代码如下:

```
# 资源包\Code\chapter7\7.3\0703.py
a = 3
b = 2
# a的二进制为0011
# b的二进制为0010
# 按位相与后的结果为0010,十进制为2
print(a & b)
# a的二进制为0011
# b的二进制为0010
# 按位相或后的结果为0011,十进制为3
print(a | b)
# a的二进制为0011
# b的二进制为0010
# 按位异或后的结果为0001,十进制为1
print(a ^ b)
# a的二进制为0011
# 按位取反后的结果为1100,十进制为-4
print(~a)
# a的二进制为0011
# 左移3位后的结果为0011000,十进制为24
print(a << 3)
# a的二进制为0011
# 右移1位后的结果为0001,十进制为1
print(a >> 1)
```

7.4 逻辑运算符

逻辑运算符包括与、或、非。

表 7-4 中列出了 Python 中的逻辑运算符,在该表中,假设变量 a 的值为 3,变量 b 的值为 0。

表 7-4 逻辑运算符

运算符	描述	实例
and	逻辑与运算,等价于数学中的"且"。当 a 为假时,返回 a 的值,否则返回 b 的值	a and b,输出结果为 0
or	逻辑或运算,等价于数学中的"或"。当 a 为真时,返回 a 的值,否则返回 b 的值	a or b,输出结果为 3
not	逻辑非运算,等价于数学中的"非"。当 a 为真时,则返回假,当 a 为假时,则返回真	not a,输出结果为 False

示例代码如下:

```
#资源包\Code\chapter7\7.4\0704.py
a = 3
b = 0
print(a and b)
print(a or b)
print(not a)
```

7.5 比较运算符

比较运算符用于对变量、常量或表达式的结果进行大小比较,如果这种比较成立,则返回值为 True,否则返回值为 False。

表 7-5 中列出了 Python 中的比较运算符,在该表中,假设变量 a 的值为 3,变量 b 的值为 2。

表 7-5 比较运算符

运算符	描述	实例
>	大于。如果>前面的值大于后面的值,则返回值为 True,否则返回值为 False	a > b,输出结果为 True
<	小于。如果<前面的值小于后面的值,则返回值为 True,否则返回值为 False	a < b,输出结果为 False
==	等于。如果==两边的值相等,则返回值为 True,否则返回值为 False	a == b,输出结果为 False
>=	大于或等于。如果>=前面的值大于或者等于后面的值,则返回值为 True,否则返回值为 False	a >= b,输出结果为 True

续表

运算符	描述	实例
<=	小于或等于。如果<=前面的值小于或者等于后面的值,则返回值为 True,否则返回值为 False	a <= b,输出结果为 False
!=	不等于。如果!=两边的值不相等,则返回值为 True,否则返回值为 False	a != b,输出结果为 True

示例代码如下:

```
#资源包\Code\chapter7\7.5\0705.py
a = 3
b = 2
print(a > b)
print(a < b)
print(a == b)
print(a >= b)
print(a <= b)
print(a != b)
```

7.6 成员运算符

成员运算符用于检查字符串、列表、元组、字典和集合中是否存在指定的元素。

表 7-6 中列出了 Python 中的成员运算符,在该表中,假设变量 a 的值为 3,变量 lt 的值为[1,2,3,4]。

表 7-6 成员运算符

运算符	描述	实例
in	如果在字符串、列表、元组、字典和集合中查找到指定的元素,则返回值为 True,否则返回值为 False	a in lt,输出结果为 True
not in	如果在字符串、列表、元组、字典和集合中没有查找到指定的元素,则返回值为 True,否则返回值为 False	a not in lt,输出结果为 False

示例代码如下:

```
#资源包\Code\chapter7\7.6\0706.py
a = 3
lt = [1, 2, 3, 4]
print(a in lt)
print(a not in lt)
```

7.7 身份运算符

身份运算符用于比较两个变量的内存地址引用是否相同。

表 7-7 中列出了 Python 中的身份运算符,在该表中,假设变量 a 的值为 3,变量 b 的值为 3。

表 7-7　身份运算符

运算符	描　　述	实　　例
is	如果两个变量的内存地址引用相同,则返回值为 True,否则返回值为 False	a is b,输出结果为 True
is not	如果两个变量的内存地址引用不相同,则返回值为 True,否则返回值为 False	a is not b,输出结果为 False

另外,变量的内存地址引用按照其数据类型,可以分为两种情况。

1. 整数、浮点数、字符串、布尔值和 None 的内存地址引用

如果该数据类型的两个变量的值相同,则指向相同的内存地址引用,反之,则指向不相同的内存地址引用,示例代码如下:

```
#资源包\Code\chapter7\7.7\0707.py
x = 10
y = 10
z = y
#id()函数用于获取对象的内存地址
print(id(x))
print(id(y))
print(id(z))
#输出结果为 True
print(x is y)
#输出结果为 True
print(y is z)
#输出结果为 True
print(x is z)
a = 10
b = 20
c = b
print(id(a))
print(id(b))
print(id(c))
#输出结果为 False
print(a is b)
#输出结果为 True
print(b is c)
#输出结果为 False
print(a is c)
```

2. 列表、元组、字典和集合的内存地址引用

该数据类型的两个变量的值无论是否相同,都不会指向相同的内存地址引用,但是,如果使用的是直接赋值(关于直接赋值的具体讲解可以参考列表相关操作中的直接赋值、浅复制和深复制的区别),则该数据类型的两个变量会指向相同的内存地址引用。示例代码如下:

```
# 资源包\Code\chapter7\7.7\0708.py
lt1 = []
lt2 = []
print(id(lt1))
print(id(lt2))
# 输出结果为 False
print(lt1 is lt2)
lt3 = []
lt4 = lt3
print(id(lt3))
print(id(lt4))
# 输出结果为 True
print(lt3 is lt4)
lt3 = [1, 3, 5, 7]
lt4 = lt3
# 由于使用的是直接赋值,所以两个列表指向相同的内存地址引用,导致其内部的值会同时改变
lt3[0] = 100
print(id(lt3))
print(id(lt3))
# 输出的结果为 True
print(lt3 is lt4)
# 输出结果为[100, 3, 5, 7]
print(lt3)
# 输出结果为[100, 3, 5, 7]
print(lt4)
```

7.8 运算符的优先级和结合性

运算符的优先级指的是当多个运算符同时出现在一个表达式中时,先执行哪个运算符。

虽然Python的运算符存在优先级的关系,但仍然不推荐过度依赖运算符的优先级,这会导致程序的可读性降低,因此建议读者在编写代码时应注意两点:第一,不要把一个表达式写得过于复杂,如果一个表达式过于复杂,则可以尝试把它拆分来书写;第二,不要过多地依赖运算符的优先级来控制表达式的执行顺序,这样可读性太差,应尽量使用小括号来控制表达式的执行顺序。

运算符的结合性指的是当一个表达式中出现多个优先级相同的运算符时,先执行哪个运算符,先执行左边的运算符叫左结合性,先执行右边的运算符叫右结合性。

例如,对于表达式"100/25 * 16","/"和" * "的优先级相同,这时候就不能只依赖运算符的优先级了,还要参考运算符的结合性,"/"和" * "都具有左结合性,因此先执行左边的除法,再执行右边的乘法,最终结果为64。

Python中大部分运算符都具有左结合性,也就是从左到右执行,只有单目运算符(例如,逻辑非运算符等)、赋值运算符和三目运算符例外,它们具有右结合性,也就是从右向左执行。

运算符优先级和结合性如表7-8所示,该表中的运算符优先级按由高至低排列。

表 7-8 运算符优先级和结合性

运算符	描述	结合性
()	小括号	无
**	次幂	右
~	按位取反	右
*、/、//、%	乘、除、整除、取模	左
+、-	加、减	左
<<、>>	左移、右移	左
&	按位与	右
^	按位异或	左
|	按位或	左
==、!=、>、>=、<、<=	所有比较运算符	左
is、is not	所有身份运算符	左
in、not in	所有成员运算符	左
not	逻辑非	右
and	逻辑与	左
or	逻辑或	左

综上所述,当一个表达式中出现多个运算符时,Python会先比较各个运算符的优先级,按照优先级从高到低的顺序依次执行;当遇到优先级相同的运算符时,再根据结合性决定先执行哪个运算符,如果是左结合性就先执行左边的运算符,如果是右结合性就先执行右边的运算符。

第 8 章 流程控制

按照执行流程划分，Python 程序可以分为 3 大结构，即顺序结构、选择结构和循环结构。

8.1 顺序结构

顺序结构就是让程序按照从头到尾的顺序依次执行每条 Python 代码，不重复执行任何代码，也不跳过任何代码，即先执行第 1 条语句，然后执行第 2 条语句……以此类推，一直执行到最后一条语句，示例代码如下：

```
#资源包\Code\chapter8\8.1\0801.py
name = '夏正东'
age = 30
teach = 'Python'
print(f'老师的名字：{name},老师的年龄：{age},老师所教的技术：{teach}')
```

8.2 选择结构

选择结构也称为分支结构，就是让程序根据不同的结果有选择性地执行代码，换句话说，选择结构可以跳过没用的代码，只执行有用的代码。

选择结构又可以细分为 4 种，即单分支选择结构、双分支选择结构、多分支选择结构和选择结构嵌套。

1. 单分支选择结构

单分支选择结构仅需要使用 if 语句即可完成，用来表示一旦某个表达式成立，则 Python 就会执行 if 语句内对应的代码块，否则不执行 if 语句内对应的代码块，最后按顺序继续执行除 if 语句外的其他代码。

单分支选择结构的执行流程如图 8-1 所示。

单分支选择结构的语法格式如下：

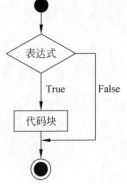

图 8-1 单分支选择结构

```
if 表达式:
    代码块
```

该语法格式中的"表达式"可以是一个单一的值或者变量,也可以是由运算符组成的复杂语句,具体形式不限,只要可以得到一个值,用于判断条件是否成立即可,而"代码块"是由具有相同缩进格式的多条代码组成的。注意,if语句后的冒号不要忘记书写,示例代码如下:

```
#资源包\Code\chapter8\8.2\0802.py
score = 90
if score > 60:
    #由于if语句后的表达式为真,所以执行该条代码块
    print('考试及格')
print('谢谢使用考试查询系统')
```

2. 双分支选择结构

双分支选择结构需要使用 if...else 语句来完成,用来表示一旦某个表达式成立,则 Python 就会执行 if 语句内对应的代码块,如果表达式不成立,则会执行 else 后面的代码块,最后按顺序继续执行除 if...else 语句外的其他代码。

双分支选择结构的执行流程如图 8-2 所示。

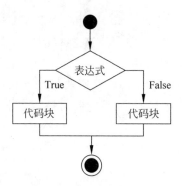

图 8-2 双分支选择结构

双分支选择结构的语法格式如下:

```
if 表达式:
    代码块1
else:
    代码块2
```

该语法格式中的"表达式"可以是一个单一的值或者变量,也可以是由运算符组成的复杂语句,具体形式不限,只要可以得到一个值,用于判断条件是否成立即可,而"代码块"是由具有相同缩进格式的多条代码组成的。注意,if语句后的冒号不要忘记书写,示例代码如下:

```
#资源包\Code\chapter8\8.2\0803.py
score = 59
if score > 60:
    print('考试及格')
else:
    #由于if语句后的表达式为假,所以执行else后的代码块
    print('考试不及格')
print('谢谢使用考试查询系统')
```

双分支选择结构还可以通过三元表达式实现,其语法格式如下:

```
exp1 if condition else exp2
```

其中,condition 为判断条件;exp1 和 exp2 为两个表达式。如果 condition 成立,则执行表达式 exp1,并把表达式 exp1 的结果作为整个表达式的结果;如果 condition 不成立,则执行表达式 exp2,并把表达式 exp2 的结果作为整个表达式的结果,示例代码如下:

```
#资源包\Code\chapter8\8.2\0804.py
score = 59
print('考试及格') if score >= 60 else print('考试不及格')
print('谢谢使用考试查询系统')
```

三元表达式其实还可以构成更加复杂的结构,即嵌套结构,该部分内容将在选择结构嵌套中进行介绍。

3. 多分支选择结构

多分支选择结构需要使用 if…elif…else 语句来完成,其中 elif 与 if 的功能一致,用于判断表达式是否成立,elif 可以为一个或多个。该选择结构 Python 会从上至下逐个判断表达式是否成立,一旦遇到某个成立的表达式,就会执行其后面的代码块,此时,不管其他的 if 或 elif 语句后的表达式是否成立,其后面的代码块都不再执行,即不管有多少个分支,都只能执行一个分支,或一个分支也不执行,而不能同时执行多个分支,最后按顺序继续执行除 if…else 语句外的其他代码。

多分支选择结构的执行流程如图 8-3 所示。

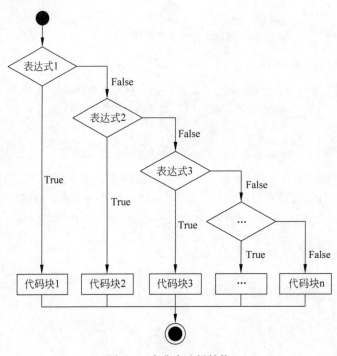

图 8-3 多分支选择结构

多分支选择结构的语法格式如下:

```
if 表达式 1:
    代码块 1
elif 表达式 2:
    代码块 2
elif 表达式 3:
    代码块 3
…
else:
    代码块 n
```

该语法格式中的"表达式"可以是一个单一的值或者变量,也可以是由运算符组成的复杂语句,具体形式不限,只要可以得到一个值,用于判断条件是否成立即可,而"代码块"是由具有相同缩进格式的多条代码组成的。注意,if 语句后的冒号不要忘记书写,示例代码如下:

```
#资源包\Code\chapter8\8.2\0805.py
score = 80
if score >= 90:
    print('考试优秀')
elif score >= 70:
    #由于该 elif 语句后的表达式为真,所以执行该条代码块
    print('考试良好')
elif score >= 60:
    print('考试及格')
else:
    print('考试不及格')
print('谢谢使用考试查询系统')
```

4. 选择结构嵌套

前面详细介绍了 3 种形式的选择结构,将这 3 种选择结构之间进行相互嵌套,用于表达更加复杂的选择结构,就叫作选择结构嵌套。

由于采用 3 种选择结构进行嵌套,所以选择结构嵌套存在多种形式。在开发时,需要根据具体场景,选择合适的嵌套方案。需要注意的是,在相互嵌套时,一定要严格遵守不同级别代码块的缩进规范,示例代码如下:

```
#资源包\Code\chapter8\8.2\0806.py
score = 59
if score >= 60:
    print('考试及格')
else:
    if score >= 45:
        print('考试不及格,可以参加补考')
    else:
        print('考试不及格,不可以参加补考')
print('谢谢使用考试查询系统')
```

上面的代码也可以使用三元表达式的嵌套来完成,示例代码如下:

```
#资源包\Code\chapter8\8.2\0807.py
score = 59
print('考试及格') if score >= 60 else print('考试不及格,可以参加补考') if score >= 45 else
print('考试不及格,不可以参加补考')
print('谢谢使用考试查询系统')
```

8.3 循环结构

循环结构就是让程序不断地重复执行同一段代码。

Python 中的循环结构有 3 种,分别是 while 循环、for 循环和循环嵌套。

8.3.1 while 循环

while 循环可以通过 while 语句和 while…else 语句实现。

1. while 语句

while 语句首先判断条件表达式是否成立,如果条件表达式成立,则执行循环体中的代码,当执行完毕后,再重新判断条件表达式是否成立,如果仍然成立,则继续重新执行循环体中的代码,如此循环,直到条件表达式不成立,才终止循环,最后执行除 while 语句外的其他代码。

while 语句的执行流程如图 8-4 所示。

while 语句的语法格式如下:

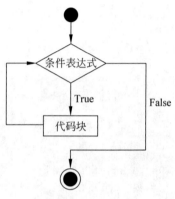

图 8-4　while 循环

```
while 条件表达式:
    代码块
```

该语法格式中的"条件表达式"可以是一个单一的值或者变量,也可以是由运算符组成的复杂语句,具体形式不限,只要可以得到一个值,用于判断条件表达式是否成立即可。"代码块"指的是缩进格式相同的多行代码,不过在循环结构中,它又称为循环体。注意,while 语句后的冒号不要忘记书写,示例代码如下:

```
#资源包\Code\chapter8\8.3\0808.py
num = 0
while num < 5:
    print(f'第一次输出{num}')
    num += 1
print(f'上述 while 循环执行了{num}次')
```

2. while…else 语句

while…else 语句首先判断条件表达式是否成立,如果条件表达式成立,则执行循环体中的代码,否则终止循环,执行 else 语句中的代码,最后执行除 while 语句外的其他代码。

while…else 语句的语法格式如下:

```
while 条件表达式:
    代码块 1(循环体)
else:
    代码块 2
```

示例代码如下:

```
# 资源包\Code\chapter8\8.3\0809.py
num = 0
while num < 5:
    print(f'第一次输出{num}')
    num += 1
else:
    print('while 循环执行结束')
print(f'上述 while 循环执行了{num}次')
```

8.3.2 for 循环

for 循环可以通过 for 语句和 for...else 语句实现。

1. for 语句

for 循环主要用于遍历字符串、列表、元组、字典或集合,并逐个获取其中的元素。

for 语句会通过不断地循环查找字符串、列表、元组、字典或集合中是否存在元素,如果存在,则继续循环,否则终止循环,最后执行除 for 语句外的其他代码。

for 语句的执行流程如图 8-5 所示。

for 语句的语法格式如下:

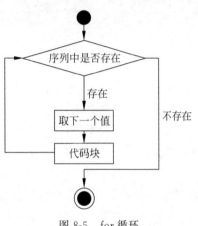

图 8-5　for 循环

```
for 迭代变量 in 字符串|列表|元组|字典|集合:
    代码块
```

该语法格式中的"迭代变量"用于存放从字符串、列表、元组、字典或集合中读取的元素。"代码块"指的是具有相同缩进格式的多行代码,不过在循环结构中,它又称为循环体。注意,for 语句后的冒号不要忘记书写,示例代码如下:

```
# 资源包\Code\chapter8\8.3\0810.py
lt = [1, 2, 3, 4, 5, 6, 7]
for val in lt:
    print(val)
print('上述 for 循环执行结束')
```

2. for...else 语句

for...else 语句首先会通过不断地循环查找字符串、列表、元组、字典或集合中是否存在元素,如果存在,则继续循环,否则终止循环,执行 else 语句中的代码,最后执行除 for 语句外的其他代码。

for...else 语句的语法格式如下：

```
for 迭代变量 in 字符串|列表|元组|字典|集合:
    代码块 1
else:
    代码块 2
```

示例代码如下：

```
# 资源包\Code\chapter8\8.3\0811.py
lt = [1, 2, 3, 4, 5, 6, 7]
for val in lt:
    print(val)
else:
    print('for 循环执行结束')
print('上述 for 循环执行结束')
```

8.3.3 循环嵌套

在实际开发时，有很多需求是 while 循环或 for 循环无法单独完成的，所以可以通过循环嵌套实现更加复杂的功能。

循环嵌套指的是一条语句中还有另一条语句，例如 while 循环里面还有 while 循环，for 循环里面还有 for 循环，甚至 while 循环中有 for 循环或者 for 循环中有 while 循环。

当两个或两个以上的循环结构相互嵌套时，位于外层的循环结构称为外层循环或外循环，位于内层的循环结构称为内层循环或内循环。

循环嵌套的执行流程分为 4 步，如图 8-6 所示。

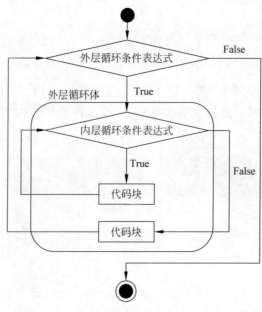

图 8-6　循环嵌套

第 1 步,当外层循环条件表达式为真时,执行外层循环体;

第 2 步,外层循环体中可能包含代码块和内层循环,当内层循环条件表达式为真时,执行此层循环中的代码块,直到内层循环条件表达式为假时,跳出内层循环;

第 3 步,如果此时外层循环条件表达式仍为真,则返回第 2 步,继续执行外层循环体,直到外层循环条件表达式为假;

第 4 步,当内层循环条件表达式为假且外层循环条件表达式也为假时,整个循环嵌套才算全部执行完毕。

示例代码如下:

```
# 资源包\Code\chapter8\8.3\0812.py
num = 0
lt = [1, 2, 3]
while num < 2:
    for val in lt:
        print(val)
    else:
        num += 1
        print(f'for 循环第{num}次执行')
else:
    print('while 循环执行结束')
print(f'列表 lt 遍历了{num}次')
```

8.3.4 循环控制语句

在执行 while 循环或 for 循环时,只要循环条件成立,程序就会一直执行循环体中的代码,但在某些功能场景中,需要在循环结束前就强制结束。为此,Python 提供了两种强制结束循环的方法,分别是 break 语句和 continue 语句。

1. break 语句

break 语句会立即终止所在循环体的执行,跳出当前所在的循环结构。注意,break 语句不会作用于除所在循环结构之外的循环结构的循环体,示例代码如下:

```
# 资源包\Code\chapter8\8.3\0813.py
# 打印输出列表中的元素,直到值等于 5 时终止
num = 0
lt = [1, 2, 3, 4, 5, 6, 7, 8, 9]
new_lt = []
for val in lt:
    if val == 5:
        # 当值等于 5 时,终止执行当前循环体,并跳出当前的循环结构
        break
    new_lt.append(val)
print(new_lt)
```

2. continue 语句

continue 语句会终止执行所在循环体的本次循环中剩下的代码,直接从下一次循环继

续执行,示例代码如下:

```python
# 资源包\Code\chapter8\8.3\0814.py
# 该程序用于将列表中的元素 5 剔除,并循环输出处理后的列表两遍
num = 0
lt = [1, 2, 3, 4, 5, 6, 7, 8, 9]
# while 循环共执行两次
while num < 2:
    new_lt = []
    # for 循环共执行 9 次
    for val in lt:
        if val == 5:
            # 终止执行当前循环体的本次循环(值为 5 的这次循环)中剩下的代码(new_lt.append(val))
            continue
        new_lt.append(val)
    num += 1
    print(new_lt)
```

第 9 章 函 数

函数是一段封装好的、可以重复使用的代码,用于实现单一或相关联功能的代码段,它使程序更加模块化,而不需要编写大量重复的代码。

诸如 input()、print()、range()、len()等可以直接使用的函数称为 Python 的内置函数。此外,Python 还支持自定义函数,即将一段有规律的、可重复使用的代码定义成函数,从而达到一次编写、多次调用的目的。

9.1 函数的创建

创建函数其本质上就是定义函数。创建函数需要使用 def 关键字实现,其具体的语法格式如下:

```
def 函数名(形式参数):
    #代码块
    [return [表达式]]
```

需要强调几点:第一,函数名是一个符合 Python 语法的标识符,具体的函数名命名规则在第 4 章编码规范中已经做了详细的介绍;第二,在函数名后小括号中的参数称为形式参数,其简称为形参,多个形参之间用逗号分隔,注意,即使函数不需要形参,也必须保留一对空的小括号;第三,return 语句主要用于退出函数,并将其后的表达式返回,该表达式可以是任意类型,如果 return 语句后没有表达式,则返回 None。此外,return 语句为可选部分,是否需要 return 语句需要根据实际功能而定。注意,return 语句在同一函数中可以出现多次,但只要有一个得到执行,就会直接结束该函数的执行。

示例代码如下:

```
#资源包\Code\chapter9\9.1\0901.py
def myFunc(parameter1, parameter2):
    return (f'输出第 1 个形参的值为{parameter1},第 2 个形参的值为{parameter2}')
```

9.2 函数的调用

函数调用其本质就是执行函数,其语法格式如下:

```
[变量] = 函数名(实际参数)
```

其中，"函数名"指的是要调用的函数的名称；"实际参数"简称为实参，指的是当创建函数时要求传入的参数，需要注意的是，创建函数时有多少个形参，那么函数调用时就需要传入多少个实参，即便该函数没有参数，函数名后的小括号也不能省略；"变量"为可选值，如果该函数有 return 语句，则可以通过一个变量来接收 return 语句返回的表达式，当然也可以不定义该变量，继而不接收该函数返回的表达式，示例代码如下：

```
#资源包\Code\chapter9\9.2\0902.py
def myFunc(parameter1, parameter2):
    return (f'输出第 1 个形参的值为{parameter1},第 2 个形参的值为{parameter2}')
val = myFunc('夏正东', 'Python')
print(val)
```

9.3 函数的文档注释

在第 4 章编码规范中，已经详细介绍了什么是文档注释，本节将详细介绍函数的文档注释。

无论是 Python 的内置函数，还是自定义函数，都需要函数的设计者为其编写文档注释。函数的文档注释是使用一对三重单引号包裹起来的字符串，其通常位于函数内部，所有代码的最前面。

除了可以使用前面章节介绍的 pydoc 工具来查看文档注释，还可以使用 Python 中的内置函数 help()或者__doc__属性来查看文档注释。

使用内置函数 help()查看文档注释，示例代码如下：

```
#资源包\Code\chapter9\9.3\0903.py
def myFunc(parameter1, parameter2):
    ''' 获取函数的形参 '''
    return (f'输出第 1 个形参的值为{parameter1},第 2 个形参的值为{parameter2}')
val = myFunc('夏正东', 'Python')
print(val)
#注意,help()函数中只需传递函数名,不需要添加小括号
print(help(myFunc))
```

其输出结果如图 9-1 所示。

```
输出第 1 个形参的值为: 夏正东, 第 2 个形参的值为: Python
Help on function myFunc in module __main__:

myFunc(parameter1, parameter2)
    获取函数的形参

None
```

图 9-1 使用内置函数 help()查看文档注释

使用__doc__属性查看文档注释，示例代码如下：

```
#资源包\Code\chapter9\9.3\0904.py
def myFunc(parameter1, parameter2):
```

```
    ''' 获取函数的形参 '''
    return (f'输出第 1 个形参的值为{parameter1},第 2 个形参的值为{parameter2}')
val = myFunc('夏正东', 'Python')
print(val)
# 注意,此处只需书写函数名,不需要添加小括号
print(myFunc.__doc__)
```

其输出结果如图 9-2 所示。

```
输出第 1 个形参的值为：夏正东，第 2 个形参的值为：Python
获取函数的形参
```

图 9-2　使用__doc__属性查看文档注释

9.4　函数的参数

一般情况下,定义函数时会使用带有参数的函数。函数参数的作用就是将数据传递给函数,然后该函数对该数据进行相关的操作处理。

9.4.1　参数的分类

函数的参数可以分为两种,一种是在调用函数时,函数名后面小括号中的参数,即实际参数;另一种是在创建函数时,函数名后面小括号中的参数,即形式参数,示例代码如下：

```
# 资源包\Code\chapter9\9.4\0905.py
# 形参
def myFunc(val1, val2):
    return (val1, val2)
# 实参
tp = myFunc(1, 2)
print(tp)
```

9.4.2　参数的传递

在 Python 中,根据实参的数据类型,可以将函数参数的传递方式分为两种,一种是值传递,数据类型包括整数、浮点数、字符串和元组；另一种是引用传递,数据类型包括列表、字典、集合和对象。

值传递和引用传递的区别是,函数参数进行值传递后,若在函数内改变形参的值,则不会影响实参的值,而函数参数进行引用传递后,若在函数内改变形参的值,则实参的值也会一并改变,示例代码如下：

```
# 资源包\Code\chapter9\9.4\0906.py
# 值传递
def myFunc(parameter):
    parameter = 'This is ' + parameter
    print("形参的值为", parameter)
```

```
print(" -- 值传递 -- ")
val = "Python"
print("val 的值为", val)
myFunc(val)
print("实参的值为", val)
#引用传递
def myFunc(parameter):
    parameter.add(88)
    print("形参的值为", parameter)
print(" -- 引用传递 -- ")
val = {1, 2, 3, 4, 5}
print("val 的值为", val)
myFunc(val)
print("实参的值为", val)
```

根据参数传递过程中的方式,可以将参数的传递分为位置参数、关键字参数、默认参数和可变参数。

1. 位置参数

位置参数指的是在函数传递时必须按照正确的顺序将实参传到函数之中,换句话说,调用函数时传入实参的数量和位置都必须和创建函数时的形参保持一致,示例代码如下:

```
#资源包\Code\chapter9\9.4\0907.py
def myFunc(name, teach):
    return (name, teach)
tp = myFunc('夏正东', 'Python')
print(tp)
```

2. 关键字参数

关键字参数指的是在函数传递时使用形参的参数名来确定实参的参数名,通过此种方式指定函数实参时,不再需要与形参的位置完全一致,只要将参数名写正确,以及确保数量和形参一致即可,示例代码如下:

```
#资源包\Code\chapter9\9.4\0908.py
def myFunc(name, teach):
    return (name, teach)
tp = myFunc(teach = 'Python', name = '夏正东')
print(tp)
```

注意,如果位置参数和关键字参数混合使用,则位置参数必须在关键字参数之前,示例代码如下:

```
#资源包\Code\chapter9\9.4\0909.py
def myFunc(name, teach, age):
    return (name, teach, age)
#报错,位置参数必须在关键字参数之前
tp = myFunc(teach = 'Python', name = '夏正东', 35)
print(tp)
```

3. 默认参数

默认参数指的是在创建函数时,直接给形参指定一个默认值。这样,即使调用函数时没有给拥有默认值的形参传递参数,该形参也可以直接使用创建函数时设置的默认值,示例代码如下:

```
#资源包\Code\chapter9\9.4\0910.py
def myFunc(name, teach = 'Python'):
    return (name, teach)
tp = myFunc(name = '夏正东')
print(tp)
```

注意,默认参数必须在非默认参数之后,否则会产生语法错误,示例代码如下:

```
#资源包\Code\chapter9\9.4\0911.py
#报错,默认参数在非默认参数之前
def myFunc(age = 35, name, teach):
    return (name, teach, age)
tp = myFunc(name = '夏正东', teach = 'Python')
print(tp)
```

4. 可变参数

可变参数指的是在创建函数时,函数可以从函数调用中接收任意数量的实参。可变参数解决了在实际使用函数时可能遇到的"不知道函数需要接收多少个实参"的情况。可变参数可分为包裹位置参数和包裹关键字参数。

1) 包裹位置参数

创建函数时,如果在形参前加上"*",则函数调用时传递的所有实参都会被该形参接收,该形参会根据传递实参的位置合并成一个元组,这就是包裹位置参数。注意,参数的传递方式必须为位置参数,示例代码如下:

```
#资源包\Code\chapter9\9.4\0912.py
def myFunc( * info):
    return info
tp = myFunc('夏正东', 'Python', 35)
#tp 的数据类型为元组
print(tp)
```

2) 包裹关键字参数

创建函数时,如果在形参前加上"**",则函数调用时传递的所有实参都会被该形参接收,该形参会根据传递实参的参数名和所对应的值合并成一个字典,这就是包裹关键字参数。注意,参数的传递方式必须为关键字参数,示例代码如下:

```
#资源包\Code\chapter9\9.4\0913.py
def myFunc( ** info):
    return info
tp = myFunc(name = '夏正东', teach = 'Python', age = 35)
#tp 的数据类型为字典
print(tp)
```

注意，包裹关键字参数必须在位置参数、关键字参数和默认参数之后，否则会产生语法错误，示例代码如下：

```
#资源包\Code\chapter9\9.4\0914.py
def myFunc(name, teach, age = 35, ** info):
    return (name, teach, age, info)
tp = myFunc(name = '夏正东', teach = 'Python', other_name = '于萍', other_teach = 'Data Analysis')
print(tp)
#报错，包裹关键字参数必须在位置参数、关键字参数和默认参数之后
def myFunc( ** info, name, teach, age = 35):
    return (info, name, teach, age)
tp = myFunc(other_name = '于萍', other_teach = 'Data Analysis', name = '夏正东', teach = 'Python')
print(tp)
```

5. 解包裹参数

解包裹参数用于将实参中的元素拆解开来，并将这些元素一一对应地传递给函数中的形参。注意，实参中的元素个数必须与形参的个数一致，否则会产生语法错误。解包裹参数可分为解包裹位置参数和解包裹关键字参数。

1) 解包裹位置参数

函数调用时，如果在实参之前添加"*"，则实参中的元素会被拆解开来，并一一对应地传递给函数中的形参。注意，实参的数据类型可以为字符串、列表、元组和集合，并且实参中的元素拆解之后，必须符合参数传递方式中的位置参数的相关要求，示例代码如下：

```
#资源包\Code\chapter9\9.4\0915.py
def myFunc(name, teach, age):
    return (name, teach, age)
lt = ['夏正东', 'Python', 35]
tp = myFunc( * lt)
print(tp)
```

2) 解包裹关键字参数

函数调用时，如果在实参之前添加"**"，则实参中的元素会被拆解开来，并一一对应地传递给函数中的形参。注意，实参的数据类型必须为字典型，并且实参中的元素拆解完之后，必须符合参数传递方式中的关键字参数的相关要求，示例代码如下：

```
#资源包\Code\chapter9\9.4\0916.py
def myFunc(name, teach, age):
    return (name, teach, age)
dt = {'name': '夏正东', 'teach': 'Python', 'age': 35}
tp = myFunc( ** dt)
print(tp)
```

6. 混合使用

1) 位置参数、默认参数和包裹位置参数的混合使用

首先，包裹位置参数要放到位置参数的后面；其次，如果需要使用默认参数的值，则默认参数要放在最后，如果需要修改默认参数的值，则默认参数要放在包裹位置参数的前面，

但不可以在头部,示例代码如下:

```python
# 资源包\Code\chapter9\9.4\0917.py
# 使用默认参数 height
def myFunc(name, *info, height = 186):
    return (name, info, height)
tp = myFunc('夏正东', 35, 'Python')
print(tp)
# 修改默认参数 height
def myFunc(name, height = 186, *info):
    return (name, info, height)
tp = myFunc('夏正东', 188, 35, 'Python')
print(tp)
```

2) 位置参数、默认参数和包裹关键字参数的混合使用

首先,包裹关键字参数要放到位置参数的后面;其次,无论修改还是使用默认参数,默认参数都必须放在包裹关键字参数的前面,但不可以在头部,示例代码如下:

```python
# 资源包\Code\chapter9\9.4\0918.py
def myFunc(name, height = 186, **info):
    return (name, height, info)
tp = myFunc('夏正东', age = 35, teach = 'Python')
print(tp)
```

3) 位置参数、默认参数、包裹位置参数和包裹关键字参数的混合使用

首先,包裹位置参数必须放在包裹关键字参数的前面;其次,如果需要使用默认参数的值,则默认参数要放在包裹位置参数之后,并且在包裹关键字参数之前,如果需要修改默认参数的值,则默认参数一定要放在包裹位置参数之前,但不可以在头部,示例代码如下:

```python
# 资源包\Code\chapter9\9.4\0919.py
# 使用默认参数 height
def myFunc(name, *info, height = 186, **other_info):
    return (name, info, other_info, height)
tp = myFunc('夏正东', 35, 'Python', other_name = '于萍', other_teach = 'Data Analysis')
print(tp)
# 修改默认参数 height
def myFunc(name, height = 186, *info, **other_info):
    return (name, info, other_info, height)
tp = myFunc('夏正东', 188, 35, 'Python', other_name = '于萍', other_teach = 'Data Analysis')
print(tp)
```

9.5 变量作用域

一个程序中的所有变量并不是在任意位置都可以正常访问的,其访问权限取决于变量定义的位置,在不同位置定义的变量,它的作用域是不同的。

变量作用域指的就是变量的有效范围,即变量可以在哪个范围内使用。有些变量可以

在整段代码中的任意位置使用,有些变量却只能在函数内部使用。

变量按作用域分可以分为局部变量和全局变量。

9.5.1 局部变量

在函数内部定义的变量称为局部变量。局部变量的作用域仅限于函数内部,函数外部是不能使用的,示例代码如下:

```python
#资源包\Code\chapter9\9.5\0920.py
def myFunc():
    name = '夏正东'
    return (f'函数内部:{name}')
tp = myFunc()
print(tp)
#报错,因为变量 name 为局部变量
print(f'函数外部:{name}')
```

注意,函数的参数也属于局部变量,所以只能在函数内部使用,示例代码如下:

```python
#资源包\Code\chapter9\9.5\0921.py
def myFunc(name):
    return (f'函数内部:{name}')
tp = myFunc('夏正东')
print(tp)
#报错,因为变量 name 为局部变量
print(f'函数外部:{name}')
```

9.5.2 全局变量

在函数外部定义的变量称为全局变量。全局变量的作用域是整个程序,即全局变量可以在各个函数的外部使用,也可以在各个函数的内部使用。

定义全局变量有以下两种方式。

1. 在函数体外定义变量

在函数体外定义的变量,一定是全局变量,示例代码如下:

```python
#资源包\Code\chapter9\9.5\0922.py
teach = 'Python'
def myFunc():
    return (f'函数内部:{teach}')
tp = myFunc()
print(tp)
print(f'函数外部:{teach}')
```

2. 在函数体内使用 global 关键字定义变量

如果使用 global 关键字对函数体内的变量进行修饰,则该变量就变为全局变量,示例代码如下:

```
#资源包\Code\chapter9\9.5\0923.py
def myFunc():
    #将局部变量声明为全局变量
    global teach
    teach = 'Python'
    return (f'函数内部：{teach}')
tp = myFunc()
print(tp)
print(f'函数外部：{teach}')
```

9.5.3 获取指定作用域中的变量值

在一些特定的应用场景中，可能会需要获取某个作用域内的所有变量。Python 提供了 3 种函数，分别是 globals() 函数、locals() 函数和 vars() 函数。

1. globals() 函数

该函数为 Python 的内置函数，它可以返回一个包含全局范围内所有变量的字典，该字典中的键为变量名，值为该变量的值，示例代码如下：

```
#资源包\Code\chapter9\9.5\0924.py
name = '夏正东'
def myFunc():
    global teach
    teach = 'Python'
    age = 35
    return None
myFunc()
print(globals())
```

注意，在 globals() 函数返回的字典中，会默认包含很多全局变量，如图 9-3 所示，除了自定义的变量之外，其余的都是 Python 主程序内置的全局变量。

```
{'__name__': '__main__', '__doc__': None, '__package__': None, '__loader__': <_frozen_importlib_external.SourceFileLoader object at
0x0000017F31163790>, '__spec__': None, '__annotations__': {}, '__builtins__': <module 'builtins' (built-in)>, '__file__':
'E:\\2020\\indcx.py', '__cached__': None, 'name': '夏正东', 'myFunc': <function myFunc at 0x0000017F3115E040>, 'teach': 'Python'}

Process finished with exit code 0
```

图 9-3 globals() 函数返回的字典中包含的全局变量

另外，使用 globals() 函数返回的字典，不仅可以通过指定的键访问对应全局变量的值，甚至还可以修改该全局变量的值，示例代码如下：

```
#资源包\Code\chapter9\9.5\0925.py
name = '夏正东'
def myFunc():
    global teach
    teach = 'Python'
    age = 35
    return None
```

```
myFunc()
print(f'修改前的值为{teach}')
globals()['teach'] = 'Java'
print(f'修改后的值为{teach}')
```

2. locals()函数

该函数为 Python 的内置函数,它可以返回一个包含当前作用域内所有变量的字典,即在函数内部调用 locals()函数,会返回一个包含所有局部变量的字典,而在全局范围内调用 locals()函数,则会返回一个包含所有全局变量的字典,此时其功能与 globals()函数相同,示例代码如下:

```
# 资源包\Code\chapter9\9.5\0926.py
name = '夏正东'
def myFunc():
    global teach
    teach = 'Python'
    age = 35
    print(f'函数内的局部变量:{locals()}')
    return None
myFunc()
print(f'全局范围内的全局变量:{locals()}')
```

注意,当在全局范围内调用 locals()函数时,其返回的字典中会默认包含很多全局变量,如图 9-4 所示,除了自定义的变量之外,其余的都是 Python 主程序内置的全局变量。

```
函数内的局部变量:{'age': 35}
全局范围内的全局变量:{'__name__': '__main__', '__doc__': None, '__package__': None, '__loader__': <_frozen_importlib_external
.SourceFileLoader object at 0x000002A7172F3790>, '__spec__': None, '__annotations__': {}, '__builtins__': <module 'builtins'
(built-in)>, '__file__': 'E:\\2020\\index.py', '__cached__': None, 'name': '夏正东', 'myFunc': <function myFunc at
0x000002A7172EE040>, 'teach': 'Python'}

Process finished with exit code 0
```

图 9-4 locals()函数返回的字典中包含的全局变量

另外,在函数内使用 locals()函数返回的字典,可以通过指定的键访问对应局部变量的值,但无法修改该局部变量的值,而在全局范围内使用 locals()函数返回的字典,不仅可以通过指定的键访问对应全局变量的值,同样还可以修改该全局变量的值,示例代码如下:

```
# 资源包\Code\chapter9\9.5\0927.py
name = '夏正东'
def myFunc():
    global teach
    teach = 'Python'
    age = 35
    print(f'修改前的值为{age}')
    locals()['age'] = '66'
    # 函数内无法修改值
    print(f'修改后的值为{age}')
    return None
```

```
myFunc()
print(f'修改前的值为{name}')
locals()['name'] = '于萍'
# 全局范围内可以修改值
print(f'修改后的值为{name}')
```

3. vars()函数

在学习该函数之前,由于目前读者还未学习 Python 类和对象的相关知识,因此读者可以先跳过该函数的学习,待学习完 Python 类和对象的相关知识之后,再回来学习该函数。

vars()函数为 Python 的内置函数,它可以通过给定参数,返回一个指定对象范围内所有变量组成的字典,注意,参数必须为对象。如果不传入参数,则 vars()函数和 locals()函数的作用完全相同,示例代码如下:

```
# 资源包\Code\chapter9\9.5\0928.py
name = "夏正东"
teach = "Python"
class MyClass():
    other_name = "于萍"
    other_teach = "Data Analysis"
print(f"有参数:{vars(MyClass)}")
# 无参数时,功能同 locals()函数完全相同
print(f"无参数:{vars()}")
```

其输出结果如图 9-5 所示。

```
有参数:{'__module__': '__main__', 'other_name': '于萍', 'other_teach': 'Data Analysis', '__dict__': <attribute '__dict__' of 'MyClass' objects>, '__weakref__': <attribute '__weakref__' of 'MyClass' objects>, '__doc__': None}
无参数:{'__name__': '__main__', '__doc__': None, '__package__': None, '__loader__': <_frozen_importlib_external.SourceFileLoader object at 0x018DEC50>, '__spec__': None, '__annotations__': {}, '__builtins__': <module 'builtins' (built-in)>, '__file__': 'E:/Python全栈开发-基础入门/资源包/Code/chapter9/9.5/0928.py', '__cached__': None, 'name': '夏正东', 'teach': 'Python', 'MyClass': <class '__main__.MyClass'>}
Process finished with exit code 0
```

图 9-5　vars()函数返回的字典中包含的变量

9.6　函数的嵌套

Python 支持函数的嵌套。函数的嵌套指的是在当前函数内再创建另外一个函数。

函数在进行嵌套之后,需要注意 4 点,一是内层函数可以访问外层函数中所有的变量,但不能修改该变量的值;二是外层函数可以访问内层函数中的全局变量,但不能修改该变量的值;三是外层函数不能访问内层函数的局部变量;四是不能在外层函数之外直接访问内层函数,示例代码如下:

```
# 资源包\Code\chapter9\9.6\0929.py
name = '夏正东'
def myFunc():
    global teach
    teach = 'Python'
```

```
        age = 35
        def otherMyFunc():
            global other_name
            other_name = '于萍'
            other_age = 66
            # 内层函数可以访问外层函数中所有的变量
            print(f'访问外层变量 age: {age}和 teach: {teach}')
            # 报错,内层函数不可以修改外层函数中所有的变量
            age += 10
            print(age)
        otherMyFunc()
        # 外层函数可以访问内层函数中的全局变量
        print(f'访问内层变量 other_name: {other_name}')
        # 报错,外层函数不可以修改内层函数中的全局变量
        other_name += '老师'
        print(f'访问内层变量 other_name: {other_name}')
        # 报错,外层函数不可以访问内层函数中的局部变量
        print(f'访问内层变量 other_age: {other_age}')
        return None
myFunc()
# 报错,在外层函数之外,不能直接访问内层函数
otherMyFunc()
```

9.7 递归函数

Python支持在函数的内部继续调用函数,但是如果其调用的是其本身,则这个函数就称为递归函数,示例代码如下:

```
# 资源包\Code\chapter9\9.7\0930.py
# 递归求和
def getSum(num):
    if num > 1:
        return num + getSum(num - 1)
    else:
        return 1
print(getSum(100))
```

递归函数的优点是定义简单,并且逻辑清晰。理论上,所有的递归函数都可以写成循环的方式,但是循环的逻辑不如递归清晰。

下面就使用递归函数的方式和普通循环的方式创建起始两项元素为0和1的斐波那契数列进行比较,示例代码如下:

```
# 资源包\Code\chapter9\9.7\0931.py
# 递归函数方式
def fibonacci(len):
    # 计算斐波那契数列每一项的值
```

```python
    def fibonacciNum(num):
        if num == 0:
            return 0
        elif num == 1:
            return 1
        else:
            return fibonacciNum(num - 1) + fibonacciNum(num - 2)
    #将斐波那契数列每一项的值组合成列表
    return [fibonacciNum(var) for var in range(len)]
#打印输出指定项数的斐波那契数列
print(fibonacci(6))
#普通循环方式
def fibonacci(num):
    if num == 0:
        return None
    elif num == 1:
        return [0]
    #初始化斐波那契数列列表
    fs = [0, 1]
    #将斐波那契数列每一项的值添加至列表中
    while len(fs) < num:
        fs.append(fs[-1] + fs[-2])
    return fs
#打印输出指定项数的斐波那契数列
print(fibonacci(6))
```

9.8 函数式编程

函数式编程是一种抽象程度很高的编程范式,它将一个问题分解成一系列函数。采用函数式编程语言编写的函数是没有变量的,在理想情况下,函数只接收输入并输出结果,即只要输入是确定的,输出结果就是确定的,在这种情况下不会产生副作用,此时可以称为纯函数,而允许使用变量的程序设计语言,由于函数内部变量状态的不确定性,便会造成同样的输入,可以得到不同的输出结果,因此,这种函数是有副作用的。Python 对函数式编程提供部分支持,但由于 Python 中的函数允许使用变量,因此,Python 不是纯函数式编程语言。

函数式编程有一个很重要的特点,就是允许把函数本身作为参数传入另一个函数,以及其允许返回一个函数。

9.8.1 高阶函数

1. map()函数

该函数会根据提供的函数对指定的序列(关于序列的概念,可参考函数的高级特性)做映射,即将传入的函数依次作用到序列中的每个元素,并把结果作为新的迭代器(关于迭代器的概念,可参考函数的高级特性)对象返回,其语法格式如下:

```
map(function, iterable)
```

其中,参数 function 表示函数;参数 iterable 表示可迭代对象(关于可迭代对象的概念,可参考函数的高级特性),示例代码如下:

```
#资源包\Code\chapter9\9.8\0932.py
def square(x):
    return x ** 2
#计算指定列表中的每个元素的平方
lt = map(square, [1, 2, 3, 4, 5])
print(list(lt))
#由于 square()函数中只有 1 行代码,所以可以使用 lambda 表达式代替
lt = map(lambda x: x ** 2, [1, 2, 3, 4, 5])
print(list(lt))
```

2. reduce()函数

该函数会对指定序列中的元素进行累积,即该函数会将一个序列中的所有元素进行下列操作:用传给 reduce()函数中的函数(需有两个参数)先对序列中的第 1 个和第 2 个元素进行操作,得到的结果再与第 3 个元素运算,以此类推,最后得到一个结果。

注意,在 Python 3.x 版本中,reduce()函数已经被移到 functools 模块里,如果要使用,则需要引入 functools 模块来调用 reduce()函数,其语法格式如下:

```
from functools import reduce
reduce(function, iterable[, initializer])
```

其中,参数 function 表示函数,该函数需要有两个参数;参数 iterable 表示可迭代对象;参数 initializer 为可选参数,表示初始值,示例代码如下:

```
#资源包\Code\chapter9\9.8\0933.py
from functools import reduce
def myFunc(x, y):
    return x + y
#求列表中元素的累加值
print(reduce(myFunc, [1, 2, 3, 4, 5]))
#求列表中元素的累加值,给定初始累加值为3
print(reduce(myFunc, [1, 2, 3, 4, 5], 3))
#由于 myFunc()函数中只有 1 行代码,所以可以使用 lambda 表达式代替
print(reduce(lambda x, y: x + y, [1, 2, 3, 4, 5], 3))
```

3. filter()函数

该函数用于过滤序列,即将序列中不符合条件的元素过滤掉,并把符合条件的元素作为新的迭代器对象返回,其语法格式如下:

```
filter(function, iterable)
```

其中,参数 function 表示函数;参数 iterable 表示可迭代对象,示例代码如下:

```
# 资源包\Code\chapter9\9.8\0934.py
def myFunc(num):
    return num % 2 == 0
lt = [1, 2, 3, 4, 5, 6, 7, 8, 9]
# 将列表中的偶数保留
new_lt = filter(myFunc, lt)
print(list(new_lt))
# 由于myFunc()函数中只有1行代码,所以可以使用lambda表达式代替
print(list(filter(lambda num: num % 2 == 0, lt)))
```

9.8.2 闭包函数

闭包函数与嵌套函数类似,其不同之处在于,外部函数返回的不是一个具体的数值,而是一个函数。一般情况下,返回的函数会赋值给一个变量,而这个变量可以在后面的程序中被继续调用,示例代码如下:

```
# 资源包\Code\chapter9\9.8\0935.py
# 闭包函数
def nthPower(exponent):
    def calculatePower(base):
        return base ** exponent
    # 返回值是calculatePower函数
    return calculatePower
# 计算一个数的平方
square = nthPower(2)
# 计算一个数的立方
cube = nthPower(3)
# 计算2的平方
print(square(2))
# 计算2的立方
print(cube(2))
```

在上面的程序中,外部函数nthPower()的返回值是函数calculatePower(),而不是一个具体的数值。需要注意的是,在执行完square=nthPower(2)和cube=nthPower(3)之后,外部函数nthPower()的参数exponent会和内部函数calculatePower()一起赋值给square和cube,这样在之后调用执行square(2)或者cube(2)时,程序就可以正常输出结果,而不会报参数exponent没有定义的错误。

上面的程序完全可以使用普通的函数进行替代,示例代码如下:

```
# 资源包\Code\chapter9\9.8\0936.py
def nthPower(base, exponent):
    return base ** exponent
square = nthPower(2, 2)
cube = nthPower(2, 3)
print(square)
print(cube)
```

为什么非要使用闭包函数呢？因为使用闭包函数可以让程序变得更加简洁易读。可以设想一下,假如需要计算多个数的平方或立方,以下哪种形式会更加简洁易读呢？

```
#不使用闭包函数
va11 = nthPower(2, 2)
va12 = nthPower(3, 2)
va13 = nthPower(4, 2)
va14 = nthPower(2, 3)
va15 = nthPower(2, 3)
va16 = nthPower(2, 3)
#使用闭包函数
va11 = square(2)
va12 = square(3)
va13 = square(4)
va14 = cube(2)
va15 = cube(3)
va16 = cube(4)
```

其结果显而易见,使用闭包函数的形式更加简洁易读,并且在每次调用函数时,都可以少输入一个参数。

9.8.3 回调函数

回调函数指的是将函数名作为参数传递给另一个函数,当在另一个函数中触发了某个事件或满足了某个条件时就会自动调用回调函数,示例代码如下：

```
#资源包\Code\chapter9\9.8\0937.py
def myFunc(name, teach, other_teacher):
    return other_teacher(name, teach)
def otherMyFunc(other_name, other_teach):
print(other_name, other_teach)
#注意,一定是传递函数名,不带小括号
myFunc('于萍', 'Data Analysis', otherMyFunc)
```

9.8.4 lambda 表达式

lambda 表达式,又称匿名函数,常用来表示内部仅包含一行表达式的函数,即如果一个函数的函数体仅有一行表达式,则该函数就可以用 lambda 表达式来代替。

定义 lambda 表达式,必须使用 lambda 关键字,其语法格式如下：

```
func = lambda [list]: expression
```

其中,func 表示函数名；list 为可选项,表示函数的参数；expression 为函数体内表达式,示例代码如下：

```
#资源包\Code\chapter9\9.8\0938.py
#lambda 表达式
```

```
mul = lambda x, y: x * y
print(mul(3, 4))
# 普通函数，等价于 lambda 表达式
def add(x, y):
    return x + y
print(add(3, 4))
```

lambda 表达式有两点优势，一是相对于单行的函数，使用 lambda 表达式可以省去定义函数的过程，让代码更加简洁；二是对于不需要多次复用的函数，使用 lambda 表达式可以在使用完毕之后立即释放，从而提高程序的执行性能，但是，由于 lambda 表达式仅仅是一个表达式，而不是一个代码块，所以 lambda 表达式只能表达一些简单的逻辑。

9.8.5　偏函数

当函数的参数个数过多且需要简化时，就可以通过创建一个新函数来固定住原函数的部分参数，从而使调用原函数时更加简便，这个新函数就是偏函数。

偏函数通过 functools 模块中的 partial 类进行创建，其语法格式如下：

```
import functools
new_function = functools.partial(function, parameter)
```

其中，参数 function 表示原函数；参数 parameter 表示需要固定的参数；参数 new_function 表示偏函数。

假设需要将字符串转换为二进制数，这时可以使用 int() 函数，示例代码如下：

```
# 资源包\Code\chapter9\9.8\0939.py
num = int('10', 2)
print(num)
```

但是如果需要对大批量字符串进行转换，上述方式就会显得非常麻烦，此时就可以自定义函数来完成该需求，示例代码如下：

```
# 资源包\Code\chapter9\9.8\0940.py
def int_2(num, base = 2):
    return int(num, base)
print(int_2('10'))
print(int_2('110'))
```

上面的代码的基本思路就是使用默认参数来固定 int() 函数中参数 base 的值。此时，也可以通过偏函数来固定参数 base 的值，示例代码如下：

```
# 资源包\Code\chapter9\9.8\0941.py
from functools import partial
int2 = partial(int, base = 2)
print(int2('10'))
print(int2('110'))
```

9.8.6 函数装饰器

函数装饰器指的是修改其他函数功能的函数。其本质是一个函数,只不过函数装饰器允许把其他函数作为其本身的参数传入,在经过处理之后返回一个新函数。本书中第 10 章的类方法、静态方法和私有方法也是通过函数装饰器实现的。

首先来了解一下函数装饰器的工作原理。

假设使用函数装饰器 funcA() 装饰函数 funcB(),示例代码如下:

```python
# 资源包\Code\chapter9\9.8\0942.py
def funcA(func):
    print('funcA-1')
    func()
    print('funcA-2')
    return ('funcA-3')
@funcA
def funcB():
    print('funcB-1')
print(funcB)
```

上面的程序完全等价于下面的程序,示例代码如下:

```python
# 资源包\Code\chapter9\9.8\0943.py
def funcA(func):
    print('funcA-1')
    func()
    print('funcA-2')
    return ('funcA-3')
def funcB():
    print('funcB-1')
funcB = funcA(funcB)
print(funcB)
```

通过比对以上两段程序不难发现,使用函数装饰器 funcA() 装饰另一个函数 funcB(),其相当于执行了如下两步操作:一是将 funcB() 函数作为参数传给 funcA() 函数;二是将装饰器函数 funcA() 的返回值赋值给函数 funcB()。

下面再来看两段代码,假设使用函数装饰器 funcA() 装饰函数 funcB(),示例代码如下:

```python
# 资源包\Code\chapter9\9.8\0944.py
def funcA(func):
    print('funcA-1')
    func()
    print('funcA-2')
    def funcA1():
        return ('funcA1-1')
    return funcA1
@funcA
```

```
def funcB():
    print('funcB - 1')
print(funcB())
```

上面的程序完全等价于下面的程序,示例代码如下:

```
# 资源包\Code\chapter9\9.8\0945.py
def funcA(func):
    print('funcA - 1')
    func()
    print('funcA - 2')
    def funcA1():
        return ('funcA1 - 1')
    return funcA1
def funcB():
    print('funcB - 1')
funcB = funcA(funcB)
print(funcB())
```

通过上面的代码得知,如果装饰器函数的返回值为普通变量,则装饰器函数的返回值就会赋值给被装饰的函数的函数名;如果装饰器的返回值为函数名,则装饰器函数的返回值依然会赋值给被装饰的函数。

综上所述,所谓函数装饰器,就是在不修改原函数的前提下,通过函数装饰器对原函数的功能进行合理扩充。

在上面的示例代码中,函数 funcB()不带任何参数,那么,如何给带有参数的函数 funcB()传值呢?其实解决方法比较简单,就是在函数装饰器中再嵌套一个函数,并且该嵌套函数的参数的个数与被装饰器装饰的函数的参数的个数相同即可,示例代码如下:

```
# 资源包\Code\chapter9\9.8\0946.py
def funcA(func):
    print('funcA - 1')
    def funcA1(parameter):
        func(parameter)
    return funcA1
@funcA
def funcB(parameter):
    print(f'函数 funcB()的参数值:{parameter}')
funcB('Python')
```

上面的程序完全等价于下面的程序,示例代码如下:

```
# 资源包\Code\chapter9\9.8\0947.py
def funcA(func):
    print('funcA - 1')
    def funcA1(parameter):
        func(parameter)
    return funcA1
def funcB(parameter):
```

```
    print(f'函数 funcB()的参数值：{parameter}')
funcB = funcA(funcB)
funcB('Python')
```

在上面的程序中,同一个函数装饰器只装饰了一个函数,那么,当有多个函数被同一个函数装饰器装饰时,并且这些函数的参数的个数不相等的时候该如何处理呢？此时,使用可变参数作为函数装饰器内部嵌套函数的参数即可,示例代码如下：

```
# 资源包\Code\chapter9\9.8\0948.py
def funcA(func):
    def funcA1(*args, **kwargs):
        func(*args, **kwargs)
    return funcA1
@funcA
def funcB(parameter1):
    print(f'函数 funcB()的参数值：{parameter1}')
@funcA
def funcC(parameter2, parameter3):
    print(f'函数 funcC()的参数 1 的值：{parameter2},函数 funcC()的参数 2 的值：{parameter3}')
funcB('Python')
funcC('Linux', 'Windows')
```

上面的程序完全等价于下面的程序,示例代码如下：

```
# 资源包\Code\chapter9\9.8\0949.py
def funcA(func):
    def funcA1(*args, **kwargs):
        func(*args, **kwargs)
    return funcA1
def funcB(parameter1):
    print(f'函数 funcB()的参数值：{parameter1}')
def funcC(parameter2, parameter3):
    print(f'函数 funcC()的参数 1 的值：{parameter2},函数 funcC()的参数 2 的值：{parameter3}')
funcB = funcA(funcB)
funcC = funcA(funcC)
funcB('Python')
funcC('Linux', 'Windows')
```

在上面的程序中,都采用了一个函数使用一个函数装饰器的方式,实际上,在 Python 中支持一个函数使用多个函数装饰器,即函数装饰器嵌套,示例代码如下：

```
# 资源包\Code\chapter9\9.8\0950.py
def funcA(func):
    print('funcA-1')
    func()
    print('funcA-2')
    return ('funcA-3')
def funcB(func):
```

```
    print('funcB - 1')
    func()
    print('funcB - 2')
    return func
@funcA
@funcB
def funcC():
    print('funcC - 1')
print(funcC)
```

上面的程序完全等价于下面的程序,示例代码如下:

```
#资源包\Code\chapter9\9.8\0951.py
def funcA(func):
    print('funcA - 1')
    func()
    print('funcA - 2')
    return ('funcA - 3')
def funcB(func):
    print('funcB - 1')
    func()
    print('funcB - 2')
    return func
def funcC():
    print('funcC - 1')
funcC = funcA(funcB(funcC))
print(funcC)
```

9.9 函数的高级特性

该节内容涉及 Python 类和对象的相关知识,但由于读者还未学习该部分内容,所以读者可以先跳过本节,待学习完 Python 类和对象的相关知识之后,再回来学习该节的内容。

在前面的章节中,已经学习了 Python 的设计哲学,正是基于该思想,本节将介绍函数的高级特性,以提高程序的开发效率。

Python 函数的高级特性,主要指的是迭代器和生成器,但为了更好地理解迭代器和生成器,首先来了解一下可迭代对象和序列的概念。

其实,在之前章节的学习中,已经大量出现了可迭代对象的概念。

可迭代对象(Iterable)指的是实现了__iter__()方法或者__getitem__()方法的对象。可迭代对象可以使用 for 循环来遍历其内部的元素。

示例代码如下:

```
#资源包\Code\chapter9\9.9\0952.py
from collections import deque, Iterable, Iterator
#实现了__iter__()方法的可迭代对象
class MyIterable1:
```

```python
    def __init__(self, *args):
        self._list = deque()
        self._list.extend(args)
    def __iter__(self):
        #iter()返回迭代器
        return iter(self._list)
#实现了__getitem__()方法的可迭代对象
class MyIterable2:
    def __init__(self, *args):
        #deque()是类似列表的容器,实现了在两端快速添加和弹出
        self._list = deque()
        #extend()通过添加可迭代对象的参数来扩展deque()的右侧
        self._list.extend(args)
    def __getitem__(self, index):
        #移去deque()最左侧的元素,如果没有元素,则引发IndexError
        return self._list.popleft()
mi1 = MyIterable1(1, 2, 3)
#可迭代对象可以通过for循环遍历其内部元素
for val in mi1:
    print(val, end=' ')
print('')
mi2 = MyIterable2(1, 2, 3)
for val in mi2:
    print(val, end=' ')
```

序列指的是可迭代,并且支持下标访问的类型,即实现了__getitem__()方法,同时定义了len()方法的一种类型。读者之前学习的字符串、列表和元组都属于序列。

综上所述,序列一定是可迭代对象,但可迭代对象不一定是序列。

9.9.1 迭代器

迭代器(Iterator)是一个表示数据流的对象,这个对象每次只返回一个元素。迭代器必须实现__iter__()方法和__next__()方法。其中,__next__()方法不接受参数,并总是返回数据流中的下一个元素,如果数据流中没有元素,则__next__()方法会抛出StopIteration异常。

通过内置的iter()函数来快速创建迭代器,该函数的参数必须是一个可迭代对象。

示例代码如下:

```python
#资源包\Code\chapter9\9.9\0953.py
lt = [1, 2, 3, 4, 5, 6]
#iterator是一个迭代器,而参数lt是一个可迭代对象
iterator = iter(lt)
print(type(iterator))
```

综上所述,由于成为迭代器的前提必须是一个可迭代对象,所以只实现__iter__()方法不一定是一个迭代器,即迭代器一定是可迭代对象,但可迭代对象不一定是迭代器。

9.9.2 生成器

生成器(generator)是一类用来简化编写迭代器的特殊函数,其必须含有特殊关键字

yield，即普通函数经过相关操作，可以通过 return 语句返回一个表达式，而生成器经过相关操作，可以通过 yield 语句返回一个迭代器。

综上所述，生成器是特殊的迭代器，所以生成器一定是迭代器，也一定是可迭代对象。

在获得生成器之后，除了可以使用 for 循环获得其内部元素，也可以使用 next() 函数来获得生成器的下一个返回值。

示例代码如下：

```
# 资源包\Code\chapter9\9.9\0954.py
def square(num):
    lt = []
    for i in range(1, num + 1):
        yield (i ** 2)
for i in square(3):
    print(i, end = ' ')
print('')
generator = square(3)
# generator 的类型为< generator object square at 0x01924DB0 >
print(generator)
print(next(generator))
print(next(generator))
print(next(generator))
# 报错,StopIteration
print(next(generator))
```

生成器特别适合于遍历一些元素数量庞大的序列，因为它不需要将序列中的所有元素一次性存入内存后才开始进行操作，而是仅在迭代至某个元素时才会将该元素载入内存，所以在某些特定的情况下，使用生成器是必要的。

假设需要创建一个包含 1000 万个元素的列表，此时不仅占用了很大的存储空间，并且如果仅仅需要访问列表中的前面几个元素，则后面绝大多数元素占用的空间就白白浪费了，但通过生成器，就可以一边循环输出，一边对输出的元素进行相关操作，进而节省了大量的空间。

第 10 章 面向对象

10.1 面向对象简介

面向对象编程(Object Oriented Programming,OOP),是一种程序设计思想。OOP 把对象作为程序的基本单元,一个对象是一个包含了数据和操作数据的函数。

面向过程的程序设计把计算机程序视为一系列的命令集合,即一组函数的顺序执行。为了简化程序设计,面向过程把函数继续切分为子函数,即把大块函数通过切割成小块函数来降低系统的复杂度,而面向对象的程序设计则把计算机程序视为一组对象的集合,每个对象都可以接收其他对象发过来的信息,并处理这些信息,计算机程序的执行就是一系列信息在各个对象之间传递。

Python 语言在设计之初就被定位为一门面向对象的编程语言,"Python 中一切皆对象"就是对 Python 这门编程语言的完美诠释。同时,Python 也同样支持面向对象的三大特征,即封装、继承和多态。

10.2 类和对象

10.2.1 类和对象简介

类和对象是面向对象的重要特征。类和对象的关系就如同模具和成品的关系,类的实例化的结果就是对象,而对象的抽象就是类。

类是一个独立的程序单位,是具有相同属性和方法的一组对象的集合,它为属于该类的所有对象提供了统一的抽象描述。

在客观世界里,所有的事物都是由对象和对象之间的联系组成的。对象是系统中用来描述客观事物的一个实体,是构成系统的一个基本单位。一个对象是由一组属性和有权对这些属性进行操作的一组方法构成的。

下面通过一个实例来深入理解一下类和对象的关系。例如,你想去电子城购买几台组装的台式计算机,首先你需要将需求提供给装机工程师,然后装机工程师会按照你的需求生成一份装机配置单,我们可以把这个装机配置单看作一个类,也可以说是自定义的一个类,该类记录了你要购买计算机的具体配置。如果按照这个装机配置单组装 10 台台式计算机,则这 10 台台式计算机就可以说是同一种类型的,也可以说是一类的。由于类的实例化结果就是对象,所以按照装机配置单组装出来的台式计算机就是对象,是我们可以操作的实体。

组装 10 台台式计算机就相当于创建了 10 个对象,每台台式计算机都是独立的,对其中任何一台台式计算机做任何修改都不会影响其他 9 台台式计算机,但是如果对这个类进行修改,也就是在装机配置单上增加一个或减少一个配件,则组装出来的 10 台台式机都会被改变。

类其实就像现实世界将事物分类一样,有汽车类,所有的汽车都归属于这个类,例如,奥迪车、奔驰车和宝马车等;有人类,所有的人都归属于这个类,例如,中国人、美国人、工人和学生等;有球类,所有的球都归属这个类,例如,篮球、足球和排球等。在程序设计中也需要将一些相关的变量定义和函数的声明归类,形成一个自定义的类型,通过这种类型可以创建多个实体,一个实体就是一个对象,每个对象都具有该类中定义的内容特性。

10.2.2 类的创建

通过 class 关键字来创建一个类,其语法格式如下:

```
class ClassName(object):
    '''类的文档注释'''
    #类体
```

class 关键字的后面是类名,类名建议采用帕斯卡命名法;紧跟类名的是小括号,用来表示继承关系,该部分内容会在后面进行讲解;语句最后必须以冒号结尾。

在创建类时,可以手动添加一个 __init__()方法,该方法是一个特殊的类实例方法,称为构造方法。构造方法用于创建对象时使用,每当创建一个类的对象时,Python 解释器都会自动调用它。注意,构造方法的开头和结尾各有两个下画线,并且中间不能有空格,其语法格式如下:

```
class ClassName(object):
    '''类的文档注释'''
    def __init__(self):
        pass
```

构造方法可以包含多个参数,但第 1 个参数必须是 self,表示创建的实例本身,也就是说,类的构造方法至少要有一个 self 参数,并且在创建实例对象时不需要给 self 传递参数,只需将其他参数与构造方法中的参数相对应,示例代码如下:

```
#资源包\Code\chapter10\10.2\1001.py
class ClassName(object):
    '''类的文档注释'''
    def __init__(self, name, teach):
        pass
```

注意,即便不手动为类添加构造方法,Python 也会自动为类添加一个仅包含 self 参数的构造方法。这种仅包含 self 参数的构造方法,称为类的默认构造方法。

10.2.3 对象的创建

在创建完类之后,就可以根据类来创建对象了。在 Python 中类的实例化方式类似于

函数调用的方式,示例代码如下:

```python
#资源包\Code\chapter10\10.2\1002.py
class ClassName(object):
    '''类的文档注释'''
    def __init__(self, name, teach):
        pass
#cn 为类的对象
cn = ClassName('夏正东', 'Python')
```

在上面的代码中,变量 cn 为类的对象,其传递的参数由类中的构造方法进行接收。

10.2.4 类的属性和类的方法

无论是类的属性还是类的方法,都无法像普通变量或者普通函数那样,在类的外部直接使用它们。可以将类看成一个独立封闭的空间,类的属性其实就是在类体中定义的变量,类的方法其实就是在类体中定义的函数。另外,类或者对象需要通过"."来调用类的属性或类的方法。

1. 类的属性

根据类的属性定义的位置和方式的不同,可以将类的属性分为 3 种类型:第一种,在类体中,并且在各个类方法内部以"self.变量名"的方式定义的变量,称为实例属性;第二种,在类体中,并且在各种方法内部以"变量名=变量值"的方式定义的变量,称为局部变量;第三种,在类体中,但在各个类方法之外定义的变量,称为类属性。

1) 实例属性

实例属性,又称实例变量,指的是在类体中,但在各个类方法内部,并以"self.变量名"的方式定义的变量。实例属性属于某个对象,并且一定要通过构造方法进行赋值。实例属性只能通过对象名访问或修改,无法通过类名访问或修改,示例代码如下:

```python
#资源包\Code\chapter10\10.2\1003.py
class Teacher(object):
    #注意,构造方法中的 name、teach、age 是参数,不是实例属性
    def __init__(self, name, teach, age):
        #注意,赋值运算符的左边是实例属性,右边是构造方法的参数,意义不同
        self.name = name
        self.teach = teach
        self.age = age
t = Teacher('夏正东', 'Python', 35)
print(t.name, t.teach, t.age)
```

2) 局部变量

局部变量指的是在类体中,并且在各种方法内部以"变量名=变量值"的方式定义的变量,示例代码如下:

```python
#资源包\Code\chapter10\10.2\1004.py
class Teacher(object):
```

```python
    def __init__(self, name, teach, age):
        self.name = name
        self.teach = teach
        self.age = age
    def myCity(self):
        #局部变量city
        city = '大连'
        return (f'我叫{self.name},来自{city}')
t = Teacher('夏正东', 'Python', 35)
print(t.myCity())
```

通常情况下,局部变量是为了实现所在类的方法。另外,局部变量只能用于所在类的方法之中,该方法执行完成后,局部变量也会被销毁。

3) 类属性

类属性,又称类变量,指的是在类体中,但在各个类的方法之外定义的变量。类属性是所有类的对象同时共享的属性,属于类,并且不能通过构造方法进行初始化。类属性可以通过类名访问或修改,示例代码如下:

```python
#资源包\Code\chapter10\10.2\1005.py
class Teacher(object):
    #定义了3个类变量
    name = '夏正东'
    teach = 'Python'
    age = 35
    def __init__(self):
        pass
#通过类型调用类变量
print(Teacher.name)
Teacher.name = '于萍'
print(Teacher.name)
```

注意,除了可以通过类名访问类属性,其实还可以通过对象名访问类属性,但是强烈不建议使用此种方式。因为当通过对象名访问类属性时,Python解释器会首先在实例属性中查找该属性,如果不存在,才会到类属性中查找,这样既容易使程序出现逻辑异常,也会降低程序的效率,并且更加不符合规范,所以强烈不建议读者使用对象名访问类属性,示例代码如下:

```python
#资源包\Code\chapter10\10.2\1006.py
class Teacher(object):
    #定义了3个类属性
    name = '夏正东'
    teach = 'Python'
    age = 35
    def __init__(self):
        pass
t = Teacher()
#不建议使用对象名访问类属性
print(t.name)
```

2. 类的方法

根据不同的函数装饰器,可以将类的方法分为3种类型:第一种,不用任何函数装饰器的方法,称为实例方法;第二种,采用@classmethod函数装饰器的方法,称为类方法;第三种,采用@staticmethod函数装饰器的方法,称为静态方法。

1) 实例方法

实例方法指的是不需要使用任何函数装饰器的方法。实例方法属于某个对象,并且第1个参数必须是self,用于绑定调用此方法的对象。实例方法可以通过对象名访问,也可以通过类名访问,但是不建议使用第二种方式,因为在使用类名访问实例方法时,需要将对象名手动传给参数self,示例代码如下:

```
#资源包\Code\chapter10\10.2\1007.py
class Teacher(object):
    def __init__(self, name, teach, age):
        self.name = name
        self.teach = teach
        self.age = age
    def teachClass(self):
        return (f'{self.name}老师教{self.teach}')
t = Teacher('夏正东', 'Python', 35)
print(t.teachClass())
#使用类名访问实例方法,手动将对象t传给参数self
print(Teacher.teachClass(t))
```

2) 类方法

类方法指的是采用@classmethod函数装饰器的方法。类方法与类属性类似,属于类,只不过类方法的第1个参数不是self,而是通常将其命名为cls,表示与类进行绑定。类方法可以通过类名访问,也可以通过对象名访问,但是强烈建议不要使用第二种方式。

需要注意的是,在类方法中可以访问除实例属性和实例方法之外的其他类的属性和类的方法,示例代码如下:

```
#资源包\Code\chapter10\10.2\1008.py
class Teacher(object):
    company = 'PCCW'
    def __init__(self, name, teach, age):
        self.name = name
        self.teach = teach
        self.age = age
    def teachClass(self):
        return (f'{self.name}老师教{self.teach}')
    @classmethod
    def theCompany(cls):
        return (f'公司为{cls.company}')
t = Teacher('夏正东', 'Python', 35)
print(t.theCompany())
#使用类名访问实例方法,手动将对象t传给参数self
print(Teacher.theCompany())
```

3) 静态方法

静态方法指的是采用@staticmethod 函数装饰器的方法。静态方法其实就是之前所学过的函数，只不过静态方法定义在类这个空间(类命名空间)中，而函数则定义在程序所在的空间(全局命名空间)中。静态方法中没有类似 self 和 cls 这样的特殊参数，因此 Python 解释器不会对它包含的参数做任何类或对象的绑定。也正因为如此，静态方法中无法调用任何类的属性和类的方法。静态方法可以通过类名访问，也可以通过对象名访问，示例代码如下：

```python
#资源包\Code\chapter10\10.2\1009.py
class Teacher(object):
    company = 'PCCW'
    def __init__(self, name, teach, age):
        self.name = name
        self.teach = teach
        self.age = age
    def teachClass(self):
        return (f'{self.name}老师教{self.teach}')
    @staticmethod
    def theInfo(other_name, other_teach):
        return (f'其他老师的名字为{other_name},所教的内容为{other_teach}')
t = Teacher('夏正东', 'Python', 35)
print(t.theInfo('于萍', 'Data Analysis'))
print(Teacher.theInfo('于萍', 'Data Analysis'))
```

10.2.5 常用函数

1. hasattr()函数

该函数用于判断类的对象是否包含对应的属性或方法，如果包含，则返回值为 True，否则返回值为 False，其语法格式如下：

```
hasattr(object, name)
```

其中，参数 object 表示类的对象；参数 name 表示对应的属性名或方法名，示例代码如下：

```python
#资源包\Code\chapter10\10.2\1010.py
class Car(object):
    def __init__(self):
        self.name = '这是汽车的名字'
        self.price = '这是汽车的价格'
    def start(self):
        return ('汽车启动...')
car = Car()
print(hasattr(car, 'name'))
print(hasattr(car, 'price'))
print(hasattr(car, 'start'))
```

注意，hasattr()函数只能判断类的对象是否包含对应的属性或方法，但不能精确地判断包含的是属性还是方法。

2. getattr()函数

该函数用于获取类的对象中指定属性的值，其语法格式如下：

```
getattr(object, name[, default])
```

其中，参数 object 表示类的对象；参数 name 表示指定的属性名；参数 default 为可选参数，表示默认返回值，如果省略该参数，则在没有对应属性时，将触发 AttributeError 错误，示例代码如下：

```python
#资源包\Code\chapter10\10.2\1011.py
class Car(object):
    def __init__(self):
        self.name = '这是汽车的名字'
        self.price = '这是汽车的价格'
    def start(self):
        return ('汽车启动...')
car = Car()
#打印输出"这是汽车的名字"
print(getattr(car, 'name'))
#打印输出"类的对象中无该属性值"
print(getattr(car, 'oil', '类的对象中无该属性值'))
```

3. setattr()函数

该函数用于设置类的对象的属性值，其语法格式如下：

```
setattr(object, name, value)
```

其中，参数 object 表示类的对象；参数 name 表示对应的属性名；参数 value 表示要设置的属性值，示例代码如下：

```python
#资源包\Code\chapter10\10.2\1012.py
class Car(object):
    def __init__(self):
        self.name = '这是汽车的名字'
        self.price = '这是汽车的价格'
    def start(self):
        return ('汽车启动...')
car = Car()
print(car.name)
setattr(car, 'name', '汽车类')
print(car.name)
```

setattr()函数还可以实现为类的对象动态添加属性或者方法，示例代码如下：

```
#资源包\Code\chapter10\10.2\1013.py
def carStart(self):
    return ('汽车启动...')
class Car(object):
    def __init__(self):
        self.name = '这是汽车的名字'
        self.price = '这是汽车的价格'
car = Car()
#动态添加属性 oil
setattr(car, 'oil', [92, 95, 98])
print(car.oil)
#动态添加方法 start()
setattr(car, 'start', carStart)
print(car.start(car))
```

10.3 封装

10.3.1 封装简介

封装是面向对象编程中的三大特性之一，即在设计类时，刻意地将一些实例属性和实例方法隐藏在类的内部，这样在使用此类时，将无法直接以"对象.实例属性（或实例方法）"等形式调用，而是只能用未隐藏的类方法间接操作这些隐藏的实例属性或实例方法。

类中的实例属性和实例方法如果没有被封装，就可以被外部随意调用，这是一种非常危险的操作。例如，在"手机"类中有一些属性需要保密，是不想让其他人随意就能获取的，并且在"手机"类中的电压和电流等属性，需要规定在一定范围内，更不能被随意赋值更改，如果对这些属性随意地赋值更改，例如给其电压赋上380V的值，就会严重破坏"手机"类。

所以对类进行封装有以下三点好处：第一点，封装保证了类内部数据结构的完整性，因为使用类的用户无法直接使用类中的数据结构，只能使用类允许公开的数据，这样就很好地避免了外部对内部数据的影响，提高了程序的可维护性；第二点，对类的良好封装，使用户只能借助暴露出来的类方法访问数据，所以只需要在这些暴露的方法中加入适当的控制逻辑，便可以轻松控制用户对类中属性或方法的不合理操作；第三点，类的封装可以使类的外部不能随意调用类内部的数据，从而有效地避免了外部错误对类本身的"交叉感染"，使程序错误能够局部化，大大减小查错的难度。

10.3.2 私有属性和私有方法

与其他面向对象的编程语言不同，Python中的实例属性和实例方法，不是公有的，就是私有的，其区别如下：公有的实例属性和实例方法，在类的外部、类的内部及其子类中都可以正常访问；私有的实例属性和实例方法，只可以在类的内部正常访问，类的外部及其子类都无法访问。

但是，Python并没有像其他面向对象的编程语言一样提供public、private修饰符，所以为了实现类的封装，Python在实例属性和实例方法的名称前添加双下画线，以表示该实例属性或实例方法为私有的。

除此之外，还可以定义以单下画线开头的实例属性或实例方法，这样的实例属性或实例方法虽然在外部也可以正常访问，但是，按照约定俗成的规定，这种实例属性或实例方法通常被视为私有属性或私有方法，意思是"虽然该实例属性或实例方法可以在类的外部被正常访问，但是，请把其视为私有属性或私有方法，请不要在类的外部随意访问"。

需要注意的是，在Python的类中还有以双下画线开头和结尾的属性或方法，这些都是Python内置的，用于Python的内部调用，所以在自定义私有属性或私有方法时，不要使用这种格式。

1. 私有属性

在实例属性名称前添加双下画线创建私有属性，示例代码如下：

```python
# 资源包\Code\chapter10\10.3\1014.py
class Phone(object):
    def __init__(self):
        self.__voltage = 3.7
        self.__electricity = [10, 50, 100, 200, 300]
    def showInfo(self):
        return self.__electricity[3]
huawei = Phone()
# 通过未封装的方法访问私有属性
print(huawei.showInfo())
# 报错，私有变量不能在类外部正常访问
print(huawei.__electricity[3])
```

那么，双下画线创建的私有属性是不是一定不能从类的外部访问呢？其实并不是，不能直接访问私有属性的原因是Python解释器对外将私有属性改为"_类名＋私有属性"的形式，所以，在类的外部仍然可以通过"对象._类名＋私有属性"的形式访问私有属性，但是强烈建议读者不要使用此种方式访问私有属性，因为不同版本的Python解释器会把私有属性改为不同的形式，并且会破坏程序的封装性，示例代码如下：

```python
# 资源包\Code\chapter10\10.3\1015.py
class Phone(object):
    def __init__(self):
        self.__voltage = 3.7
        self.__electricity = [10, 50, 100, 200, 300]
    def showInfo(self):
        return self.__electricity[3]
huawei = Phone()
print(huawei._Phone__electricity[3])
```

在实例属性名称前添加单下画线创建私有属性，示例代码如下：

```python
# 资源包\Code\chapter10\10.3\1016.py
class Phone(object):
    def __init__(self):
        self._voltage = 3.7
```

```
        self._electricity = [10, 50, 100, 200, 300]
    def showInfo(self):
        return self._electricity[3]
huawei = Phone()
#通过未封装的方法访问私有属性
print(huawei.showInfo())
#通过单下画线定义的私有属性可以在类的外部正常访问,但是按照约定,不要在类的外部访问
print(huawei._electricity[3])
```

2. 私有方法

在实例方法名称前添加双下画线创建私有方法,示例代码如下:

```
#资源包\Code\chapter10\10.3\1017.py
class Phone(object):
    def __init__(self):
        self.__voltage = 3.7
        self.__electricity = [10, 50, 100, 200, 300]
    def __startupCurrent(self):
        return (f'开机电流为{self.__electricity[3]}mA')
    def showInfo(self):
        return self.__startupCurrent()
huawei = Phone()
#通过未封装的方法访问私有方法
print(huawei.showInfo())
#报错,私有方法不能在类外部正常访问
print(huawei.__startupCurrent())
```

双下画线创建的私有方法与双下画线创建的私有属性类似,在类的外部也可以通过"对象._类名+私有方法"的形式访问私有方法,但是,同样强烈建议读者不要使用此种方式,原因与双下画线创建的私有属性一致,示例代码如下:

```
#资源包\Code\chapter10\10.3\1018.py
class Phone(object):
    def __init__(self):
        self.__voltage = 3.7
        self.__electricity = [10, 50, 100, 200, 300]
    def __startupCurrent(self):
        return (f'开机电流为{self.__electricity[3]}mA')
    def showInfo(self):
        return self.__startupCurrent()
huawei = Phone()
print(huawei._Phone__startupCurrent())
```

在实例方法的名称前添加单下画线创建私有方法,示例代码如下:

```
#资源包\Code\chapter10\10.3\1019.py
class Phone(object):
    def __init__(self):
```

```
            self.__voltage = 3.7
            self.__electricity = [10, 50, 100, 200, 300]
    def _startupCurrent(self):
        return (f'开机电流为{self.__electricity[3]}mA')
    def showInfo(self):
        return self._startupCurrent()
huawei = Phone()
# 通过未封装的方法访问私有方法
print(huawei.showInfo())
# 通过单下画线定义的私有方法可以在类的外部正常访问,但是按照约定,不要在类的外部访问
print(huawei._startupCurrent())
```

在上面的程序中,私有属性都被"隐藏"起来,如果想对类中的私有属性赋值,或者访问类中的私有属性,除了可以使用未被封装的实例方法,还以使用函数装饰器@property 或函数装饰器@私有属性.setter。

(1) 使用未被封装的实例方法,示例代码如下:

```
# 资源包\Code\chapter10\10.3\1020.py
class Phone(object):
    def __init__(self):
        self.__voltage = 3.7
        self.__electricity = [10, 50, 100, 200, 300]
    def inputInfo(self, electricity):
        self.__electricity = electricity
    def showInfo(self):
        return self.__electricity
huawei = Phone()
# 为私有属性赋值
huawei.inputInfo([10, 50, 100, 200, 300, 500])
# 访问私有属性
print(huawei.showInfo())
```

(2) 使用函数装饰器@property 和函数装饰器@私有属性.setter,示例代码如下:

```
# 资源包\Code\chapter10\10.3\1021.py
class Phone(object):
    def __init__(self):
        self.__voltage = 3.7
        self.__electricity = [10, 50, 100, 200, 300]
    # 注意,装饰器@property 要在装饰器@私有属性.setter 之前
    @property
    def electricity(self):
        return self.__electricity
    @electricity.setter
    def electricity(self, electricity):
        self.__electricity = electricity
huawei = Phone()
# 为私有属性赋值
huawei.electricity = [10, 50, 100, 200, 300, 500]
# 访问私有属性
print(huawei.electricity)
```

通过上面的两段代码，可以看出使用函数装饰器的方式为私有属性赋值或访问私有属性相对于使用未被封装的实例方法更加简洁明了。

10.4 继承

10.4.1 继承简介

继承是面向对象编程中的三大特性之一，它指的是建立一个新类，从一个先前已经创建的类中继承其属性和方法，而且可以重新定义或添加新的属性和方法，进而建立类的层次或等级关系。其中，被继承的类称为父类（也可称为基类、超类），而实现继承的类称为子类。说得更简单一些，继承就是通过子类对已存在的父类进行功能扩展。

在软件开发中，类的继承使所建立的软件具有开放性和扩展性，这是信息组织与分类行之有效的方法。它简化了类和对象的创建工作量，提供了类的规范的等级结构，使公共的特性能够共享，进而提高了软件的可重用性。

在 Python 中，不仅可以实现单继承，还支持多继承。

10.4.2 单继承

在 Python 中，通过小括号实现继承关系，示例代码如下：

```
#资源包\Code\chapter10\10.4\1022.py
#所有类的根类是 object，即 object 类是所有类的父类
class Person(object):
    def __init__(self, name, age):
        self.name = name
        self.age = age
    def myInfo(self):
        infomation = (f'我的名字：{self.name},我的年龄：{self.age}')
        return infomation
class Teacher(Person):
    def __init__(self, name, age, teach):
        #super()函数用于调用父类中的方法
        super().__init__(name, age)
        self.teach = teach
teacher1 = Teacher('夏正东', 35, 'Python')
#调用了继承于父类的 myInfo()方法
print(teacher1.myInfo())
```

在上面的程序中，子类在继承父类之后，子类就拥有了父类所有的属性和方法，而通常情况下，子类会在此基础上，扩展一些新的属性和方法，用于进行功能扩展。

虽然在子类从父类继承得来的方法中，大部分可能适合子类的使用，但总有个别的方法并不能直接照搬父类中的方法，如果不对父类中这部分方法进行修改，子类的对象就无法正常使用。针对这种情况，需要在子类中重写父类中的方法，示例代码如下：

```python
# 资源包\Code\chapter10\10.4\1023.py
class Person(object):
    def __init__(self, name, age):
        self.name = name
        self.age = age
    def myInfo(self):
        infomation = (f'我的名字：{self.name},我的年龄：{self.age}')
        return infomation
class Teacher(Person):
    def __init__(self, name, age, teach):
        # super()函数用于调用父类中的方法
        super().__init__(name, age)
        self.teach = teach
    # 类方法重写
    def myInfo(self):
        infomation = (f'我的名字：{self.name},我的年龄：{self.age},我的教学内容：{self.teach}')
        return infomation
teacher1 = Teacher('夏正东', 35, 'Python')
# 调用了继承于父类的myInfo()方法
print(teacher1.myInfo())
```

通过上面的程序可以得知，如果在子类中重写了从父类继承来的方法，则当在类的外部通过子类的对象调用该方法时，Python总是会执行子类中重写的方法。那么，这就产生了一个新的问题，即如何调用父类中被重写的这种方法。

其实很简单，因为Python中的类可以看作一个独立空间，而类的方法其实就是该空间中的一个函数，所以可以直接使用类名来调用其方法，但需要注意的是，Python不会为该方法的第1个参数self自动赋值，因此采用这种调用方法，需要手动为参数self赋值，示例代码如下：

```python
# 资源包\Code\chapter10\10.4\1024.py
class Person(object):
    def __init__(self, name, age):
        self.name = name
        self.age = age
    def myInfo(self):
        infomation = (f'我的名字：{self.name},我的年龄：{self.age}')
        return infomation
class Teacher(Person):
    def __init__(self, name, age, teach):
        # super()函数用于调用父类中的方法
        super().__init__(name, age)
        self.teach = teach
    # 类方法重写
    def myInfo(self):
        infomation = (f'我的名字：{self.name},我的年龄：{self.age},我的教学内容：{self.teach}')
        return infomation
teacher1 = Teacher('夏正东', 35, 'Python')
# 调用父类的myInfo()方法
print(Person.myInfo(teacher1))
```

10.4.3 多继承

大部分面向对象的编程语言只支持单继承,即子类有且只能有一个父类,而 Python 却支持多继承。和单继承相比,多继承容易让代码逻辑复杂、思路混乱,一直备受争议,所以建议读者在中小型的项目中尽量减少使用。

使用多继承经常需要面临的问题是,多个父类中可能包含同名的方法,从而导致命名冲突。对于这种情况,Python 的处置措施是:首先查找当前子类中的同名属性或方法;如果子类中没有查找到,则根据子类继承多个父类时这些父类的前后次序进行查找,即排在前面父类中的同名属性或方法会覆盖排在后面父类中的同名属性或方法;如果父类中仍然没有该同名属性或方法,则再到父类的父类中进行查找,以此类推,示例代码如下:

```python
#资源包\Code\chapter10\10.4\1025.py
class ParentClass1(object):
    def __init__(self):
        self.val = 'pc1'
    def run(self):
        print('ParentClass1')
class ParentClass2(object):
    def __init__(self):
        self.val = 'pc2'
    def run(self):
        print('ParentClass2')
class SubClass1(ParentClass1, ParentClass2):
    pass
class SubClass2(ParentClass2, ParentClass1):
    pass
class SubClass3(ParentClass1, ParentClass2):
    def __init__(self):
        self.val = 'sc3'
    def run(self):
        print('SubClass3')
sub1 = SubClass1()
sub1.run()
print(sub1.val)
sub2 = SubClass2()
sub2.run()
print(sub2.val)
sub3 = SubClass3()
sub3.run()
print(sub3.val)
```

需要强调一点,虽然 Python 在语法上支持多继承,但是强烈建议读者不要使用多继承。

10.4.4 super()函数

通过 10.4.3 节的学习,得知如果子类继承的多个父类中包含同名的方法,则子类的对

象在调用该方法时会优先选择排在最前面的父类中的方法,很显然,这种方法也包括构造方法,示例代码如下:

```python
#资源包\Code\chapter10\10.4\1026.py
class Audi(object):
    def __init__(self, audi_tech):
        self.audi_tech = audi_tech
    def audiCarTech(self):
        return (f'Aub的技术由{self.audi_tech}提供')
class BMW(object):
    def __init__(self, bmw_oil):
        self.bmw_oil = bmw_oil
    def BMWCarOil(self):
        return (f'Aub的机油由{self.bmw_oil}提供')
#由奥迪和宝马联合创建的汽车品牌Aub
class Aub(Audi, BMW):
    pass
aub = Aub('奥迪')
print(aub.audiCarTech())
#报错,由于只继承了Audi的构造方法,所以提示没有属性bmw_oil
print(aub.BMWCarOil())
```

在上面的程序中,Aub类同时继承了Audi类和BMW类,但是Audi类在前,这就意味着,在创建Aub类的对象时,其会调用从Audi类继承来的构造方法,而BMW类中的构造方法会被"舍弃",即未得到执行,进而导致BMW类中的实例属性bmw_oil未被创建,所以print(aub.BMWCarOil())会报错,即Aub类没有实例属性bmw_oil。

针对这种情况,正确的处理方式是定义Aub类自己的构造方法,即重写父类的构造方法,但需要注意,如果在子类中定义构造方法,则必须在子类构造方法中调用父类的构造方法。

在子类的构造方法中调用父类的构造方法有两种,一种是使用未绑定方法,即使用"类名.构造方法"的形式,需要注意的是,Python不会为构造方法的第1个参数self自动赋值,因此采用这种调用方法时需要手动为参数self赋值;另一种是使用super()函数,super()函数用于调用父类中的方法,在使用单继承的时候直接用类名调用父类的方法是没有问题的,但是如果涉及多继承,则super()函数只能调用多个父类中排在第一位的父类中的构造方法,示例代码如下:

```python
#资源包\Code\chapter10\10.4\1027.py
class Audi(object):
    def __init__(self, audi_tech):
        self.audi_tech = audi_tech
    def audiCarTech(self):
        return (f'Aub的技术由{self.audi_tech}提供')
class BMW(object):
    def __init__(self, bmw_oil):
        self.bmw_oil = bmw_oil
```

```python
    def BMWCarOil(self):
        return (f'Aub 的机油由{self.bmw_oil}提供')
# 由奥迪和宝马联合创建的汽车品牌 Aub
class Aub(Audi, BMW):
    def __init__(self, audi_tech, bmw_oil):
        super().__init__(audi_tech)
        BMW.__init__(self, bmw_oil)
aub = Aub('奥迪', '宝马')
print(aub.audiCarTech())
print(aub.BMWCarOil())
```

综上所述，涉及多继承时，在子类的构造方法中，调用多个父类中排在第一位的父类中的构造方法的方式有两种，即未绑定方法和 super()函数，而调用其他父类构造方法的方式只能使用未绑定方法。

当然了，super()函数不仅可以调用父类中的构造方法，还可以调用父类中的任意类方法，示例代码如下：

```python
# 资源包\Code\chapter10\10.4\1028.py
class Audi(object):
    def __init__(self, audi_type):
        self.audi_type = audi_type
    def audiCarInfo(self):
        return (f'这是一辆奥迪{self.audi_type}')
class Audi_A8(Audi):
    def __init__(self, audi_type, audi_size):
        super().__init__(audi_type)
        self.audi_size = audi_size
    def audiCarInfo(self):
        # super()函数调用父类中的类方法
        info = super().audiCarInfo()
        return (f'{info},是一辆{self.audi_size}的奥迪轿车')
audi = Audi_A8('A8', '豪华型')
print(audi.audiCarInfo())
```

10.5 多态

10.5.1 多态简介

多态是面向对象编程中的三大特性之一，指的是让具有继承关系的不同类的对象，可以对相同名称的方法进行调用，却可以产生不同的效果。例如，在一个公司中同一个工资发放的方法，由于员工所在的职位不同，所以其发放的工资也是不同的，这样，同一个工资发放的方法就出现了多种形态。

发生多态必须具有两个前提条件：一是继承，即多态发生在子类和父类之间；二是子类重写父类的方法，因为多态的本质就是子类对父类的方法进行重写，进而表现出不同的形态。示例代码如下：

```
#资源包\Code\chapter10\10.5\1029.py
class Car(object):
    def start(self):
        print('汽车启动...')
class Audi(Car):
    def start(self):
        print('奥迪汽车启动...')
class BMW(Car):
    def start(self):
        print('宝马汽车启动...')
audi = Audi()
audi.start()
bmw = BMW()
bmw.start()
```

10.5.2 类型检测

当创建一个类的时候，实际上就是定义了一种数据类型，而自定义的数据类型和Python自带的数据类型是没有任何区别的。

在Python中，提供了两个函数用于类型检测。

1. isinstance()函数

该函数用于判断一个变量与某个数据类型是否相同，如果相同，则返回值为True，否则返回值为False，其语法格式如下：

```
isinstance(object, classinfo)
```

其中，参数object表示对象；参数classinfo表示一个类名或由多个类名组成的元组。示例代码如下：

```
#资源包\Code\chapter10\10.5\1030.py
lt = [1, 2, 3, 4, 5, 6, 7, 8]
#True
print(isinstance(lt, list))
class Car(object):
    def start(self):
        print('汽车启动...')
class Audi(Car):
    def start(self):
        print('奥迪汽车启动...')
class BMW(Car):
    def start(self):
        print('宝马汽车启动...')
audi = Audi()
bmw = BMW()
#True
```

```
print(isinstance(audi, Audi))
# True
print(isinstance(bmw, BMW))
# False
print(isinstance(audi, BMW))
# True
print(isinstance(audi, (Audi, Car)))
```

通过上面的代码,得知变量 lt、变量 audi 和变量 bmw 分别对应着 list、Audi 和 BMW 这 3 种类型。

然后,在上面代码的最后一行再添加如下一段代码:

```
print(isinstance(audi, Car))
```

此时会发现变量 audi 不仅是 Audi 类型,而且还是 Car 类型!这是因为 Audi 类是从 Car 类继承而来的,Audi 类也理所当然地是 Car 类的一种,所以当创建了一个 Audi 类的对象 audi 时,该对象的数据类型既是 Audi 类型,也是 Car 类型。

由此得知,当一个对象的数据类型是某个子类时,该对象的数据类型也可以被看作父类,这就是多态的好处之一。

2. issubclass()函数

该函数用于判断一个类是否为另一个类的子类,如果是,则返回值为 True,否则返回值为 False,其语法格式如下:

```
issubclass(class, classinfo)
```

其中,参数 class 表示需要判断的子类;参数 classinfo 表示需要判断的父类或由多个父类名组成的元组。示例代码如下:

```
# 资源包\Code\chapter10\10.5\1031.py
class Car(object):
    pass
class DasAuto(object):
    pass
class Audi(Car, DasAuto):
    pass
# True
print(issubclass(Audi, Car))
# True
print(issubclass(Audi, (Car, DasAuto)))
```

10.5.3 鸭子类型

下面,通过一段代码来了解一下什么是鸭子类型,示例代码如下:

```
#资源包\Code\chapter10\10.5\1032.py
class Car(object):
    def start(self):
        print('汽车启动...')
class Audi(Car):
    def start(self):
        print('奥迪汽车启动...')
class BMW(Car):
    def start(self):
        print('宝马汽车启动...')
def start(car):
    car.start()
start(Audi())
start(BMW())
```

在上面的代码中,定义了一个 start()函数,当将 Audi 类的对象或者 BMW 类的对象作为 start()函数的参数传入时,可以输出 Audi 类或 BMW 类中 start()方法所对应的内容。

此时,在上面的程序中新增一个 Dog 类,并将 Dog 类的对象作为 start()函数的参数传入,示例代码如下:

```
#资源包\Code\chapter10\10.5\1033.py
class Car(object):
    def start(self):
        print('汽车启动...')
class Audi(Car):
    def start(self):
        print('奥迪汽车启动...')
class BMW(Car):
    def start(self):
        print('宝马汽车启动...')
#新增的 Dog 类
class Dog(Car):
    def start(self):
        print('狗开始跑...')
def start(car):
    car.start()
start(Audi())
start(BMW())
start(Dog())
```

不难发现,新增的 Car 类的子类 Dog 类,不必对 start()函数做任何修改,就可以正常运行,因为 Car 类型内部有 start()方法,因此,传入 start()函数的参数类型,只要是 Car 类或者其子类就会自动调用其内部的 start()方法,这就是多态的好处,即当需要给 start()函数传入参数时,只需接收 Car 类型的参数,并按照 Car 类型进行操作。其实,这就是著名的开闭原则——"对扩展开放,对修改封闭",即允许新增 Car 类的子类,却不需要修改依赖 Car 类型的 start()等函数。

这里需要注意,如果将 Dog 类的父类由 Car 类改为默认的根类 object,就会发现,结果与继承 Car 类是一致的,这是因为在 Python 中,所有的类都继承于根类 object,即根类 object 是 Car 类的父类,所以才会使运算结果一致。

而对于静态语言(如 Java)来讲,如果 start()函数的参数需要传入 Car 类型,则传入的参数必须是 Car 类型或者它的子类,否则,将无法调用其内部的 start()方法。对于 Python 这样的动态语言来讲,不一定需要传入 Car 类型,只需保证传入的对象有一个 start()方法就可以了。这就是动态语言的"鸭子类型",它并不要求严格的继承体系,一个对象"只要看起来像鸭子,走起路来像鸭子,那它就可以被看作鸭子"。

10.6 根类 object

在 Python 中,所有类的根类是 object,即 object 类是所有类的父类,因此所有类都具有 object 类的属性和方法,示例代码如下:

```
#资源包\Code\chapter10\10.6\1034.py
#创建根类的对象
obj = object()
#dir()函数,返回根类 object 的所有属性和方法
print(dir(obj))
```

下面,重点介绍 object 类中常用的属性和方法。

1. __slots__属性

该属性用于限制类中的实例属性。

当定义一个类,并创建该类的对象后,如果需要给该对象添加属性或方法,则可以通过在类外动态地给该对象添加任何属性或方法,只不过动态地添加需要使用 types 模块中的 MethodType 类,进而将普通函数转变为类中的实例方法,示例代码如下:

```
#资源包\Code\chapter10\10.6\1035.py
from types import MethodType
class Car(object):
    pass
audi = Car()
#动态添加属性
audi.name = 'Audi'
print(audi.name)
def carInfo(self, name):
    print(f'这是辆{name}')
#动态添加方法
audi.carInfo = MethodType(carInfo, audi)
audi.carInfo('audi')
```

但是,如果想限制类中的实例属性,例如,只想在类中添加实例属性 name 和 price,这时候就需要定义一个特殊的属性__slots__,用来限制类中的实例属性,示例代码如下:

```
#资源包\Code\chapter10\10.6\1036.py
class Car(object):
    #可以将允许添加的实例属性放在元组之中
    __slots__ = ('name', 'price')
audi = Car()
audi.name = 'Audi'
print(audi.name)
audi.engine = 'EA888'
#报错,因为 Car 类只允许添加实例属性 name 和 price
print(audi.engine)
```

需要注意的是,__slots__属性限制的实例属性仅对当前类的对象起作用,对继承的子类是不起作用的,如果也想限制子类中的实例属性,则需要在子类中也定义__slots__变量,示例代码如下:

```
#资源包\Code\chapter10\10.6\1037.py
class Car(object):
    #可以将允许添加的实例属性放在元组之中
    __slots__ = ('name', 'price')
audi = Car()
audi.name = 'Audi'
print(audi.name)
#BMW 类的实例属性不受限制
class BMW(Car):
    pass
bmw = BMW()
bmw.engine = 'N55'
print(bmw.engine)
#Benz 类的实例属性受限制
class Benz(Car):
    __slots__ = ('name', 'price')
benz = Benz()
benz.engine = 'M276'
#报错,因为 Benz 类只允许添加实例属性 name 和 price
print(benz.engine)
```

2. __dict__属性

在 Python 中,无论是实例属性还是类属性,都是以字典的形式进行存储的,其中属性名作为字典的键,而属性值作为该键对应的值。通过 Python 提供的__dict__属性,可以查看该类中的属性。

该属性可以用类或者类的对象来调用,如果使用"类.__dict__"的形式,则输出由该类中所有类属性组成的字典;如果使用"类的对象.__dict__"的形式,则输出由类中所有实例属性组成的字典。示例代码如下:

```
#资源包\Code\chapter10\10.6\1038.py
class Car(object):
    oil = [92, 95, 98]
    def __init__(self):
        self.name = "这是汽车的名字"
        self.price = "这是汽车的价格"
#通过类名调用__dict__属性
print(f'类属性:{Car.__dict__}')
#通过类的对象调用__dict__属性
car = Car()
print(f'实例属性:{car.__dict__}')
```

除了可以使用__dict__属性查看类中的属性之外,还可以通过"类的对象.__dict__[实例属性]"的形式对类中的实例属性值进行修改,但需要注意的是,不可以通过该方式修改类属性,示例代码如下:

```
#资源包\Code\chapter10\10.6\1039.py
class Car(object):
    oil = [92, 95, 98]
    def __init__(self):
        self.name = "这是汽车的名字"
        self.price = "这是汽车的价格"
#使用类的对象调用__dict__属性修改实例属性的值
car = Car()
print(car.name)
car.__dict__['name'] = '汽车类'
print(car.name)
#不可以使用类名调用__dict__属性修改类属性的值
print(Car.__dict__)
#报错
Car.__dict__['oil'] = [95, 98]
print(Car.oil)
```

另外,对于具有继承关系的父类和子类来讲,子类不会包含父类的__dict__属性,即父类和子类拥有各自的__dict__属性,示例代码如下:

```
#资源包\Code\chapter10\10.6\1040.py
class Car(object):
    oil = [92, 95, 98]
    def __init__(self):
        self.name = "这是汽车的名字"
        self.price = "这是汽车的价格"
class Audi(Car):
    oil = [95, 98]
    def __init__(self):
        super().__init__()
        self.car_name = "奥迪"
        self.car_price = [15, 20, 30, 40, 50, 60, 70, 80, 90, 100]
```

```
# 通过父类名调用__dict__属性
print(f'父类的类属性：{Car.__dict__}')
car = Car()
# 通过父类的对象调用__dict__属性
print(f'父类的实例属性：{car.__dict__}')
# 通过子类名调用__dict__属性
print(f'子类的属性：{Audi.__dict__}')
audi = Audi()
# 通过子类的对象调用__dict__属性
print(f'子类的实例属性：{audi.__dict__}')
```

3. __bases__属性

该属性用于查看类的所有直接父类，返回所有直接父类所组成的元组，示例代码如下：

```
# 资源包\Code\chapter10\10.6\1041.py
class Car(object):
    pass
class DasAuto(object):
    pass
class Audi(Car, DasAuto):
    pass
# (<class 'object'>,)
print('Car 的所有父类：', Car.__bases__)
# (<class 'object'>,)
print('DasAuto 的所有父类：', DasAuto.__bases__)
# (<class '__main__'.Car>, <class '__main__'.DasAuto>)
print('Audi 的所有父类：', Audi.__bases__)
```

注意，如果要查看的类没有直接父类，则其类默认的直接父类是根类 object。

4. __subclasses__()方法

该方法用于查看类的所有直接子类，返回所有直接子类所组成的列表，示例代码如下：

```
# 资源包\Code\chapter10\10.6\1042.py
class Car(object):
    pass
class Audi(Car):
    pass
class BMW(Car):
    pass
# [<class '__main__'.Audi'>, <class '__main__'.BMW'>]
print('Car 的所有子类：', Car.__subclasses__())
```

5. __str__()方法

该方法用于描述类的对象，当使用 print()函数时触发。

在 Python 中，使用 print()函数输出类的对象的名称时，默认情况下，会输出类的对象所引用的内存地址，示例代码如下：

```
# 资源包\Code\chapter10\10.6\1043.py
class Car(object):
    def __init__(self):
        pass
car = Car()
print(car)
```

如果希望输出类的对象的相关描述,则可以使用__str__()方法,示例代码如下:

```
# 资源包\Code\chapter10\10.6\1044.py
class Car(object):
    def __init__(self):
        pass
    def __str__(self):
        return ('这是汽车类')
car = Car()
# 打印输出"这是汽车类"
print(car)
```

6. __repr__()方法

该方法的用法与__str__()方法一致,唯一的区别是__repr__()方法既可以在使用 print()函数时触发,又可以在命令行中直接输出类的对象时触发,而__str__()方法在命令行中直接输出类的对象时只能输出类的对象所引用的内存地址。

在 Python IDLE 中运行,示例代码如下:

```
>>> class Car(object):
    def __init__(self):
        pass
    def __str__(self):
        return ('这是汽车类')
>>> car = Car()
>>> car
<__main__.Car object at 0x0382D190>
>>> class Car(object):
    def __init__(self):
        pass
    def __repr__(self):
        return ('这是汽车类')
>>> car = Car()
>>> car
这是汽车类
```

在 PyCharm 中运行,示例代码如下:

```
# 资源包\Code\chapter10\10.6\1045.py
class Car(object):
    def __init__(self):
        pass
```

```
    def __repr__(self):
        return ('这是汽车类')
car = Car()
#打印输出"这是汽车类"
print(car)
```

7. __call__()方法

该方法可以让类的对象具有类似函数的使用方式,当以"类的对象()"的形式使用时触发。

如果类的对象中只有一种方法,并且该类的对象存在频繁使用的情况,则可以通过__call__()方法来简化调用,示例代码如下:

```
#资源包\Code\chapter10\10.6\1046.py
class Car(object):
    def __init__(self):
        pass
    def __call__(self):
        print('这是一个汽车类')
car = Car()
car()
```

8. __eq__()方法

该方法用于设置两个类的对象相等的条件,当两个类的对象使用比较运算符"=="时触发。

__eq__()方法默认有两个参数,一个是参数 self,另一个是参数 other,表示用自身的属性和其他对象的属性分别进行比较,如果相等,则返回值为 True,否则返回值为 False,示例代码如下:

```
#资源包\Code\chapter10\10.6\1047.py
class Car(object):
    def __init__(self, name, price):
        self.name = name
        self.price = price
    def __eq__(self, other):
        if self.name == other.name and self.price == other.price:
            return True
        else:
            return False
car1 = Car('car', '100000')
car2 = Car('car', '100000')
print(car1 == car2)
```

另外,需要重点注意的是,在类的对象之间,即使类的属性和类的方法完全相同,其内存地址的引用也是不一样的,示例代码如下:

```
#资源包\Code\chapter10\10.6\1048.py
class Car(object):
    def __init__(self, name, price):
        self.name = name
        self.price = price
    def __eq__(self, other):
        if self.name == other.name and self.price == other.price:
            return True
        else:
            return False
car1 = Car('car', '100000')
car2 = Car('car', '100000')
#False
print(car1 is car2)
```

10.7 枚举类

枚举类型可以看作一种标签或是一系列常量的集合,通常用于表示某些特定的有限集合,例如星期、月份、状态等。使用枚举可以提高程序的可读性,使代码更清晰且更易于维护。

Python 的原生类型中并不包含枚举类型,但为了提供更好的解决方案,Python 通过 PEP 435 在其 3.4 版本中添加了 enum 标准库。

定义枚举类,只需将自定义的类继承 enum 库中的 Enum 类。

枚举类的成员由两部分组成,分别为 name 和 value,其中,name 表示枚举类成员的变量名,而 value 则表示枚举类成员的值,通常枚举类成员的值从 1 开始,示例代码如下:

```
#资源包\Code\chapter10\10.7\1049.py
from enum import Enum
class WeekDays(Enum):
    MONDAY = 1
    TUESDAY = 2
    WEDNESDAY = 3
    THURSDAY = 4
    FRIDAY = 5
```

和普通类的访问方式不同,枚举类不能通过类的对象访问枚举类的成员,需要通过以下三种方式进行访问,一是通过"类+枚举类成员的变量名"的形式;二是通过"类[枚举类成员的变量名]"的形式;三是通过"类(枚举类成员的值)"的形式。示例代码如下:

```
#资源包\Code\chapter10\10.7\1050.py
from enum import Enum
class WeekDays(Enum):
    MONDAY = 1
    TUESDAY = 2
```

```
    WEDNESDAY = 3
    THURSDAY = 4
    FRIDAY = 5
# 枚举类的访问
# WeekDays.FRIDAY
print(WeekDays.FRIDAY)
# WeekDays.FRIDAY
print(WeekDays['FRIDAY'])
# WeekDays.FRIDAY
print(WeekDays(1))
```

枚举类的成员之间不可以比较大小，但是可以通过比较运算符"=="或者身份运算符 is 比较枚举类的成员是否相等，示例代码如下：

```
# 资源包\Code\chapter10\10.7\1051.py
from enum import Enum
class WeekDays(Enum):
    MONDAY = 1
    TUESDAY = 2
    WEDNESDAY = 3
    THURSDAY = 4
    FRIDAY = 5
# False
print(WeekDays.FRIDAY == WeekDays.TUESDAY)
# True
print(WeekDays.FRIDAY is WeekDays.FRIDAY)
```

需要注意的是，枚举类中的各个成员的值，不可以在枚举类的外部做任何修改，否则会报错，示例代码如下：

```
# 资源包\Code\chapter10\10.7\1052.py
from enum import Enum
class WeekDays(Enum):
    MONDAY = 1
    TUESDAY = 2
    WEDNESDAY = 3
    THURSDAY = 4
    FRIDAY = 5
# 报错,AttributeError
WeekDays.MONDAY = 100
```

除此之外，枚举类还提供了一个属性__members__，该属性包含了枚举类中所有成员的变量名和值，通过遍历该属性，可以访问枚举类中的各个成员，示例代码如下：

```
# 资源包\Code\chapter10\10.7\1053.py
from enum import Enum
class WeekDays(Enum):
```

```
    MONDAY = 1
    TUESDAY = 2
    WEDNESDAY = 3
    THURSDAY = 4
    FRIDAY = 5
print(WeekDays.__members__)
for name, value in WeekDays.__members__.items():
    print(f'name:{name},value:{value}')
```

另外,枚举类中的各个成员必须保证其变量名互不相同,但是枚举类成员的值可以相同,示例代码如下:

```
# 资源包\Code\chapter10\10.7\1054.py
from enum import Enum
class WeekDays(Enum):
    # 值可以相同
    MONDAY = 1
    TUESDAY = 1
    WEDNESDAY = 3
    THURSDAY = 4
    # 报错,变量名相同
    THURSDAY = 5
```

在实际的编程过程中,会极少地应用到枚举类成员值相同的情况,此时就可以借助@unique装饰器,即当枚举类中出现相同值的成员时,程序会报错,示例代码如下:

```
# 资源包\Code\chapter10\10.7\1055.py
from enum import Enum, unique
@unique
class WeekDays(Enum):
    # 报错
    MONDAY = 1
    TUESDAY = 1
    WEDNESDAY = 3
    THURSDAY = 4
    FRIDAY = 5
```

第 11 章 异常处理

11.1 异常概述

异常是一个事件,该事件会发生在程序执行过程中,从而影响程序的正常执行。一般情况下,在无法正常处理程序时就会发生一个异常。

在 Python 中异常是一个对象,表示一个错误,当 Python 脚本发生异常时需要进行捕获并处理它,否则程序会终止执行。

下面一起来看一下程序中的异常,示例代码如下:

```
#资源包\Code\chapter11\11.1\1101.py
#TypeError 异常
num1 = 5
num2 = '10'
print(num1/num2)
```

11.2 异常的分类

在 Python 中,所有异常的基类是 BaseException,图 11-1 中列出了异常的分类。

下面就将上述异常分类中的几种常见异常给读者举例演示。

1. AttributeError 异常

当试图访问一个类中不存在的成员(包括成员变量、属性和成员方法)时,会发生 AttributeError 异常,示例代码如下:

```
#资源包\Code\chapter11\11.2\1102.py
class Student():
    def __init__(self, name, age):
        self.name = name
        self.age = age
stu = Student('xzd', 30)
#Student 类中无属性 sex
print(stu.sex)
```

第11章 异常处理

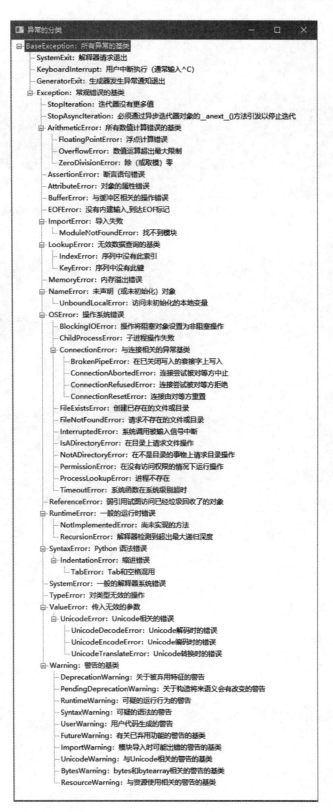

图 11-1 异常的分类

2. FileNotFoundError 异常

当试图对一个不存在的文件进行读和写的操作时,会发生 FileNotFoundError 异常,示例代码如下:

```python
# 资源包\Code\chapter11\11.2\1103.py
# a.txt 文件不存在,抛出异常
with open('./a.txt', 'r') as f:
    content = f.read()
```

3. IndexError 异常

当访问序列中的元素时,其下标的索引如果超出取值范围,则会发生 IndexError 异常,示例代码如下:

```python
# 资源包\Code\chapter11\11.2\1104.py
lt = [1,3,5,7]
# 该列表最大索引为 3
print(lt[4])
```

4. KeyError 异常

当试图访问字典中不存在的键时,会发生 KeyError 异常,示例代码如下:

```python
# 资源包\Code\chapter11\11.2\1105.py
dt = {'name':'oldxia','age':30}
# 字典中不存在键 sex
print(dt['sex'])
```

5. NameError 异常

当试图使用一个未声明的变量时,会发生 NameError 异常,示例代码如下:

```python
# 资源包\Code\chapter11\11.2\1106.py
# 变量 val 未声明
print(val)
```

6. TypeError 异常

当传入变量的类型与程序要求的类型不相符时,会发生 TypeError 异常,示例代码如下:

```python
# 资源包\Code\chapter11\11.2\1107.py
i = '10'
# 程序中要求除数只能为整型或浮点型
print(5/i)
```

7. ValueError 异常

当传入一个无效的参数值时,会发生 ValueError 异常,示例代码如下:

```
#资源包\Code\chapter11\11.2\1108.py
i = 'oldxia'
#int 函数要求参数必须为整型或浮点型
int(i)
```

11.3 捕获异常

Python 提供了 try...except 语句用于捕获并处理异常。下面就一起来看一下,如何使用 try...except 语句及其衍生的相关语句。

1. try...except 语句

try 语句中包含执行过程中可能会抛出异常的代码,每个 try 语句都可以伴随一个或多个 except 语句,用于处理 try 语句中所有可能抛出的多种异常。

try...except 语句执行的顺序:首先,执行 try 语句中的代码,如果该段代码有错误,则执行 except 语句,用于处理该代码引发的异常,反之则不执行 except 语句,示例代码如下:

```
#资源包\Code\chapter11\11.3\1109.py
import datetime as dt
def mytime(mt):
    try:
    #首先执行此处代码
        date = dt.datetime.strptime(mt,'%Y-%m-%d')
        return date
    except ValueError:
    #由于 try 语句中代码存在异常,所以执行此处代码
        print('处理 ValueError 异常')
#此处数值存在异常
input_time = '201B-10-8'
print('日期{0}'.format(mytime(input_time)))
```

另外,需要注意以下 4 点:

(1) 如果 except 语句中省略异常的类型,即不指定具体的异常,这样就会捕获所有类型的异常;如果指定具体异常的类型,则会捕获该类型异常,以及它的子类型异常。

示例代码如下:

```
#资源包\Code\chapter11\11.3\1110.py
import datetime as dt
def mytime(mt):
    try:
        date = dt.datetime.strptime(mt,'%Y-%m-%d')
        return date
    #此处捕获所有异常类型
    except:
        print('处理异常')
```

```python
#此处数值存在异常
input_time = '201B-10-8'
print('日期{0}'.format(mytime(input_time)))
```

（2）当有多个 except 语句，并且捕获的多个异常类之间存在父子关系时，捕获异常的顺序与 except 语句的顺序有关，即从上到下应该先书写子类，后书写父类，否则子类将无法捕获。

示例代码如下：

```python
#资源包\Code\chapter11\11.3\1111.py
import datetime as dt
def mytime(filename):
    try:
        f = open(filename)
        in_date = f.read()
        #去除读取内容的前后空白
        in_date = in_date.strip()
        date = dt.datetime.strptime(in_date,'%Y-%m-%d')
        return date
    #注意,异常类型的顺序要求由上至下,先子类后父类
    except ValueError:
        print('处理 ValueError 异常')
    except FileNotFoundError:
        print('处理 FileNotFoundError 异常')
    except OSError:
        print('处理 OSError 异常')
print('日期{0}'.format(mytime('time.txt')))
```

（3）虽然 try...except 语句可以进行嵌套使用，但是不建议读者使用嵌套，因为 try...except 语句进行嵌套使用会使程序的流程变得复杂，如果能使用多 except 去捕获异常，就应尽量不要使用 try...except 语句嵌套，所以在编写程序之前，一定要梳理好程序的流程，再考虑 try...except 语句嵌套的必要性。

示例代码如下：

```python
#资源包\Code\chapter11\11.3\1112.py
import datetime as dt
def mytime(filename):
    #try...except 语句嵌套
    try:
        f = open(filename)
        try:
            in_date = f.read()
            in_date = in_date.strip()
            date = dt.datetime.strptime(in_date,'%Y-%m-%d')
            return date
        except ValueError:
            print('处理 ValueError 异常')
```

```
        except FileNotFoundError:
            print('处理 FileNotFoundError 异常')
        except OSError:
            print('处理 OSError 异常')
print('日期{0}'.format(mytime('time.txt')))
```

(4) 在异常的自定义输出信息相同的情况下,可以使用多异常捕获,每个异常类型之间使用逗号进行分割。

示例代码如下:

```
#资源包\Code\chapter11\11.3\1113.py
import datetime as dt
def mytime(filename):
    try:
        f = open(filename)
        try:
            in_date = f.read()
            in_date = in_date.strip()
            date = dt.datetime.strptime(in_date,'%Y-%m-%d')
            return date
        except ValueError:
            print('处理 ValueError 异常')
    #异常的自定义输出信息相同,可以使用多异常捕获,每个异常类型之间使用逗号进行分割
    except(FileNotFoundError,OSError):
        print('处理 Error 异常')
print('日期{0}'.format(mytime('time.txt')))
```

2. try…except…else 语句

try…except 语句还可以与 else 语句配合使用,try 语句中包含执行过程中可能会抛出异常的代码,except 语句则用于处理 try 语句中所有可能抛出的多种异常,如果程序没有发生异常,则执行 else 语句中的代码,示例代码如下:

```
#资源包\Code\chapter11\11.3\1114.py
import datetime as dt
def mytime(mt):
    try:
        date = dt.datetime.strptime(mt,'%Y-%m-%d')
    except ValueError:
        print('处理 ValueError 异常')
    #如果程序无异常,则执行 else 语句中代码
    else:
        print('该程序无异常,即将输出结果…')
        return date
input_time = '2021-10-8'
print('日期{0}'.format(mytime(input_time)))
```

3. try…except..finally 语句

try…except 语句还可以与 finally 语句配合使用,即无论 try 语句中是否发生异常,在

退出 try 语句时，finally 语句中的代码一定会被执行。try…except…finally 语句常常用于资源释放，该部分内容将在后面为读者进行详细讲解，示例代码如下：

```python
#资源包\Code\chapter11\11.3\1115.py
import datetime as dt
def mytime(mt):
    try:
        date = dt.datetime.strptime(mt,'%Y-%m-%d')
        return date
    except ValueError:
        print('处理 ValueError 异常')
    # 无论是否发生异常,都执行 finally 语句中的代码
    finally:
        print('finally 语句已经被执行')
input_time = '2021-10-8'
print('日期{0}'.format(mytime(input_time)))
```

11.4 异常堆栈

异常堆栈指的是在不使用异常处理的情况下，程序在发生错误时所提示的部分。通过异常堆栈可以轻松找出错误代码的位置，示例代码如下：

```python
#资源包\Code\chapter11\11.4\1116.py
import datetime as dt
def mytime(filename):
    f = open(filename)
    in_date = f.read()
    in_date = in_date.strip()
    date = dt.datetime.strptime(in_date,'%Y-%m-%d')
    return date
print('日期{0}'.format(mytime('time.txt')))
```

由于上述程序中并没有使用异常处理，所以当程序出现错误时就会出现如图 11-2 所示的异常堆栈。

```
Traceback (most recent call last):
  File "D:/Python Project/oldxia/index.py", line 8, in <module>
    print('日期{0}'.format(mytime('time.txt')))
  File "D:/Python Project/oldxia/index.py", line 6, in mytime
    date=dt.datetime.strptime(in_date,'%Y-%m-%d')
  File "D:\Python37\lib\_strptime.py", line 577, in _strptime_datetime
    tt, fraction, gmtoff_fraction = _strptime(data_string, format)
  File "D:\Python37\lib\_strptime.py", line 359, in _strptime
    (data_string, format))
ValueError: time data '2020-1b-01' does not match format '%Y-%m-%d'

Process finished with exit code 1
```

图 11-2 异常堆栈

只要在程序中使用了异常处理,程序出现错误时就不会再出现异常堆栈,使用户界面比较友好,但在开发过程中,异常堆栈会直接、有效地帮助开发人员发现错误的具体位置,所以可以使用 traceback 模块中的 print_exc() 方法,使程序在使用异常处理的同时,也可以正常显示异常堆栈,示例代码如下:

```
# 资源包\Code\chapter11\11.4\1117.py
import datetime as dt
# 导入模块
import traceback
def mytime(filename):
    try:
        f = open(filename)
        in_date = f.read()
        in_date = in_date.strip()
        date = dt.datetime.strptime(in_date,'%Y-%m-%d')
        return date
    except (ValueError,FileNotFoundError,OSError):
        print('处理异常')
        # 显示异常堆栈
        traceback.print_exc()
print('日期{0}'.format(mytime('time.txt')))
```

11.5 自定义异常类

由于 Python 提供的异常类经常无法满足实际的项目开发需要,所以就需要进行自定义异常类。

自定义异常类必须继承 Exception 类或者 Exception 类的子类,然后通过 raise 关键字将异常抛给自定义异常类进行捕获处理,示例代码如下:

```
# 资源包\Code\chapter11\11.5\1118.py
# 自定义异常类 MyException
class MyException(Exception):
    pass
try:
    raise MyException('this is MyException')
except MyException as e:
    print(e)
```

此时,变量 e 的值是由抛出异常时的初值决定的。此外,也可以通过重写父类中的 __init__() 方法和 __str__() 方法,自定义输出内容,此时变量 e 的输出值就是 __str__() 方法的返回值,示例代码如下:

```
# 资源包\Code\chapter11\11.5\1119.py
class MyException(Exception):
    def __init__(self, message):
```

```
        self.message = message
    def __str__(self):
        return ('自定义异常：{0}'.format(self.message))
try:
    raise MyException('MyException')
except MyException as e:
    print(e)
```

如果需要传递多个位置参数,则构造函数需要使用包裹位置参数进行参数传递,示例代码如下：

```
# 资源包\Code\chapter11\11.5\1120.py
class MyException(Exception):
    def __init__(self, *message):
        self.message = message
    def __str__(self):
        return ('自定义异常：{0}'.format(self.message))
try:
    raise MyException('MyException', 100)
except MyException as e:
    print(e)
```

但是,如果不在抛出异常时赋初值,则变量 e 的值就由自定义异常类中的实例变量 args 决定,注意实例变量 args 不能随意改名,并且实例变量 args 必须是可迭代的值(字符串除外),如果不想让变量 e 的值等于实例变量 args 的值,则可以继续添加__str__()方法进行修改,示例代码如下：

```
# 资源包\Code\chapter11\11.5\1121.py
class MyException(Exception):
    def __init__(self, args=(100,)):
        self.args = args
try:
    raise MyException()
except MyException as e:
    print(e)
```

下面来看一段程序,即判断两点之间能否构成直线,以便于更深刻地理解自定义异常类的使用,示例代码如下：

```
# 资源包\Code\chapter11\11.5\1122.py
# 自定义异常基类
class MyException(Exception):
    def __init__(self, args):
        self.args = args
# 继承自定义异常基类
class LineError(MyException):
```

```
    def __init__(self,ErrorInfo):
        self.errorinfo = ErrorInfo
    def __str__(self):
        return self.errorinfo
#点类
class Point:
    def __init__(self,x,y):
        self.x = x
        self.y = y
#线类
class Line:
    def __init__(self,point1,point2):
        self.point1 = point1
        self.point2 = point2
        if self.point1.x == self.point2.x and self.point1.y == self.point2.y:
            raise LineError('Cannot create line')
try:
    #给定两点,判断是否可以成线
    point1 = Point(1,2)
    point2 = Point(1,2)
    Line(point1,point2)
except LineError as le:
    print(le)
else:
    print('create line success')
```

第 12 章 常用模块

12.1 math 模块

math 模块主要用于处理与数学相关的运算,如指数、对数、平方根和三角函数等。需要注意的是,这些函数一般是对 C 动态链接库中同名函数的简单封装,所以一般情况下,不同平台的计算结果可能会稍微有所不同,有时候甚至会有很大的出入。

下面就来学习一下 math 模块中常用的函数。

1. ceil() 函数

该函数返回大于或等于给定值的最小整数,其语法格式如下:

```
ceil(num)
```

其中,参数 num 为数值,示例代码如下:

```
#资源包\Code\chapter12\12.1\1201.py
import math
#结果为 2
print(math.ceil(1.6))
```

2. floor() 函数

该函数返回小于或等于给定值的最大整数,其语法格式如下:

```
floor(num)
```

其中,参数 num 为数值,示例代码如下:

```
#资源包\Code\chapter12\12.1\1202.py
import math
#结果为 1
print(math.floor(1.6))
```

3. log() 函数

该函数返回自然对数,其语法格式如下:

```
log(num[, base])
```

其中,参数 num 为数值;参数 base 为可选参数,表示底数,如果省略该参数,则返回的是以无理数 e 为底的自然对数,示例代码如下:

```
# 资源包\Code\chapter12\12.1\1203.py
import math
# 返回以 2 为底 8 的对数,结果为 3.0
print(math.log(8, 2))
```

4. sqrt()函数

该函数返回给定值的平方根,其语法格式如下:

```
sqrt(num)
```

其中,参数 num 为数值,示例代码如下:

```
# 资源包\Code\chapter12\12.1\1204.py
import math
# 结果为 4.0
print(math.sqrt(16))
```

5. pow()函数

该函数用于进行幂运算,其语法格式如下:

```
pow(num, power)
```

其中,参数 num 为数值,参数 power 为幂的数值,示例代码如下:

```
# 资源包\Code\chapter12\12.1\1205.py
import math
# 返回 2 的 3 次幂,结果为 8.0
print(math.pow(2, 3))
```

6. radians()函数

该函数用于将给定的角度转换为弧度,其语法格式如下:

```
radians(degree)
```

其中,参数 degree 为角度的数值,示例代码如下:

```
# 资源包\Code\chapter12\12.1\1206.py
import math
# 结果为 0.7853981633974483
print(math.radians(45))
```

7. degrees()函数

该函数用于将给定的弧度转换为角度,其语法格式如下:

```
degrees(radian)
```

其中,参数 radian 为弧度的数值,示例代码如下:

```
# 资源包\Code\chapter12\12.1\1207.py
import math
# 结果为 45.0
print(math.degrees(math.radians(45)))
```

8. sin()函数

该函数返回给定弧度的正弦值,其语法格式如下:

```
sin(radian)
```

其中,参数 radian 为弧度的数值,示例代码如下:

```
# 资源包\Code\chapter12\12.1\1208.py
import math
# 结果为 0.7071067811865475
print(math.sin(math.radians(45)))
```

9. cos()函数

该函数返回给定弧度的余弦值,其语法格式如下:

```
cos(radian)
```

其中,参数 radian 为弧度的数值,示例代码如下:

```
# 资源包\Code\chapter12\12.1\1209.py
import math
# 结果为 0.7071067811865476
print(math.cos(math.radians(45)))
```

10. tan()函数

该函数返回给定弧度的正切值,其语法格式如下:

```
tan(radian)
```

其中,参数 radian 为弧度的数值,示例代码如下:

```
# 资源包\Code\chapter12\12.1\1210.py
import math
# 结果为 0.9999999999999999
print(math.tan(math.radians(45)))
```

11. asin()函数

该函数返回给定弧度的反正弦值,其语法格式如下:

```
asin(radian)
```

其中,参数 radian 为弧度的数值,示例代码如下:

```
#资源包\Code\chapter12\12.1\1211.py
import math
#结果为 0.9033391107665127
print(math.asin(math.radians(45)))
```

12. acos()函数
该函数返回给定弧度的反余弦值,其语法格式如下:

```
acos(radian)
```

其中,参数 radian 为弧度的数值,示例代码如下:

```
#资源包\Code\chapter12\12.1\1212.py
import math
#结果为 0.6674572160283838
print(math.acos(math.radians(45)))
```

13. atan()函数
该函数返回给定弧度的反正切值,其语法格式如下:

```
atan(radian)
```

其中,参数 radian 为弧度的数值,示例代码如下:

```
#资源包\Code\chapter12\12.1\1213.py
import math
#结果为 0.6657737500283538
print(math.atan(math.radians(45)))
```

12.2　random 模块

random 模块主要用于生成随机数,如随机生成指定范围的整数、浮点数、序列等。

1. random()函数
该函数返回一个大于或等于0,并且小于1的随机浮点数,其语法格式如下:

```
random()
```

示例代码如下:

```
# 资源包\Code\chapter12\12.2\1214.py
import random
# 返回一个大于或等于0,并且小于1的随机浮点数
print(random.random())
```

2. randrange()函数

该函数返回一个大于或等于开始值,小于结束值,并且按照给定递增基数的随机整数,其语法格式如下:

```
randrange ([start,] stop [,step])
```

其中,参数 start 为可选参数,表示开始值,如果省略该参数,则默认值为 0;参数 stop 为结束值;参数 step 为可选参数,表示递增基数,如果省略该参数,则默认值为 1。示例代码如下:

```
# 资源包\Code\chapter12\12.2\1215.py
import random
# 返回一个大于或等于2,小于5,并且递增基数为2的随机整数
print(random.randrange(2, 8, 2))
# 返回一个大于或等于0,小于4,并且递增基数为4的随机整数
print(random.randrange(4))
```

3. randint()函数

该函数返回一个大于或等于开始值,并且小于或等于结束值的随机整数,其语法格式如下:

```
randint(start, stop)
```

其中,参数 start 为开始值,参数 stop 为结束值,示例代码如下:

```
# 资源包\Code\chapter12\12.2\1216.py
import random
# 返回一个大于或等于2,并且小于或等于12的随机整数
print(random.randint(2, 12))
```

12.3 datetime 模块

在 Python 中,处理日期和时间的模块主要有两个,分别是 time 模块和 datetime 模块。time 模块偏重于底层平台,模块中的大多数函数调用的是本地平台上的 C 动态链接库,所以一般情况下,不同平台的运行结果会有所不同,而 datetime 模块则是对 time 模块进行了封装,并且提供了高级 API,因此本书将重点介绍 datetime 模块。

datetime 模块中提供了很多用于处理日期和时间的类,包括 date 类、time 类、datetime 类、timedelta 类和 timezone 类。

在正式学习 datetime 模块中的类之前,先了解一下与时间的相关概念,即 GMT、UTC、UNIX 时间戳和时区。

1. GMT
GMT,即格林尼治标准时间,也就是世界时。

2. UTC
UTC,即协调世界时,其是以原子时秒长为基础,所以 UTC 比 GMT 更加精准,UTC 现在作为世界标准时间使用。

3. UNIX 时间戳
UNIX 时间戳指的是从 GMT 时间的 1970 年 1 月 1 日 0 时开始所经过的秒数,不考虑闰秒。

4. 时区
1884 年在国际子午线会议上规定将全球划分为 24 个时区(东、西各 12 个时区),其中,英国(格林尼治天文台旧址)为 0 时区,相邻两个时区的时间差为 1h。例如,中国北京(东八区)时间为 5 月 1 日 12:00,则英国伦敦(0 时区)时间为 5 月 1 日 4:00。

12.3.1 date 类

date 类的对象用于处理日期等信息,其语法格式如下:

```
date(year, month, day)
```

其中,参数 year 表示年;参数 month 表示月;参数 day 表示日,示例代码如下:

```
#资源包\Code\chapter12\12.3\1217.py
from datetime import date
#2021-03-28
print(date(2021, 3, 28))
```

date 类中常用的类方法有两种。

1. today()方法
该方法用于获取当前本地的日期,其语法格式如下:

```
today()
```

示例代码如下:

```
#资源包\Code\chapter12\12.3\1218.py
from datetime import date
#当前本地日期为2021-03-28
print(date.today())
```

2. fromtimestamp()方法
该方法用于获取与 UNIX 时间戳对应的本地日期,其语法格式如下:

```
fromtimestamp(t)
```

其中,参数 t 表示 UNIX 时间戳,示例代码如下:

```
#资源包\Code\chapter12\12.3\1219.py
from datetime import date
#1970-01-02,86400s 为 1 天
print(date.fromtimestamp(86400))
```

12.3.2　time 类

time 类的对象用于处理时间等信息,其语法格式如下:

```
time(hour, minute, second, microsecond, tzinfo)
```

其中,参数 hour 表示时;参数 minute 表示分;参数 second 表示秒;参数 microsecond 表示微秒;参数 tzinfo 表示时区。示例代码如下:

```
#资源包\Code\chapter12\12.3\1220.py
from datetime import time
#23:23:23.000023
print(time(23, 23, 23, 23))
```

12.3.3　datetime 类

datetime 类的对象用于处理日期和时间等信息,其语法格式如下:

```
datetime(year, month, day, hour, minute, second, microsecond, tzinfo)
```

其中,参数 year 表示年;参数 month 表示月;参数 day 表示日;参数 hour 表示时;参数 minute 表示分;参数 second 表示秒;参数 microsecond 表示微秒;参数 tzinfo 表示时区。示例代码如下:

```
#资源包\Code\chapter12\12.3\1221.py
from datetime import datetime
#2021-03-28 23:23:23.000023
print(datetime(2021, 3, 28, 23, 23, 23, 23))
```

datetime 类中常用的类方法有以下几种。

1. today()方法

该方法用于获取当前本地日期和时间,其语法格式如下:

```
today()
```

示例代码如下:

```
# 资源包\Code\chapter12\12.3\1222.py
from datetime import datetime
# 2021-04-05 09:34:57.214715
print(datetime.today())
```

2. now()方法

该方法用于获取给定时区的当前日期和时间,如果省略给定时区,则该方法等同于 today()方法,其语法格式如下:

```
now()
```

示例代码如下:

```
# 资源包\Code\chapter12\12.3\1223.py
from datetime import datetime
# 2021-04-05 09:41:19.441242
print(datetime.now())
```

3. utcnow()方法

该方法用于获取当前的 UTC 日期和时间,其语法格式如下:

```
utcnow()
```

示例代码如下:

```
# 资源包\Code\chapter12\12.3\1224.py
from datetime import datetime
# 2021-04-05 09:41:19.441242
print(datetime.utcnow())
```

4. fromtimestamp()方法

该方法根据给定 UNIX 时间戳获取对应时区的日期和时间,其中时区可以省略,表示获取本地日期和时间,其语法格式如下:

```
fromtimestamp(t)
```

其中,参数 t 表示 UNIX 时间戳,示例代码如下:

```
# 资源包\Code\chapter12\12.3\1225.py
from datetime import datetime
# 1970-01-02 08:00:00
print(datetime.fromtimestamp(86400))
```

5. utcfromtimestamp()方法

该方法根据给定 UNIX 时间戳获取对应的 UTC 日期和时间,其语法格式如下:

```
utcfromtimestamp(t)
```

其中,参数 t 表示 UNIX 时间戳,示例代码如下:

```
# 资源包\Code\chapter12\12.3\1226.py
from datetime import datetime
# 1970-01-02 00:00:00
print(datetime.utcfromtimestamp(86400))
```

6. timestamp()方法

该方法用于将 datetime 类型的日期时间转换为 UNIX 时间戳,其语法格式如下:

```
timestamp(dt)
```

其中,参数 dt 表示 datetime 类型的日期,示例代码如下:

```
# 资源包\Code\chapter12\12.3\1227.py
from datetime import datetime
dt = datetime(1986, 8, 9, 11, 20, 8)
print(datetime.timestamp(dt))
```

12.3.4　timedelta 类

timedelta 类的对象用于计算时间间隔,其语法格式如下:

```
timedelta(days, seconds, microseconds, milliseconds, minutes, hours, weeks)
```

其中,参数 days 表示间隔的天数;参数 seconds 表示间隔的秒;参数 microseconds 表示间隔的微秒;参数 milliseconds 表示间隔的毫秒;参数 minutes 表示间隔的分钟;参数 hours 表示间隔的小时;参数 weeks 表示间隔的周。示例代码如下:

```
# 资源包\Code\chapter12\12.3\1228.py
from datetime import date, timedelta
# 8 days, 1:01:01.001001
delta = timedelta(1, 1, 1, 1, 1, 1, 1)
print(delta)
dt = date.today()
# 计算当前时间(2021-4-5)间隔 delta 的时间为 2021-03-28
print(dt - delta)
delta = timedelta(weeks=1)
dt = date.today()
# 计算当前时间(2021-4-5)间隔 delta 的时间为 2021-03-29
print(dt - delta)
```

12.3.5　timezone 类

在具体学习 timezone 类之前,先来学习 strftime()方法和 strptime()方法。

strftime()方法用于将给定的 datetime 类型的日期时间转换为字符串类型的日期时间，date 类、time 类和 datetime 类均拥有该方法，其语法格式如下：

```
strftime(format)
```

其中，参数 format 表示格式化字符串。

strptime()方法用于将给定的字符串类型的日期时间转换为 datetime 类型的日期时间，仅 datetime 类拥有该方法，其语法格式如下：

```
strptime(string, format)
```

其中，参数 string 表示字符串类型的日期时间；参数 format 表示格式化字符串。

上文提到的格式化字符串如表 12-1 所示。

表 12-1 格式化字符串

格式化字符串	描述	示例
%m	2位，月	01、02、12
%y	2位，年	08、18
%Y	4位，年	2008、2018
%d	天	1、2、3
%H	2位，小时（24h 制）	00、01、23
%I	2位，小时（12h 制）	01、02、12
%p	AM 或 PM	AM 和 PM
%M	2位，分钟	00、01、59
%S	2位，秒	00、01、59
%f	6位，微秒	000000、0000001、999999
%z	+HHMM 或 －HHMM 形式的 UTC 偏移	+0000、－0400
%Z	时区名称	UTC、EST、CST

示例代码如下：

```
# 资源包\Code\chapter12\12.3\1229.py
from datetime import datetime
dt = datetime.today()
# 2021－04－05 11:32:04.464600
print(dt)
# <class 'datetime.datetime'>
print(type(dt))
# 日期时间格式化
dt1 = dt.strftime('%Y/%m/%d')
# 2021/04/05
print(dt1)
# <class 'str'>
print(type(dt1))
time_str = '2018－2－16 13:13:13'
# 日期时间解析，注意，格式必须对应，否则会报错
```

```
dt2 = datetime.strptime(time_str, '%Y-%m-%d %H:%M:%S')
#2018-02-16 13:13:13
print(dt2)
#<class 'datetime.datetime'>
print(type(dt2))
```

timezone 类的对象用于 UTC 时区的固定偏移,其语法格式如下:

```
timezone(offset, name)
```

其中,参数 offset 表示时区偏移量,必须为 timedelta 类型;参数 name 为自定义时区的名称。示例代码如下:

```
#资源包\Code\chapter12\12.3\1230.py
from datetime import datetime, timezone, timedelta
#当前时间为 UTC 时间
dt = datetime(2021, 4, 5, 23, 59, 59, tzinfo=timezone.utc)
print(dt)
print(dt.strftime('%Y-%m-%d %H:%M:%S %Z'))
print(dt.strftime('%Y-%m-%d %H:%M:%S %z'))
#自定义时区
bz_tzinfo = timezone(offset=timedelta(hours=8), name="Beijing")
print(bz_tzinfo)
#通过 datetime 类的类方法 astimezone(),将当前时区转换为自定义的北京时区
bj_dt = dt.astimezone(bz_tzinfo)
print(bj_dt.strftime('%Y-%m-%d %H:%M:%S %Z'))
```

12.4 logging 模块

logging 模块是 Python 的一个标准库模块,为程序的开发实现了一个灵活的事件日志系统。

在详细学习 logging 模块之前,先来了解一下与日志相关的概念。

日志是一种可以追踪某些软件运行时所发生事件的方法。软件开发人员可以通过在代码中调用与日志记录相关的方法来表明发生了某些事情。

日志的作用主要包括程序调试、分析程序运行的情况是否正常、程序运行故障分析、问题定位和用户行为分析等。

这里有一点需要格外注意,即日志不是大而全才最好。通常在软件开发阶段或部署开发环境时,为了尽可能详细地查看程序的运行状态,以保证上线后的稳定性,可能需要把该程序所有的运行日志全部记录下来进行分析,但这种行为是非常耗费机器性能的,所以当程序正式发布或在生产环境部署时,一般只需记录程序的异常信息、错误信息等,这样既可以降低机器的 I/O 压力,也可以避免在排查故障时被淹没在众多的日志之中。

通过日志的作用,得知一条日志信息必然对应一个事件的发生,而一个事件通常包括事件的发生时间、事件的发生位置、事件的严重程度及事件的内容。这些事件的信息都是一条

日志信息中可能包含的字段,当然日志信息还可能包括其他字段,如进程 ID、进程名称、线程 ID 和线程名称等。这种包含各种字段的日志信息的形式称为日志格式,日志格式通常可以进行自定义。

12.4.1　logging 模块的日志级别

logging 模块默认定义了 5 个日志级别,其由低至高分别为 DEBUG、INFO、WARNING、ERROR 和 CRITICAL,如表 12-2 所示。

表 12-2　日志级别

日志级别	描　　述
DEBUG	最详细的日志信息,主要用于问题诊断
INFO	日志信息详细程度仅次于 DEBUG,通常只记录关键节点信息,用于确认程序一切按预期运行
WARNING	当某些不期望的事情发生时记录的信息(如磁盘可用空间较低),但此时程序仍可正常运行
ERROR	由于一个更严重的问题导致某些功能不能正常运行时记录的信息
CRITICAL	当发生严重错误并导致程序不能继续运行时记录的信息

需要注意的是,只有级别大于或等于该指定日志级别的日志信息才会被输出,小于该日志级别的日志信息将会被舍弃。

除了默认定义的日志级别,logging 模块还允许自定义日志级别,但强烈不建议这样做,因为这样会导致日志级别混乱。

另外,在开发程序或部署开发环境时,建议使用 DEBUG 或 INFO 级别的日志,以获取尽可能详细的日志信息进行开发或部署调试;在应用上线或部署生产环境时,建议使用 WARNING、ERROR 或 CRITICAL 级别的日志,以降低机器的 I/O 压力和提高获取错误日志信息的效率。

12.4.2　logging 模块的日志处理流程

首先了解一下 logging 模块的四大组件,如表 12-3 所示。

表 12-3　logging 模块的四大组件

组　　件	对 应 类 名	描　　述
日志器(loggers)	Logger	提供了应用程序可一直使用的接口
处理器(handlers)	Handler	将日志器创建的日志信息发送到指定的位置输出
过滤器(filters)	Filter	提供更细粒度的日志过滤功能,用于决定哪些日志信息将被输出,以及舍弃哪些日志信息
格式器(formatters)	Formatter	控制日志信息的最终输出格式

四大组件之间相互配合以完成日志的处理。根据表 12-3 中四大组件的描述,这些组件的关系如下:日志器需要通过处理器将日志信息输出到指定位置,如文件、控制台(sys.stdout)或网络等;不同的处理器可以将日志信息输出到不同的位置;日志器可以设置多个处理器,用于将同一条日志信息输出到不同的位置;每个处理器都可以设置过滤器以实现日志过

滤,从而只保留所需要的日志;每个处理器都可以设置自己的格式器,以便实现同一条日志以不同的格式输出到不同的地方。

综上所述,日志器是入口,而真正工作的是处理器,并且处理器可以通过过滤器和格式器对要输出的日志信息进行过滤和格式化等处理操作。

1. Logger 类

Logger 类主要有三个作用:一是使程序可以在运行时记录日志消息;二是基于日志级别或过滤器来决定对哪些日志信息进行后续处理;三是将日志消息传送给处理器。

可以通过两种方式创建 Logger 类的对象,一是通过 Logger 类的实例化方法创建对象,但一般情况下使用第 2 种方式,即使用 logging 模块中的 getLogger() 方法来创建对象,其语法格式如下:

```
getLogger([name])
```

其中,参数 name 为可选参数,表示日志器的名称,如果省略该参数,则默认为 root 的日志器,该日志器又称为根日志器。

Logger 类的对象的常用方法如表 12-4 所示。

表 12-4 Logger 类的对象的常用方法

方法	描述
setLevel()	设置日志器处理日志消息的最低日志级别
addHandler()	为日志器添加一个处理器的实例对象
removeHandler()	为该日志器移除一个处理器的实例对象
addFilter()	为该日志器添加一个过滤器的实例对象
removeFilter()	为该日志器移除一个过滤器的实例对象
debug()	创建日志等级为 DEBUG 的日志信息
info()	创建日志等级为 INFO 的日志信息
warning()	创建日志等级为 WARNING 的日志信息
error()	创建日志等级为 ERROR 的日志信息
critical()	创建日志等级为 CRITICAL 的日志信息

2. Handler 类

Handler 类主要是将基于日志级别的日志消息分发到 Handler 指定的位置(如文件、网络、邮件等)。

Handler 类的对象的常用方法如表 12-5 所示。

表 12-5 Handler 类的对象的常用方法

方法	描述
setLevel()	设置处理器处理日志消息的最低日志级别
setFormatter()	为处理器添加一个格式器的实例对象
addFilter()	为该处理器添加一个过滤器的实例对象
removeFilter()	为该日志器移除一个过滤器的实例对象

需要重点说明的是，在程序中不应该直接实例化 Handler 类。因为 Handler 类是一个基类，其内部只定义了与处理器相关的接口，应该使用子类来直接使用或重写 Handler 类中的方法。

表 12-6 所示的是通过 logging 模块创建的一些常用的 Handler 类的子类的对象。

表 12-6 Handler 类的子类的对象

实 例 对 象	描 述
logging.StreamHandler()	将日志信息输出到流中，如 sys.stdout、sys.stderr 或类文件对象
logging.FileHandler()	将日志信息输出到磁盘文件中
logging.handlers.RotatingFileHandler	将日志信息输出到磁盘文件中，并支持日志文件按大小切割
logging.hanlders.TimedRotatingFileHandler	将日志信息输出到磁盘文件，并支持日志文件按时间切割
logging.handlers.HTTPHandler	将日志信息以 GET 或 POST 方式发送给服务器
logging.handlers.SMTPHandler	将日志信息发送到指定的 Email 地址

3. Filter 类

Filter 类主要用于提供日志级别更细粒度、更复杂的过滤功能。

Filter 类构造方法的语法格式如下：

```
class Filter(object):
    def __init__(self, name):
        pass
```

Filter 类只允许名称中包含其构造方法中的参数 name 的日志器产生的日志信息通过过滤。

但是，由于 Filter 类只是过滤器的基类，所以还需要通过自定义 Filter 类的子类，并重写 Filter 类中的 filter() 方法以完成过滤功能，filter() 方法的语法格式如下：

```
def filter(self, record):
    pass
```

filter() 方法用于控制传递的 record 记录是否能通过过滤，如果该方法的返回值为 True，则表示不能通过过滤，反之则可以通过过滤，示例代码如下：

```
# 资源包\Code\chapter12\12.4\1231.py
import logging
class NoParsingFilter(logging.Filter):
    def filter(self, record):
        if record.name == 'tornado.access' and record.levelno == 20:
            return False
        return True
```

在上面的代码中，Filter 类的子类 NoParsingFilter 表示将日志名为 tornado.access 且

日志级别是 20 的日志信息过滤掉。

4. Formatter 类

Formatter 类主要用于配置日志信息的最终顺序、结构和内容。与 Handler 类和 Filter 类不同的是，在程序中可以直接实例化 Formatter 类，并且如果程序需要一些特殊的处理操作，则可以通过实现一个 Formatter 类的子类来完成。

Formatter 类构造方法的语法格式如下：

```
class Formatter():
    def __init__(self, fmt, datefmt, style):
        pass
```

该构造方法可以接收 3 个可选参数，其中，参数 fmt 用于指定消息格式化字符串，如果不指定该参数，则默认使用原始值；参数 datefmt 用于指定日期格式化字符串，如果不指定该参数，则默认使用"％Y-％m-％d ％H:％M:％S"的日期格式；参数 style 为 Python 3.2 新增的参数，用于指定日志格式字符串（该概念将在下文中具体讲解）的风格，其可取值为"％""{"和"$"，如果不指定该参数，则默认使用"％"。

综上所述，logging 模块的日志处理流程可以大致分为 9 步：第 1 步，创建一个日志器，由日志器产生日志；第 2 步，设置日志器的日志等级；第 3 步，创建所需的处理器；第 4 步，设置处理器的日志等级；第 5 步，创建格式器，并指定日志格式；第 6 步，可根据程序的需求创建过滤器；第 7 步，向处理器中添加上一步创建的格式器，如果按程序需求创建了过滤器，则此步也需要将过滤器添加至处理器中；第 8 步，将上述处理器添加至日志器中；第 9 步，打印输出日志信息。示例代码如下：

```
# 资源包\Code\chapter12\12.4\1232.py
import logging
# 设置日志器 logger
logger = logging.getLogger('mylogger')
# 设置日志器的日志级别
logger.setLevel(logging.DEBUG)
# 创建处理器对象 handler1，将日志信息输出到文件 all.log 中
handler1 = logging.FileHandler('all.log')
# 创建过滤器 filter，该过滤器只允许名称包含 mylogger 的日志器产生的日志信息通过过滤
# 注意，如果参数 name 的值为空字符串，则允许所有的日志记录通过过滤
filter = logging.Filter(name = 'mylogger')
# 将过滤器添加至处理器中
handler1.addFilter(filter)
# 创建格式器 formatter1
formatter1 = logging.Formatter("%(asctime)s - %(levelname)s - %(message)s")
# 将格式器添加至处理器中
handler1.setFormatter(formatter1)
# 创建处理器 handler2，将日志信息输出到文件 error.log 中
handler2 = logging.FileHandler('error.log')
# 设置处理器的日志级别
handler2.setLevel(logging.ERROR)
# 创建格式器 formatter2
```

```
formatter2 = logging.Formatter("%(asctime)s - %(levelname)s
- %(filename)s[:%(lineno)d] - %(message)s")
#将格式器添加至处理器中
handler2.setFormatter(formatter2)
#将处理器添加至日志器中
logger.addHandler(handler1)
logger.addHandler(handler2)
#打印输出日志信息
logger.debug('debug message')
logger.info('info message')
logger.warning('warning message')
logger.error('error message')
logger.critical('critical message')
```

12.4.3　logging 模块的常用函数

logging 模块中提供了一些对日志系统中相关类的封装函数，这些函数用于记录日志，如表 12-7 所示。

表 12-7　常用函数

函　　数	描　　述
debug()	创建一条日志级别为 DEBUG 的日志信息
info()	创建一条日志级别为 INFO 的日志信息
warning()	创建一条日志级别为 WARNING 的日志信息
error()	创建一条日志级别为 ERROR 的日志信息
critical()	创建一条日志级别为 CRITICAL 的日志信息
log()	创建一条指定日志级别的日志信息
basicConfig()	对根日志器进行一次性配置

其中，debug()、info()、warning()、error()、critical() 和 log() 用于日志信息的输出，示例代码如下：

```
#资源包\Code\chapter12\12.4\1233.py
import logging
logging.debug("This is a debug log")
logging.info("This is a info log")
logging.warning("This is a warning log")
logging.error("This is a error log")
logging.critical("This is a critical log")
```

其输出结果如图 12-1 所示。

通过运行结果会发现，DEBUG 和 INFO 的日志信息没有打印输出。这是因为 logging 模块中的函数所使用的日志器的日志级别默认为 WARNING，因此只有日志级别大于或等于 WARNING 的日志信息才会被打印输出，而小于该日志级别的 DEBUG 和 INFO 的日志信息则被舍弃。

另外，运行结果中的日志信息的各个字段含义如图 12-2 所示。

```
WARNING:root:This is a warning log
ERROR:root:This is a error log
CRITICAL:root:This is a critical log

Process finished with exit code 0
```

图 12-1　运行结果

WARNING:root:This is a warning log
　　↑　　　　↑　　　　　↑
　日志级别　日志器名称　日志内容

图 12-2　各字段含义

之所以会按照图中格式输出，是因为 logging 模块中的函数所使用的日志器设置的日志格式默认为 BASIC_FORMAT，其值为%(levelname)s:%(name)s:%(message)s。

并且由于 logging 模块中的函数所使用的日志器设置的处理器所指定的日志输出位置默认为 sys.stderr，即在控制台打印输出，所以无法在其他位置输出日志信息。

那么，如何更改日志器的默认设置？

可以通过 basicConfig() 函数对日志器进行配置，该函数的语法格式如下：

```
basicConfig(filename, filemode, format, datefmt, level, stream, style, handlers)
```

其中，参数 filename 用于指定日志信息输出目标文件的文件名，设置该参数后日志信息就不会被输出至控制台中；参数 filemode 用于指定日志文件的打开模式，默认为 a，需要注意的是，该参数需要在给定参数 filename 时才有效；参数 format 用于指定日志格式字符串，即指定日志信息输出时所包含的字段信息及顺序，日志格式字符串中的字段及格式具体可参照表 12-8；参数 datefmt 用于指定日期和时间格式，需要注意的是，该参数需要在参数 format 中包含时间字段%(asctime)s 时才有效；参数 level 用于指定日志器的日志级别；参数 stream 用于指定日志信息输出目标流，如 sys.stdout、sys.stderr 及网络流，需要注意的是，参数 stream 和参数 filename 不能同时设置，否则会引发 ValueError 异常；参数 style 为 Python 3.2 新增的参数，用于指定日志格式字符串的风格，其可取值为"%""{"和"$"，如果不指定该参数，则默认使用"%"；参数 handlers 为 Python 3.3 中新增的参数，用于创建多个处理器的可迭代对象，并且这些处理器会被添加到根日志器中。

需要注意的是，参数 filename、参数 stream 和参数 handlers 只能有一个被设置，否则会引发 ValueError 异常。

表 12-8　日志格式字符串中的字段及格式

字段	格式	描述
asctime	%(asctime)s	日志信息输出的时间
created	%(created)f	日志信息输出的时间，注意该时间格式为时间戳
msecs	%(msecs)d	日志信息输出时间的毫秒数
levelname	%(levelname)s	文字形式的日志级别，分别为 DEBUG、INFO、WARNING、ERROR 和 CRITICAL
levelno	%(levelno)s	数字形式的日志级别，分别为 10、20、30、40 和 50
name	%(name)s	日志器名称，默认为 root
message	%(message)s	日志信息的文本内容

续表

字段	格式	描述
pathname	%(pathname)s	调用日志信息函数的源码文件的全路径
filename	%(filename)s	字段 pathname 的文件名部分，包含文件后缀
module	%(module)s	字段 filename 的名称部分，不包含后缀
lineno	%(lineno)d	调用日志信息函数的源代码所在的行号
funcName	%(funcName)s	调用日志信息函数的函数名
process	%(process)d	进程 ID
processName	%(processName)s	进程名称
thread	%(thread)d	线程 ID
threadName	%(thread)s	线程名称

示例代码如下：

```python
# 资源包\Code\chapter12\12.4\1234.py
import logging
# 设置日志格式字符串
LOG_FORMAT = "%(asctime)s - %(levelname)s - %(message)s - %(pathname)s - %(msecs)d"
# 设置日期和时间格式
DATE_FORMAT = "%m/%d/%Y %H:%M:%S %p"
logging.basicConfig(filename = 'config.log', level = logging.DEBUG, format = LOG_FORMAT, datefmt = DATE_FORMAT)
logging.debug("This is a debug log")
logging.info("This is a info log")
logging.warning("This is a warning log")
logging.error("This is a error log")
logging.critical("This is a critical log")
```

在实际开发过程中，日志级别、日志输出位置、日志格式字符串等配置项的指定通常是在程序的配置文件中进行的，以便于将日志配置和程序分离，方便程序的维护和日志的管理。

可以通过 logging.config 模块中的 fileConfig() 函数来读取日志的配置文件。

下面的代码为日志配置文件 log.conf 中的代码。需要注意的是，在实际使用中必须将下面代码中的注释删除，否则将会引发异常，示例代码如下：

```
# 资源包\Code\chapter12\12.4\01\log.conf
[loggers]                          # 配置日志器
keys = root,simpleExample          # 日志器中包含了 root 和 simpleExample 两个日志器
[logger_root]                      # 配置 root 日志器
level = DEBUG                      # 日志级别
handlers = consoleHandler          # 指定处理器 consoleHandler
[logger_simpleExample]             # 配置 simpleExample 日志器
level = DEBUG                      # 日志级别
handlers = fileHandler             # 指定处理器 fileHandler
qualname = logger1                 # 指定 simpleExample 日志器的名称
```

```
[handlers]                                  # 配置处理器
keys = consoleHandler,fileHandler           # 处理器中包含了 consoleHandler 和 fileHandler 两个处理器
[handler_consoleHandler]                    # 配置 consoleHandler 处理器
class = StreamHandler                       # 输出流类型
level = DEBUG                               # 日志级别
formatter = rootFormatter                   # 指定格式化器 rootFormatter
args = (sys.stdout,)                        # 输出至控制台
[handler_fileHandler]                       # 配置 fileHandler 处理器
class = FileHandler                         # 输出至文件
level = DEBUG                               # 日志级别
formatter = simpleFormatter                 # 指定格式化器 simpleFormatter
args = ('all.log','a')                      # 输出目标文件的位置,并以追加的方式输出
[formatters]                                # 配置格式器
keys = rootFormatter,simpleFormatter
                                            # 格式化器包含了 rootFormatter 和 simpleFormatter 两个格式器
[formatter_rootFormatter]                   # 配置格式器 rootFormatter
format = %(levelname)s - %(message)s        # 指定日志格式字符串中的字段及格式
[formatter_simpleFormatter]                 # 配置格式器 simpleFormatter
format = %(asctime)s - %(levelname)s - %(message)s    # 日志格式字符串中的字段及格式
```

创建 Python 文件 index.py,并使用 fileConfig()函数读取日志的配置文件,示例代码如下:

```
# 资源包\Code\chapter12\12.4\01\index.py
import logging.config
logging.config.fileConfig('log.conf')
mylog = logging.getLogger('logger1')
mylog.debug("This is a debug log")
mylog.info("This is a info log")
mylog.warning("This is a warning log")
mylog.error("This is a error log")
mylog.critical("This is a critical log")
```

12.5 pickle 模块

通过文件操作,可以将字符串类型的数据写入本地文件之中,但是,却无法将对象类型的数据直接写入本地文件之中。此时就需要将对象类型的数据进行序列化,然后才能写入文件之中。

将数据从内存中变成可存储或传输的过程称为序列化,反之则称为反序列化。

数据的序列化和反序列化有两大优点:一是便于存储,序列化过程可以将文本信息转变为二进制数据流,这样信息就可以非常容易地存储在硬盘之中,当需要读取文件的时候,从硬盘中读取数据,然后将其反序列化便可以得到原始的数据;二是便于传输,当两个进程在进行网络通信时,彼此可以发送各种类型的数据,但无论是何种类型的数据,都必须以二

进制序列的形式在网络上传输,即发送方需要把数据转换为字节序列,然后在网络上传输,而接收方则需要把字节序列恢复为原始数据。

在 Python 中,pickle 模块实现了用于序列化和反序列化 Python 对象结构的二进制协议。

pickle 模块中的序列化方法有两种。

1) dumps()方法

该方法直接返回一个序列化的字节序列对象,其语法格式如下:

```
dumps(obj[, protocol])
```

其中,参数 obj 表示需要序列化的数据;参数 protocol 为可选参数,用于指定 pickle 模块使用的协议版本,如果省略该参数,则默认值为 None,表示协议版本为 3。

2) dump()方法

该方法可以将序列化后的对象以二进制形式写入文件之中,并进行保存,其语法格式如下:

```
dump(obj, file[, protocol])
```

其中,参数 obj 表示需要序列化的数据;参数 file 表示文件对象;参数 protocol 为可选参数,用于指定 pickle 模块使用的协议版本,如果省略该参数,则默认值为 None,即协议版本为 3。

pickle 模块中的反序列化方法有两种。

1) loads()方法

该方法可以从字节序列对象中读取序列化的信息,其语法格式如下:

```
loads(Bytes_object)
```

其中,参数 Bytes_object 表示要读取的字节序列对象。

2) load()方法

该方法可以将序列化的对象从文件中读取出来。

```
load(file)
```

其中,参数 file 表示以二进制形式进行操作的文件。

示例代码如下:

```
# 资源包\Code\chapter12\12.5\1237.py
import pickle
# dumps()方法和 loads()方法搭配使用
lt = [1, 2, 3, 4, 5]
res = pickle.dumps(lt)
# 序列化后,获得一字节序列对象<class 'Bytes'>
print(type(res))
```

```
con = pickle.loads(res)
# 反序列化后,获得原来的数据[1,2,3,4,5]
print(con)
# dump()方法和load()方法搭配使用
with open('pickle.txt', 'wb') as f:
    str = 'pickle模块'
    # 将序列化后的数据写入文件
    pickle.dump(str, f)
with open('pickle.txt', 'rb') as f:
    # 从文件中读取数据,并进行反序列化
    res = pickle.load(f)
    print(res)
```

12.6 configparser 模块

在实际的开发过程中,经常需要编写程序的配置信息、数据之间的交换或者数据的保存等文件。理论上完全可以使用一个 Python 的源程序文件进行编写,因为 Python 是解释性语言,所以可以直接读取其源文件的内容,但是笔者更推荐读者使用配置文件进行编写,一是方便不了解 Python 的运维人员更改相关内容;二是可以保证 Python 源码的安全性。

配置文件的文件后缀名为 ini,示例代码如下:

```
# 资源包\Code\chapter12\12.6\01\config.ini
;Startup 节
[Startup]
requireos = Windows 2000
requiremsi = 8.0
requireie = 6.0.2600.0
;Product 节
[Product]
msi = AcroRead.msi
requiremsi = 4.0
; Windows 2000 节
[Windows 2000]
platformid = 2
majorversion = 5
```

配置文件中有几个概念需要重点掌握:一是使用中括号包裹的内容为节,在上面的代码中 Startup、Product 和 Windows 2000 都是配置文件中的节;二是节中的内容为配置项,其格式为"键=值";三是在配置文件中,通过在行首使用分号进行注释。

在 Python 中,可通过 configparser 模块中的 ConfigParser() 类创建 ConfigParser 实例对象,用于对配置文件进行读、写操作。

ConfigParser 实例对象的相关方法如表 12-9 所示。

表 12-9　ConfigParser 实例对象的相关方法

方　　法	描　　述
read(filenames，encoding)	该方法用于对配置文件进行读取
write(fp)	该方法用于对配置文件进行写入
set(section，option，value)	该方法用于给指定的节添加配置项
add_section(section)	该方法用于添加节
sections()	该方法用于获取配置文件中所有的节
options(section)	该方法用于获取指定节中所有配置项的键

除此之外，需要注意的是，在对配置文件进行读、写操作时，节区分大小写，而配置项中的键不区分大小写。

读取配置文件，示例代码如下：

```
#资源包\Code\chapter12\12.6\01\read.py
import configparser
config = configparser.ConfigParser()
config.read('config.ini', encoding = 'utf-8')
#获取所有的节
print(config.sections())
#获取 Startup 节中所有配置项的键
print(config.options('Startup'))
#获取 Startup 节中配置项 requireos 的值
print(config['Startup']['requireos'])
#注意，节区分大小写，但配置项中的键不区分大小写
print(config['Startup']['Requireos'])
```

写入配置文件，示例代码如下：

```
#资源包\Code\chapter12\12.6\01\write.py
import configparser
config = configparser.ConfigParser()
#注意，无论读取还是写入，都需要先调用 read()方法
config.read('config.ini', encoding = 'utf-8')
#注意，配置项中值的类型是字符串
config['Startup']['requiremsi'] = '6.0'
config['Product']['requiremsi'] = '2.0'
#添加新的节 Python
config.add_section('Python')
#在节 Python 中添加键和值
config.set('Python', 'module', 'configparser')
with open('config.ini', 'w') as f:
    config.write(f)
```

第 13 章 文 件

文件是持久化保存,以及允许重复使用和反复修改数据的重要方式之一,同时也是数据交换的重要途径。常见的文件包括记事本文件、Office 文件、配置文件、日志文件、图像文件、声频文件、视频文件和可执行文件等,它们都是以不同的文件形式存储在各种存储设备之中的。

按照文件中存储数据的类型,可以将文件分为文本文件和二进制文件两大类。

1. 文本文件

文本文件是一种由若干行字符构成的计算机文件,它存在于计算机文件系统之中,是一种典型的顺序文件,其文件的逻辑结构又属于流式文件。通常,在文本文件最后一行以换行符"\n"来指明文件的结束。

实际上,文本文件在存储设备中也是以二进制形式存储的,只不过在读取和查看文本文件时,软件会自动使用正确的编码方式进行解码,并还原字符串的内容,所以人类能够直接阅读和理解。

2. 二进制文件

常见的图像文件、声频文件、视频文件、可执行文件和 Office 文件等都属于二进制文件。二进制文件需要使用正确的软件进行解码或反序列化后才可以正常执行读取、显示和修改等操作。

无论是文本文件还是二进制文件,其操作流程基本都是一致的,即首先打开文件并创建文件对象,然后通过该文件对象对文件内容进行读取、写入、删除或修改等操作,最后关闭并保存文件内容。

13.1 文件内容操作

13.1.1 打开文件

通过 open()函数以指定模式打开指定的文件并创建文件对象,其语法格式如下:

```
open(file[, mode, buffering, encoding, errors, newline, closefd])
```

其参数含义如下。

1. 参数 file

该参数表示要打开或创建的文件,该参数可以是字符串或整数。如果参数 file 是字符串,则表示文件名称,文件名称可以是相对路径,也可以是绝对路径;如果参数 file 是整数,则表示文件描述符,例如,标准输入文件描述符是 0,标准输出文件描述符是 1,标准错误文件描述符是 2 等。

2. 参数 mode

该参数为可选参数,表示文件打开后的处理方式,即设置文件打开模式,文件打开模式用字符串表示,最基本的文件打开模式如表 13-1 所示,如果省略该参数,则默认值为 r,表示只读模式。

表 13-1 文件打开模式

模式	描述
r	只读模式(默认)。如果文件存在,则正常读取内容;如果文件不存在,则抛出异常
w	只写模式。如果文件存在,则清空内容后再写入新内容;如果文件不存在,则创建后再写入新内容
x	只写模式。如果文件存在,则抛出异常;如果文件不存在,则创建后再写入新内容
a	追加写模式。如果文件存在,则追加写入内容;如果文件不存在,则创建后追加写入新内容
b	二进制模式(可与其他模式组合使用)
t	文本模式(默认)
+	读、写模式(可与其他模式组合使用)

需要注意的是,上表中的模式 b、t 及 + 可以与其他模式组合使用。

如果需要操作的文件是二进制文件,则需要将模式 b 与其他模式组合使用,例如,rb、wb、xb 或 ab;如果需要操作的文件是文本文件,则需要将模式 t 与其他模式组合使用,例如,rt、wt、xt 或 at,但由于 t 是默认模式,可以省略,所以上述组合又可以写为 r、w、x 或 a。

模式 + 同样也可以与模式 r、w、x 或 a 组合使用,用于设置读、写模式,其模式组合如表 13-2 所示。

表 13-2 模式组合

模式组合	描述
r+	读写模式。如果文件存在,则覆盖写入内容;如果文件不存在,则抛出异常
w+	读写模式。如果文件存在,则清空内容后再写入新内容;如果文件不存在,则创建后再写入新内容
x+	读写模式。如果文件存在,则抛出异常;如果文件不存在,则创建后写入新内容
a+	读写模式。如果文件存在,则追加写入内容;如果文件不存在,则创建后追加写入新内容

3. 参数 buffering

该参数为可选参数,用于设置缓冲区策略,如果省略该参数,则默认值为 None,表示系统会自动设置缓冲区,通常是 4096 或 8192 字节。

4. 参数 encoding

该参数为可选参数,用于指定打开文件时的文件编码,注意,当使用二进制模式打开文件时不允许指定该参数,如果省略该参数,则默认值为 None,表示 GBK 编码。

5. 参数 errors

该参数为可选参数,用于指定如何处理编码错误和解码错误,如果省略该参数,则默认值为 None,表示引发 ValueError 异常。

6. 参数 newline

该参数为可选参数,用于设置换行模式,如果省略该参数,则默认值为 None,表示启用通用换行符模式。

7. 参数 closefd

该参数为可选参数,在参数 file 表示文件描述符时生效,如果省略该参数,则默认值为 True,表示当文件对象通过调用 close()方法关闭文件时,同时也会关闭文件描述符所对应的文件。

13.1.2 读、写文件

如果程序执行一切正常,则 open()函数会返回一个文件对象,通过文件对象的相关方法可以对文件进行读、写操作。

1. read()方法

该方法从文本文件中读取指定个数的字符内容作为结果并返回,或从二进制文件中读取指定数量的字节并返回,其语法格式如下:

```
read([size])
```

其中,参数 size 为可选参数,表示字符的个数或字节的数量,如果省略该参数,则默认读取整个文件,示例代码如下:

```python
# 资源包\Code\chapter13\13.1\1301.py
# 以只读模式打开文本文件
f1 = open('file.txt', 'r')
# 读取文本文件中 6 个字符的内容
content1 = f1.read(6)
print(content1)
# 以只读模式打开二进制文件
f2 = open('logo.png', 'rb')
# 读取二进制文件中的全部内容
content2 = f2.read()
# 二进制文件的打印输出类型为< class 'Bytes'>
print(type(content2))
```

2. readline()方法

该方法从文本文件中读取一行内容作为结果并返回,其语法格式如下:

```
readline()
```

示例代码如下:

```python
# 资源包\Code\chapter13\13.1\1302.py
# 以只读模式打开文本文件
f = open('file.txt', 'r')
```

```
#读取文本文件中的一行内容
content = f.readline()
#打印输出结果为 http://www.oldxia.com/xzd/upload/
print(content)
```

3. readlines()方法

该方法把文本文件中的每行内容(该内容包括换行符等特殊字符)作为字符串存入列表中,并返回该列表,其语法格式如下:

```
readlines()
```

示例代码如下:

```
#资源包\Code\chapter13\13.1\1303.py
#以只读模式打开文本文件
f = open('file.txt', 'r')
#把文本文件中的每行内容作为字符串存入列表中
content = f.readlines()
#打印输出结果为['http://www.oldxia.com/xzd/upload/\n', 'http://www.oldxia.com/']
print(content)
```

4. write()方法

该方法将指定的字符串或字节写入文本文件或二进制文件之中,并返回写入的字符数或字节数,其语法格式如下:

```
write(str)
```

其中,参数 str 表示字符串或字节,示例代码如下:

```
#资源包\Code\chapter13\13.1\1304.py
#以只写模式打开文本文件
f1 = open('file.txt', 'w')
f1.write('Python is very powerful')
#以只写模式打开二进制文件
f2 = open('logo.png', 'wb')
f2.write(b'\xff\xd8\xff\xe0\x00')
```

5. writelines()方法

该方法将字符串列表写入文本文件中,需要注意的是,换行需要在字符串中添加换行符,其语法格式如下:

```
writelines(str)
```

其中,参数 str 表示字符串列表,示例代码如下:

```
# 资源包\Code\chapter13\13.1\1305.py
lt = ['PHP is very powerful\n', 'Linux is a server system\n']
# 以只写模式打开文本文件
f = open('file.txt', 'w')
f.writelines(lt)
```

6. seek()方法

该方法用于将文件读取指针移动到指定位置,其语法格式如下:

```
seek(offset)
```

其中,参数 offset 表示偏移量,示例代码如下:

```
# 资源包\Code\chapter13\13.1\1306.py
# 以 w+读写模式打开文本文件
f = open('file.txt', 'w+')
# write()方法会将文件指针移动到写入内容之后
f.write('http://www.oldxia.com/xzd/upload/')
# read()方法会从当前文件指针处开始读取文本文件中的内容
con = f.read()
# 此时,文件指针之后无内容输出
print(con)
# 将文件指针移至文本文件开头处
f.seek(0)
con = f.read()
# 打印输出 http://www.oldxia.com/xzd/upload/
print(con)
# 将文件指针移至文本文件的第 1 个字符处
f.seek(1)
con = f.read()
# 打印输出 ttp://www.oldxia.com/xzd/upload/
print(con)
```

7. flush()方法

当调用 write()方法写入数据的时候,此时数据并不会直接写入文件之中,而是首先写入数据缓冲区中,如果不刷新数据缓冲区,则数据缓冲区内的数据无法写入文件之中,示例代码如下:

```
# 资源包\Code\chapter13\13.1\1307.py
f = open('file.txt', 'w')
# 首先将数据写入数据缓冲区
f.write('http://www.oldxia.com/')
# 无限循环,使数据缓冲区无法得到刷新,数据也就无法写入文件之中
while True:
    pass
```

在上面的代码中,笔者特意书写了一个无限循环,使数据缓冲区无法得到刷新,其数据

也就无法写入文件之中。

此时，可以在无限循环内使用flush()方法，其作用是刷新数据缓冲区，将数据缓冲区的数据写入文件之中，但不关闭文件，其语法格式如下：

```
flush()
```

示例代码如下：

```
# 资源包\Code\chapter13\13.1\1308.py
f = open('file.txt', 'w')
# 首先将数据写入数据缓冲区
f.write('http://www.oldxia.com/')
# 无限循环，使数据缓冲区无法得到刷新，数据也就无法写入文件之中
while True:
    f.flush()
```

此外，除了可以使用flush()方法刷新数据缓冲区之外，以下几种情况也会对数据缓冲区进行刷新，一是使用close()方法，该方法将在13.1.3节为读者详细讲解；二是数据缓冲区占满；三是程序运行结束。

13.1.3 关闭文件

在Python中，文件的输入和输出、数据库的连接和断开等，都是非常常见的资源管理操作，但资源都是有限的，在书写程序时，必须保证这些资源在使用过后得到释放，不然就容易造成资源泄露，轻者会致使系统处理程序缓慢，严重时则会造成系统崩溃，但是Python的垃圾回收机制不会回收任何物理资源，而只能回收堆内存中对象所占用的内存，所以就需要进行手动释放。

关闭文件资源有两种方式：一是使用close()方法；二是使用with…as语句。

1. close()方法

该方法会将缓冲区的内容写入文件，同时关闭文件，并释放文件对象，示例代码如下：

```
# 资源包\Code\chapter13\13.1\1309.py
f = open('file.txt', 'r')
content = f.read()
print(content)
# 关闭文件资源
f.close()
```

上面的代码虽然可以完成关闭文件的操作，但并没有对可能发生的异常进行处理，所以需要使用异常处理的相关语句，使代码的功能更加完善。通过前面对try…except…finally语句的学习，得知无论try语句中是否发生异常，在退出时，finally语句中的代码均会被执行，所以可以通过将close()方法放在finally语句中来执行关闭文件的操作，示例代码如下：

```
#资源包\Code\chapter13\13.1\1310.py
try:
    f = open('file1.txt', 'r+')
    content = f.read()
    print(content)
except OSError:
    print('打开文件失败')
finally:
    print('文件已关闭')
    #关闭文件资源
    f.close()
```

上面的代码从表面看比较完善，但其实存在一个问题，即如果打开了一个不存在的文件，虽然程序会捕获异常，并输出"打开文件失败"，但是由于打开的文件不存在，所以文件对象 f 并不存在，进而导致 finally 语句中的 f.close() 报错，其运行结果如图 13-1 所示。

```
打开文件失败
Traceback (most recent call last):
文件已关闭
  File "G:/Code/chapter13/13.1/1310.py", line 10, in <module>
    f.close()
NameError: name 'f' is not defined

Process finished with exit code 1
```

图 13-1　运行结果(1)

为了避免上面的代码报错，可以使用 try...except...else 语句，即如果打开文件有异常，则执行 except 语句中的异常处理，如果打开文件没有异常，也就意味着确保了文件对象 f 的存在，则执行 else 语句中的代码，示例代码如下：

```
#资源包\Code\chapter13\13.1\1311.py
try:
    f = open('file1.txt', 'r+')
except OSError:
    print('打开文件失败')
else:
    try:
        content = f.read()
        print(content)
    except ValueError:
        print('文件读取失败')
    finally:
        #关闭文件资源
        f.close()
```

```
打开文件失败

Process finished with exit code 0
```

图 13-2　运行结果(2)

其运行结果如图 13-2 所示。

虽然上面代码的完善性较上一段代码又加强了许多，但是仍然有两个问题：一是出现了 try...except 语句的多层嵌套，导致结构复杂；二是即便使用 close()

方法来关闭文件,但如果在打开文件或文件操作过程中出现了异常,则还是无法及时关闭文件。

为了完美地解决上述问题,此时就需要使用 with...as 语句。

2. with...as 语句

在 Python 中,通过 with...as 语句来操作上下文管理器,进而使程序可以自动分配及释放资源。

首先,来了解一下什么是上下文管理器。简单来讲,同时包含 __enter__() 和 __exit__() 方法的实例对象就是上下文管理器。也就是说,上下文管理器必须实现如下两种方法:一是 __enter__(self) 方法,即进入上下文管理器自动调用的方法,该方法会在 with...as 语句执行之前执行,如果 with 语句有 as 子句,则该方法的返回值会被赋值给 as 子句后的变量;该方法可以返回多个值,因此在 as 子句后面也可以指定多个变量,并且多个变量必须包含至元组之中。二是 __exit__(self, exc_type, exc_value, exc_traceback) 方法,即退出上下文管理器自动调用的方法,该方法会在 with...as 语句执行之后执行,如果 with...as 语句成功执行结束,程序自动调用该方法,并且调用该方法的 3 个参数的值均为 None;如果 with...as 语句因为异常而中止,程序也自动调用该方法,但会使用 sys.exc_info 得到的异常信息作为调用该方法的参数。

在下面的程序中,使用 with...as 语句操作已经打开的文件对象(文件对象本身就是上下文管理器),无论期间是否抛出异常,都可以保证 with...as 语句执行完毕后自动关闭已经打开的文件,示例代码如下:

```
#资源包\Code\chapter13\13.1\1312.py
try:
    with open('file1.txt', 'r+') as f:
        content = f.read()
        print(content)
except OSError:
    print('打开文件失败')
```

13.2 文件和目录操作

文件和目录操作主要包括复制、删除、重命名和遍历等操作,可以通过 os 模块、os.path 模块和 shutil 模块来完成。

13.2.1 os 模块

os 模块是 Python 标准库中一个用于访问操作系统功能的模块,其中包含了大量的属性和方法,这些属性和方法用于处理文件和目录。

1. rename() 方法

该方法用于修改文件名或目录名,其语法格式如下:

```
rename(src, dst)
```

其中,参数 src 表示要修改的文件名或目录名;参数 dst 表示修改后的文件名或目录名,示例代码如下:

```
# 资源包\Code\chapter13\13.2\1313.py
import os
# 将文件名 file 修改为 file_new
os.rename('file.txt', 'file_new.txt')
# 将目录名 dir 修改为 dir_new
os.rename('dir', 'dir_new')
```

2. remove()方法

该方法用于删除指定路径的文件,如果指定的路径是一个目录,则会引发异常,其语法格式如下:

```
remove(path)
```

其中,参数 path 表示要删除的文件路径,示例代码如下:

```
# 资源包\Code\chapter13\13.2\1314.py
import os
os.remove('file_new.txt')
```

3. mkdir()方法

该方法用于创建目录,如果目录已经存在,则会引发异常,其语法格式如下:

```
mkdir(path)
```

其中,参数 path 表示要创建的目录,可以是相对路径或者绝对路径,示例代码如下:

```
# 资源包\Code\chapter13\13.2\1315.py
import os
os.mkdir('dir')
```

4. rmdir()方法

该方法用于删除指定路径的空目录,如果目录非空,则会引发异常,其语法格式如下:

```
rmdir(path)
```

其中,参数 path 表示要删除目录的路径,示例代码如下:

```
# 资源包\Code\chapter13\13.2\1316.py
import os
os.rmdir('dir')
```

5. listdir()方法

该方法用于返回指定的目录中的文件名或子目录名的列表,注意,该列表不包括"."和"..",其语法格式如下:

```
listdir(dir)
```

其中,参数 dir 表示指定的目录,示例代码如下:

```
#资源包\Code\chapter13\13.2\1317.py
import os
lt = os.listdir('dir')
print(lt)
```

6. getcwd()方法

该方法用于返回当前的工作目录,其语法格式如下:

```
getcwd()
```

示例代码如下:

```
#资源包\Code\chapter13\13.2\1318.py
import os
cur_dir = os.getcwd()
print(cur_dir)
```

7. walk()方法

该方法用于自上向下遍历指定路径的目录树,并返回一个生成器。该生成器经过遍历后,返回由三部分组成的三元组:一是当前目录路径;二是该目录中所有目录名组成的列表;三是该目录中所有文件名组成的列表。其语法格式如下:

```
walk(top)
```

其中,参数 top 表示需要遍历的目录地址,示例代码如下:

```
#资源包\Code\chapter13\13.2\1319.py
import os
for item in os.walk('dir'):
    print(item)
```

上面代码的运行结果如图 13-3 所示。

```
('dir1', ['dir11'], ['file11.txt'])
('dir1\\dir11', [], [])

Process finished with exit code 0
```

图 13-3 运行结果(3)

8. curdir 属性

该属性用于获取当前目录,示例代码如下:

```
#资源包\Code\chapter13\13.2\1320.py
import os
cur_dir = os.curdir
print(cur_dir)
```

9. pardir 属性

该属性用于获取当前目录的父目录,示例代码如下:

```
#资源包\Code\chapter13\13.2\1321.py
import os
par_dir = os.pardir
print(par_dir)
```

10. extsep 属性

该属性用于获取当前操作系统所使用的文件扩展名分隔符,示例代码如下:

```
#资源包\Code\chapter13\13.2\1322.py
import os
ext = os.extsep
print(ext)
```

13.2.2 os.path 模块

os.path 模块提供了大量用于判断、切分、连接及目录遍历的方法。

1. abspath()方法

该方法返回指定路径的绝对路径,其语法格式如下:

```
abspath(path)
```

其中,参数 path 表示指定的路径,示例代码如下:

```
#资源包\Code\chapter13\13.2\1323.py
import os.path
path = os.path.abspath('file.txt')
print(path)
```

2. basename()方法

该方法返回指定路径的文件名部分,包括文件后缀名,其语法格式如下:

```
basename(path)
```

其中,参数 path 表示指定的路径,示例代码如下:

```
# 资源包\Code\chapter13\13.2\1324.py
import os.path
file_name = os.path.basename('file.txt')
print(file_name)
```

3. dirname()方法

该方法返回指定路径的目录部分,其语法格式如下:

```
dirname(path)
```

其中,参数 path 表示指定的路径,示例代码如下:

```
# 资源包\Code\chapter13\13.2\1325.py
import os.path
dir_name = os.path.dirname('C:/oldxia/Python/file.txt')
print(dir_name)
```

4. exists()方法

该方法用于判断指定路径的文件或目录是否存在,如果存在,则返回值为 True,反之则返回值为 False,其语法格式如下:

```
exists(path)
```

其中,参数 path 表示指定的路径,示例代码如下:

```
# 资源包\Code\chapter13\13.2\1326.py
import os.path
bl1 = os.path.exists('file.txt')
print(bl1)
bl2 = os.path.exists('dir')
print(bl2)
```

5. isfile()方法

该方法用于判断指定路径是否为文件,其语法格式如下:

```
isfile(path)
```

其中,参数 path 表示指定的路径,示例代码如下:

```
# 资源包\Code\chapter13\13.2\1327.py
import os.path
bl = os.path.isfile('file.txt')
print(bl)
```

6. isdir()方法

该方法用于判断指定路径是否为目录,其语法格式如下:

```
isdir(path)
```

其中,参数 path 表示指定的路径,示例代码如下:

```
#资源包\Code\chapter13\13.2\1328.py
import os.path
bl = os.path.isdir('dir')
print(bl)
```

7. getsize()方法

该方法用于返回指定路径文件的大小,其语法格式如下:

```
getsize(path)
```

其中,参数 path 表示指定的路径,示例代码如下:

```
#资源包\Code\chapter13\13.2\1329.py
import os.path
file_size = os.path.getsize('file.txt')
print(file_size)
```

8. getatime()方法

该方法用于返回指定路径文件或目录的最后访问的时间,返回值为 UNIX 时间戳,其语法格式如下:

```
getatime(path)
```

其中,参数 path 表示指定的路径,示例代码如下:

```
#资源包\Code\chapter13\13.2\1330.py
import os.path
access_time1 = os.path.getatime('file.txt')
print(access_time1)
access_time2 = os.path.getatime('dir')
print(access_time2)
```

9. getmtime()方法

该方法用于返回指定路径文件或目录的最后修改的时间,返回值为 UNIX 时间戳,其语法格式如下:

```
getmtime(path)
```

其中,参数 path 表示指定的路径,示例代码如下:

```
# 资源包\Code\chapter13\13.2\1331.py
import os.path
modify_time1 = os.path.getmtime('file.txt')
print(modify_time1)
modify_time2 = os.path.getmtime('dir')
print(modify_time2)
```

10. getctime()方法

该方法用于返回指定路径文件或目录的创建时间,返回值为 UNIX 时间戳,其语法格式如下:

```
getctime(path)
```

其中,参数 path 表示指定的路径,示例代码如下:

```
# 资源包\Code\chapter13\13.2\1332.py
import os.path
create_time1 = os.path.getctime('file.txt')
print(create_time1)
create_time2 = os.path.getctime('dir')
print(create_time2)
```

13.2.3 shutil 模块

shutil 模块同样提供了大量用于支持文件和目录操作的方法。

1. copyfile()方法

该方法用于复制文件,但不复制文件属性,其语法格式如下:

```
copyfile(src, dst)
```

其中,参数 src 表示原文件;参数 dst 表示复制后的新文件。示例代码如下:

```
# 资源包\Code\chapter13\13.2\1333.py
import shutil
shutil.copyfile('file.txt', 'file_new.txt')
```

2. copy2()方法

该方法用于复制文件,并且新文件和原文件具有完全一样的属性,其语法格式如下:

```
copy2(src, dst)
```

其中,参数 src 表示原文件;参数 dst 表示复制后的新文件。示例代码如下:

```
# 资源包\Code\chapter13\13.2\1334.py
import shutil
shutil.copy2('file.txt', 'file_new.txt')
```

3. copytree()方法

该方法用于递归复制目录,其语法格式如下:

```
copytree(src, dst)
```

其中,参数 src 表示原目录;参数 dst 表示复制后的新目录。示例代码如下:

```
#资源包\Code\chapter13\13.2\1335.py
import shutil
shutil.copytree('dir', 'dir_new')
```

4. rmtree()方法

该方法用于递归删除指定路径的目录,其语法格式如下:

```
rmtree(dir)
```

其中,参数 dir 表示要删除的目录,示例代码如下:

```
#资源包\Code\chapter13\13.2\1336.py
import shutil
shutil.rmtree('dir_new')
```

第 14 章 正则表达式

14.1 正则表达式简介

在 Python 中对字符串进行相关处理时,首先要选择使用 Python 内置的字符串处理函数,但是字符串处理函数的处理能力是有限的,例如,split()方法只能指定一个分隔符,并且当指定分隔符时,很难处理分隔符连续多次出现的情况。此时就需要使用一个更加强大的工具,即正则表达式。

正则表达式是描述字符串排列模式的一种自定义语法规则,它首先构建具有特定规则的模式,然后和输入的字符串信息进行比较,最后进行分割、匹配、查找及替换等相关操作。

正则表达式不是 Python 所独有的,很多编程语言可以使用正则表达式。

使用正则表达式时需要注意以下五点:第一,在可以使用 Python 内置的字符串处理函数的情况下,强烈建议不要使用正则表达式;第二,一些复杂的字符串操作,例如格式检验等,必须使用正则表达式;第三,正则表达式也是一个字符串,只不过它是一个具有特殊意义的字符串;第四,正则表达式具有指定的编写规则,其不仅是一种模式,也可以将其看作一种编程语言;第五,只有把正则表达式运用到某个函数中,才能真正发挥出正则表达式的作用,否则,它只是一个具有特殊意义的字符串。

14.2 正则表达式的基本语法

正则表达式由普通字符、元字符及其他部分组成。

14.2.1 普通字符

普通字符是指按照字符字面意义表示的字符,例如,验证电子邮箱为"@oldxia.com"的正则表达式为"\w+@oldxia\.com",其中"@oldxia"和 com 都属于普通字符,因为它们表示的都是字符本身的字面意义,而"\w+"和"\."就属于元字符。

14.2.2 元字符

元字符是用来描述其他字符的特殊字符,它是由基本元字符(见表 14-1)及其不同的组合与普通字符构成。根据元字符的特殊功能,又可以进一步分为转义字符、排除字符、选择字符、量词、字符类和分组等。

表 14-1　基本元字符

字符	描　　述
\	表示位于"\"之后的字符为转义字符
.	表示匹配除换行符以外的任意单个字符
+	表示匹配 1 次或多次位于"+"之前的字符或分组
*	表示匹配 0 次或多次位于"*"之前的字符或分组
?	表示匹配 0 次或 1 次位于"?"之前的字符或分组,还可以紧跟其他量词之后,用于表示懒惰量词
|	表示匹配位于"|"之前或之后的字符,用于表示或关系
{}	用于定义量词
[]	用于定义字符类
-	用于"[]"之内,表示区间
()	用于定义分组
^	表示匹配以"^"之后字符为开头的字符串,还可以表示取反
$	表示匹配以"$"之前字符为结束的字符串

1. 转义字符

通过基本元字符"\"可以进行字符的转义。例如"."字符,如果希望按照字面意义进行使用,而不是作为基本元字符使用,就需要在其之前添加"\"进行转义,即"\."才是表示"."字符的字面意义,示例代码如下:

```
#将基本元字符.转义为其字面意义
\.
```

2. 字符类

通过基本元字符"[]"可以定义一个普通的字符类。一个字符类表示一组字符,其中任一字符出现在要匹配的字符串中即表示匹配成功,但每次匹配只能匹配字符类中的一个字符,示例代码如下:

```
#匹配 Python 或 python
[Pp]ython
```

可以通过在"[]"内的字符前添加基本元字符"^"表示不想匹配的一组字符,示例代码如下:

```
#不想匹配数字
[^0123456789]
```

如果想表示一个区间,则可以在"[]"内使用基本元字符"-"。例如,上面代码中的字符类[^0123456789]采用区间表示为[^0-9],字符类[0123456789]采用区间表示为[0-9]。区间除了可以表示数字字符类,还可以表示连续的英文字母字符类,例如,[a-z]表示所有小写字母的字符类;[A-Z]表示所有大写字母的字符类。示例代码如下:

```
#表示所有字母和数字的字符类
[A-Za-z0-9]
#表示字符类[012567]
[0-25-7]
```

在日常使用过程中,有些字符类经常被使用,例如[0-9][^0-9]等,为了书写方便,正则表达式提供了预定义字符类,如表14-2所示。

表14-2 预定义字符类

预定义字符类	描述
\n	匹配换行
\r	匹配回车
\f	匹配一个换页符
\t	匹配一个水平制表符
\v	匹配一个垂直制表符
\s	匹配一个空格符,等价于[\n\r\f\t\v]
\S	匹配一个非空格符,等价于[^\s]
\d	匹配一个数字,等价于[0-9]
\D	匹配一个非数字,等价于[^0-9]
\w	匹配一个字母、数字或下画线,等价于[a-zA-Z0-9_]
\W	匹配一个非字母、数字或下画线,等价于[^\w]

3. 量词

量词是用来表示字符或字符串重复次数的元字符。可以通过"+""*""?"或者"{}"来定义量词,示例代码如下:

```
#匹配出现1次或多次的数字.当前量词匹配出现多次的数字
\d+
#匹配出现0次或多次的数字.当前量词匹配出现多次的数字
\d*
#匹配出现0次或1次的数字.当前量词匹配出现1次的数字
\d?
#匹配出现8次的数字.当前量词匹配出现8次的数字
{8}
#匹配出现至少3次,但不超过6次的数字.当前量词匹配出现6次的数字
{3,6}
#匹配出现至少4次的数字.当前量词匹配出现至少4次的数字
{4,}
```

量词可以进一步细分为贪婪量词和懒惰量词,贪婪量词会尽可能多地匹配字符,而懒惰量词会尽可能少地匹配字符。

在上面的代码中都是按出现次数最多的数字进行匹配的,因为大多数计算机语言的正则表达式的量词默认为贪婪量词,如果要使用懒惰量词,则应在量词后面添加基本元字符"?",示例代码如下:

```
#匹配出现1次或多次的数字.当前量词匹配出现1次的数字
\d+?
#匹配出现0次或多次的数字.当前量词匹配出现0次的数字
\d*?
#匹配出现0次或1次的数字.当前量词匹配出现0次的数字
\d??
#匹配出现8次的数字.当前量词匹配出现8次的数字
{8}?
#匹配出现至少3次,但不超过6次的数字.当前量词匹配出现3次的数字
{3,6}?
#匹配出现至少4次的数字.当前量词匹配出现4次的数字
{4,}?
```

4. 分组

前面学习的量词只能处理重复的某一个字符,如果想通过量词重复某个字符串,则需要使用分组,即将这个字符串放到基本元字符"()"中,除此之外,还可以通过分组提取匹配的子表达式。

分组又可以分为捕获分组和非捕获分组。

1) 捕获分组

捕获分组指的是通过分组将匹配的子表达式暂时保存到内存之中,以备表达式或其他程序引用,示例代码如下:

```
#匹配重复两遍的字符串121
(121){2}
#匹配格式为"4位数字-8位数字"的字符串
(\d{3,4})-(\d{7,8})
```

在 Python 程序中访问分组时,不仅可以通过组编号进行访问,还可以通过组名进行访问,但前提是要在正则表达式中为分组命名。

分组命名的语法格式需要在分组左边的小括号后添加"?P<组名>"实现,示例代码如下:

```
#匹配格式为"4位数字-8位数字"的字符串,其中第1个组名为 area_num,第2个组名为
# phone_num
(?P<area_num>\d{3,4})-(?P<phone_num>\d{7,8})
```

除此之外,还可以在匹配出的子表达式中使用"\数字"的形式对分组进行正向引用,"\1"表示引用第1个分组,"\2"表示引用第2个分组,以此类推,"\n"表示引用第n个分组,而"\0"则表示引用整个正则表达式,示例代码如下:

```
\1/\2/\3
```

除了可以在匹配出的子表达式中对分组进行正向引用,还可以在正则表达式中使用"\数字"的形式引用之前出现的分组,这就是反向引用分组,示例代码如下:

```
<(\w+)>.*</\1>
```

2) 非捕获分组

在某些情况下,如果不想引用匹配的子表达式,即不想捕获匹配的结果,而只想将分组作为一个整体进行匹配,此时就需要使用非捕获分组。

非捕获分组的语法格式需要在分组的开头使用"?:"实现,示例代码如下:

```
\w+(?:\.jpg)
```

5. 断言

一般情况下所使用的正则表达式,仅仅能匹配到有规律的字符串,而不能匹配到无规律的字符串,如果想匹配到无规律的字符串就需要使用断言。

在学习断言之前,需要强调一点,即之前学习的分组,其引用的仅仅是文本内容,而不是正则表达式,也就是说,分组中的内容一旦匹配成功,引用的就是匹配成功后的内容,即引用的是结果,而不是表达式,这点务必牢记。

1) 正预测先行断言(后向肯定断言)

正预测先行断言将匹配一个位置(但结果不包含此位置)之前的文本内容,这个位置必须满足正则表达式的规则。其语法格式需要在分组的开头使用"?="实现,示例代码如下:

```
#匹配以 ing 结尾的单词的前半部分
\w+(?=ing)
```

2) 正回顾后发断言(前向肯定断言)

前向肯定断言将匹配一个位置(但结果不包含此位置)之后的文本,这个位置必须满足正则表达式的规则。其语法格式需要在分组的开头使用"?<="实现,示例代码如下:

```
#匹配以 do 开头的单词的后半部分
(?<=do)\w+
```

3) 负预测先行断言(后向否定断言)

后向否定断言将匹配一个位置(但结果不包含此位置)之前的文本,此位置不能满足正则表达式的规则。其语法格式需要在分组的开头使用"?!"实现,示例代码如下:

```
#如果字符串'this is '后面不是 php,则匹配字符串'this is '
this is (?!php)
```

4) 负回顾后发断言(前向否定断言)

前向否定断言将匹配一个位置(但结果不包含此位置)之后的文本,这个位置不能满足正则表达式的规则。其语法格式需要在分组的开头使用"?<!"实现,示例代码如下:

```
#如果字符串' is Linux'前面不是 this,则匹配字符串' is Linux '
(?<!this) is Linux
```

这里需要强调几点，首先断言只是条件，它只能找到真正需要的字符串，但是断言本身并不会匹配；其次，当同时使用正预测先行断言和正回顾后发断言时，必须将正回顾后发断言表达式写在要匹配的正则表达式的前面，将正预测先行断言表达式写在要匹配的字符串的后面；最后，正预测和负预测断言括号中的正则表达式必须是能确定长度的正则表达式，例如可以书写类似"\w{3}"这种确定个数的正则表达式，而不能书写类似"\w*"这种不能确定个数的正则表达式。

14.3 re 模块

前面介绍了正则表达式的基本语法，本节将学习如何在 Python 中使用正则表达式。

Python 提供了 re 模块，用于实现正则表达式的相关操作，而在使用正则表达式处理字符串的过程中，有两种方式：一是直接使用 re 模块中的相关方法对字符串进行处理；二是编译正则表达式，使用编译后的正则表达式对象对字符串进行处理。

14.3.1 直接使用 re 模块中的相关方法

1) search()方法

该方法用于在整个要匹配的字符串中进行一次匹配查找，如果匹配成功，则返回一个 Match 对象，否则返回 None，其语法格式如下：

```
search(pattern, string[, flags])
```

其中，参数 pattern 表示匹配的正则表达式；参数 string 表示要匹配的字符串；参数 flags 为可选参数，表示标志位（如表 14-3 所示），用于控制正则表达式的匹配方式，例如，忽略大小写、多行匹配等，如果省略该参数，则默认值为 0，表示无匹配方式。

表 14-3 标志位

标志位	描述
ASCII(简写为 A)	采用 ASCII 编码
UNICODE(简写为 U)	采用 Unicode 编码
IGNORECASE(简写为 I)	默认情况下正则表达式对大小写是敏感的，使用该标志则可以忽略大小写
DOTALL(简写为 S)	默认情况下基本元字符"."可以匹配除换行符之外的任意单个字符，使用该标志则可以使基本元字符"."匹配所有字符，包括换行符
MULTILINE(简写为 M)	多行模式。默认情况下基本元字符"^"和"$"只能匹配一行内字符串的开始和结束，而在多行模式下基本元字符"^"和"$"则可以匹配任意一行内字符串的开始和结束
VERBOSE(简写为 X)	详细模式。在详细模式中，可以在正则表达式中添加注释、空格及换行，通过详细模式编写的正则表达式非常便于阅读

示例代码如下：

```
#资源包\Code\chapter14\14.3\1401.py
import re
#匹配 Python 或 python
```

```python
pattern = r'[Pp]ython'
str = 'Python is very powerful'
res = re.search(pattern, str)
# 匹配结果为 Python
print(res)
# 标志 ASCII
pattern = r'\w+'
str = '你好,Python'
res = re.search(pattern, str, re.A)
# 匹配结果为 Python
print(res)
# 标志 UNICODE
pattern = r'\w+'
str = '你好,Python'
res = re.search(pattern, str, re.U)
# 匹配结果为 你好
print(res)
# 标志 IGNORECASE
pattern = r'python'
str = '你好,Python'
res = re.search(pattern, str, re.I)
# 匹配结果为 Python
print(res)
# 标志 DOTALL
pattern = r'.+'
str = '你好 \n Python'
res = re.search(pattern, str, re.S)
# 匹配结果为 你好 \n Python
print(res)
# 标志 MULTILINE
pattern = r'^python'
str = '你好 \npython'
res1 = re.search(pattern, str)
# 匹配结果为 None,因为默认为单行模式
print(res1)
res2 = re.search(pattern, str, re.M)
# 匹配结果为 python
print(res2)
# 标志 VERBOSE
# 该详细模式的简易写法为 pattern = r'(php).*(python)'
pattern = """
        (你好)      # 匹配 php 字符串
        .*          # 匹配任意字符零个或多个
        (python)    # 匹配 python 字符串
        """
str = '你好 \nPython'
res1 = re.search(pattern, str)
# 匹配结果为 None,因为默认不支持详细模式
print(res1)
# 可以同时添加多个模式
```

```
res2 = re.search(pattern, str, re.I | re.S | re.X)
# 匹配结果为你好 \nPython
print(res2)
```

2) match()方法

该方法用于在要匹配的字符串的开始处进行一次匹配查找，如果匹配成功，则返回一个 Match 对象，否则返回 None，其语法格式如下：

```
match(pattern, string[, flags])
```

其中，参数 pattern 表示匹配的正则表达式；参数 string 表示要匹配的字符串；参数 flags 为可选参数，表示标志位，用于控制正则表达式的匹配方式，例如，忽略大小写、多行匹配等，如果省略该参数，则默认值为 0，表示无匹配方式。示例代码如下：

```
# 资源包\Code\chapter14\14.3\1402.py
import re
# 匹配 Python 或 python
pattern = r'[Pp]ython'
str1 = 'Python is very powerful'
res1 = re.match(pattern, str1)
# 匹配结果为 Python
print(res1)
str2 = 'this is python'
res2 = re.match(pattern, str2)
# 由于要匹配的字符串开始处无 Python 或 python，则匹配失败
print(res2)
```

3) findall()方法

该方法用于在要匹配的字符串中查找所有匹配的内容，如果匹配成功，则返回匹配结果的列表，否则返回 None，其语法格式如下：

```
findall(pattern, string[, flags])
```

其中，参数 pattern 表示匹配的正则表达式；参数 string 表示要匹配的字符串；参数 flags 为可选参数，表示标志位，用于控制正则表达式的匹配方式，例如，忽略大小写、多行匹配等，如果省略该参数，则默认值为 0，表示无匹配方式。示例代码如下：

```
# 资源包\Code\chapter14\14.3\1408.py
import re
pattern = r'python'
str = 'this is python and Python'
res = re.findall(pattern, str, re.I)
print(res)
```

4) finditer()方法

该方法用于在要匹配的字符串中查找所有匹配的内容，如果匹配成功，则将匹配结果作

为迭代器返回,否则返回 None,其语法格式如下:

```
finditer(pattern, string[, flags])
```

其中,参数 pattern 表示匹配的正则表达式;参数 string 表示要匹配的字符串;参数 flags 为可选参数,表示标志位,用于控制正则表达式的匹配方式,例如,忽略大小写、多行匹配等,如果省略该参数,则默认值为 0,表示无匹配方式。示例代码如下:

```
#资源包\Code\chapter14\14.3\1409.py
import re
pattern = r'python'
str = 'this is python and Python'
res = re.finditer(pattern, str, re.I)
for item in res:
    #通过循环,获得 Match 对象
    print(item)
```

5) split()方法

该方法用于按照正则表达式的匹配规则对原字符串进行分割,返回分割后字符串组成的列表,其语法格式如下:

```
split(pattern, string[, maxsplit, flags])
```

其中,参数 pattern 表示匹配的正则表达式;参数 string 表示要匹配的字符串;参数 maxsplit 为可选参数,表示分割次数,如果省略该参数,则默认值为 0,表示不限制分割次数;参数 flags 为可选参数,表示标志位,用于控制正则表达式的匹配方式,例如,忽略大小写、多行匹配等,如果省略该参数,则默认值为 0,表示无匹配方式,示例代码如下:

```
#资源包\Code\chapter14\14.3\1410.py
import re
pattern = r'\d+'
str = 'AB12CD34EF'
#分割1次
res = re.split(pattern, str, maxsplit = 1)
print(res)
```

6) sub()方法

该方法用于按照正则表达式的匹配规则将匹配的子字符串替换成指定的字符串,返回替换后的新字符串,其语法格式如下:

```
sub(pattern, repl, string[, count, flags])
```

其中,参数 pattern 表示匹配的正则表达式;参数 repl 表示要替换的字符串,也可以为一个函数;参数 string 表示要被替换的字符串;参数 count 为可选参数,表示替换的最大次数,如果省略该参数,则默认值为 0,表示替换所有的匹配;参数 flags 为可选参数,表示标志位,用于控制正则表达式的匹配方式,例如,忽略大小写、多行匹配等,如果省略该参数,则默认值为0,表示无匹配方式,示例代码如下:

```python
# 资源包\Code\chapter14\14.3\1411.py
import re
# 参数 repl 为字符串
pattern = r'\d+'
str1 = 'AB12CD34EF'
# 替换 1 次
res = re.sub(pattern, '--', str1, count = 1)
print(res)
# 参数 repl 为函数
def double(matched):
    value = int(matched.group('value'))
    # 将匹配的数字乘以 2
    return str(value * 2)
str2 = 'AB12CD34EF'
pattern = r'(?P<value>\d+)'
res = re.sub(pattern, double, str2)
print(res)
# 正向引用分组
pattern = r'(\d{4})-(\d{2})-(\d{2})'
res = re.sub(pattern, r'\1/\2/\3', '2018-03-08')
print(res)
```

通过前面的学习,在使用 search() 方法和 match() 方法匹配成功后都会返回 Match 对象,其常用的方法如下。

1) group() 方法

该方法返回匹配的一个或多个内容,其语法格式如下:

```
group(group1)
```

其中,参数 group1 表示组编号或组名,示例代码如下:

```python
# 资源包\Code\chapter14\14.3\1403.py
import re
pattern = r'(?P<area_num>\d{3,4})-(?P<phone_num>\d{7,8})'
res = re.search(pattern, '0411-12345678')
print(res.group())
# 通过组编号进行访问
print(res.group(1))
# 通过组名进行访问
print(res.group('phone_num'))
```

2) groups() 方法

该方法返回一个包含所有匹配内容的元组,其语法格式如下:

```
groups()
```

示例代码如下:

```
# 资源包\Code\chapter14\14.3\1404.py
import re
pattern = r'(\d{3,4})-(\d{7,8})'
res = re.search(pattern, '0411-12345678')
print(res.groups())
```

3) start()方法

该方法返回匹配内容的起始索引,其语法格式如下:

```
start()
```

示例代码如下:

```
# 资源包\Code\chapter14\14.3\1405.py
import re
pattern = r'(\d{3,4})-(\d{7,8})'
res = re.search(pattern, '0411-12345678')
print(res.start())
```

4) end()方法

该方法返回匹配内容的结束索引,其语法格式如下:

```
end()
```

示例代码如下:

```
# 资源包\Code\chapter14\14.3\1406.py
import re
pattern = r'(\d{3,4})-(\d{7,8})'
res = re.search(pattern, '0411-12345678')
print(res.end())
```

5) span()方法

该方法返回一个包含匹配内容的起始索引和结束索引的元组,其语法格式如下:

```
span()
```

示例代码如下:

```
# 资源包\Code\chapter14\14.3\1407.py
import re
pattern = r'(\d{3,4})-(\d{7,8})'
res = re.search(pattern, '0411-12345678')
print(res.span())
```

14.3.2 编译正则表达式

虽然直接使用 re 模块中的相关方法可以使用正则表达式对字符串进行相关处理,但通过对正则表达式进行编译,可以使编译后的正则表达式效率更高,并且可以重复使用,从而达到减少正则表达式的解析和验证的目的。

在 Python 中可以通过 re 模块中的 compile()方法对正则表达式进行编译,该方法返回一个编译后的正则表达式对象。

正则表达式对象的方法与 re 模块的方法在使用上基本一致,只不过 search()、match()、findall()和 finditer()方法的参数与 Match 对象中的参数略有不同,即新增加两个参数,分别为 pos 和 endpos,用于表示要匹配字符串的起始位置和结束位置,这两个参数均为可选参数,默认值为 0 和要匹配字符串的长度,示例代码如下:

```
# 资源包\Code\chapter14\14.3\1412.py
import re
pattern = r'[Pp]ython'
# 获得正则表达式对象regex
regex = re.compile(pattern)
str = 'this is python and Python'
res1 = regex.search(str)
res2 = regex.findall(str)
# 指定要匹配字符串的起始位置和结束位置
res3 = regex.findall(str, 0, 16)
print(res1.group())
print(res2)
print(res3)
```

第 15 章 数据交换格式

在计算机中，多个程序之间经常需要进行数据交换，所以就需要约定程序之间可以互相识别的格式，这就是数据交换格式。常用的数据交换格式有 CSV、XML 和 JSON 等。

15.1 CSV 数据交换格式

CSV(Comma-Separated Values，逗号分隔值)，是一种用逗号分隔数据项(或字段)的文件格式，CSV 主要应用于电子表格和数据库之间的数据交换。

通过 Python 内置的 csv 模块可以轻松实现对 CSV 文件的读和写。

1. 读操作

通过 csv 模块中的 reader()函数可以对 CSV 文件进行读操作，该函数返回一个 reader 对象，通过遍历 reader 对象可以获取 CSV 文件中每一行的数据项所组成的列表，其语法格式如下：

```
reader(csvfile[, dialect])
```

其中，参数 csvfile 表示 CSV 文件对象；参数 dialect 为可选参数，表示方言，其指的是一组预定义好的格式化参数，该格式化参数必须是 csv.Dialect 的子类。常用的 csv.Dialect 的子类主要有三个，一是 csv.excel 类，用于定义 Excel 生成的 CSV 文件的常用属性，它的方言名称是 excel，该值为参数 dialect 的默认值；二是 csv.excel_tab 类，用于定义 Excel 生成的 Tab(水平制表符)分隔文件的常用属性，它的方言名称是 excel-tab；三是 csv.unix_dialect 类，用于定义在 UNIX 系统上生成的 CSV 文件的常用属性，它的方言名称是 UNIX。示例代码如下：

```python
#资源包\Code\chapter15\15.1\1501.py
import csv
#注意,CSV 文件的编码是 gbk
with open('books.csv', 'r', encoding = 'gbk') as rf:
    #此处参数 dialect 的值可以简写为 excel,并且由于该值是默认值,所以可以省略
    csv_reader = csv.reader(rf, dialect = csv.excel)
    for row in csv_reader:
        print(row)
```

2. 写操作

对 CSV 文件进行写操作分为两个步骤，首先通过 csv 模块中的 writer() 函数创建 CSV 文件的写入对象，然后通过 CSV 文件写入对象的 writerow() 方法或 writerows() 方法完成对 CSV 文件的一行或多行数据的写入操作。writer() 方法的语法格式如下：

```
writer(csvfile[, dialect, delimiter])
```

其中，参数 csvfile 表示 CSV 文件对象；参数 dialect 为可选参数，表示方言，如果省略该参数，则默认值为 excel；参数 delimiter 为可选参数，表示分隔符，如果省略该参数，则默认使用逗号作为分隔符。

writerow() 方法的语法格式如下：

```
writerow(row)
```

其中，参数 row 表示要写入的一行数据。

writerows() 方法的语法格式如下：

```
writerows(rows)
```

其中，参数 rows 表示要写入的多行数据。

示例代码如下：

```python
# 资源包\Code\chapter15\15.1\1502.py
import csv
with open('books.csv', 'r', encoding = 'gbk') as rf:
    csv_reader = csv.reader(rf, dialect = csv.excel)
    # 由于 writerow() 方法和 writerows() 方法本身会添加换行，而 open() 函数本身也默认自带换
    # 行，所以可以将 open() 函数中的参数 newline 的值设置为''，使每行数据不进行二次换行
    with open('books1.csv', 'w', newline = '', encoding = 'gbk') as wf:
        # delimiter 是分隔符,默认分隔符使用逗号
        csv_writer = csv.writer(wf, dialect = 'excel')
        for row in csv_reader:
            # 写入一行数据
            csv_writer.writerow(row)
        # 写入多行数据
        # csv_writer.writerows(csv_reader)
```

15.2 XML 数据交换格式

XML(Extensible Markup Language,可扩展标记语言)，是一种用于标记电子文件并使其具有结构性的标记语言，以下就是一段 XML 的示例代码：

```
<!-- 声明 -->
<?xml version = "1.0" encoding = "UTF - 8"?>
<!-- 根元素,其中 id 是属性 -->
< note id = "1">
    <!-- 子元素 -->
    < to >各位同学</ to >
    < content >大家好.\n 由于学校课程调整等原因,今天上午 10 点的 Python 课程无法正常授课,
在这里向各位同学表达歉意.\n 该门课程已经改至本周五 13 点正常授课.</ content >
    < from >夏正东</ from >
    < date > 2019 年 9 月 16 日</ date >
</ note >
```

XML 与 HTML 很类似,但不是 HTML 的替代,它们有两点重要的区别,一是 HTML 中的标签是预定义的,而 XML 允许自定义标签和文档结构;二是 HTML 被用来显示数据,其焦点是数据的外观,而 XML 被设计为传输和存储数据,其焦点是数据的内容。

那么,该如何在 XML 文件中查找所需要的数据内容呢? 可以使用 XPath。

XPath 是专门用来在 XML 文档中查找信息的语言。XPath 和 XML 的关系,好比 SQL 语言和数据库之间的关系。

XPath 将 XML 中的所有元素、属性和文本都看作节点,根元素就是根节点,属性称为属性节点,文本称为文本节点,除了根节点之外,其他节点都有一个父节点,以及 0 个或多个子节点和兄弟节点。

XPath 通过路径表达式在 XML 文件中查找节点,如表 15-1 所示。

表 15-1 路径表达式

路径表达式	描 述
node	查找 node 节点
/	查找直接子节点,必须考虑层级关系
//	查找所有子、孙节点,不考虑层级关系
.	查找当前节点
..	查找当前节点的父节点
@	查找属性

表 15-2 中列出了一些路径表达式的示例。

表 15-2 路径表达式的示例

路径表达式	描 述
./node	查找当前节点的直接子节点 node
.//node	查找当前节点的所有子、孙节点 node,不考虑层级关系
./@class	查找 class 属性的属性值
./node/text()	查找节点 node 的文本内容

通过在路径表达式中使用"|"运算符,可以达到选取若干个路径的目的,表 15-3 中列出了一个与"|"运算符相关的路径表达式的示例。

表 15-3　与"|"运算符相关的路径表达式的示例

路径表达式	描述
/node1 | /node2	查找当前节点的所有子、孙节点 node1 和 node2

如果要查找某个特定的节点或者包含某个指定的值的节点，则需要使用谓语，XPath 中的谓语被嵌在方括号中，表 15-4 中列出了一些与谓语相关的路径表达式的示例。

表 15-4　与谓语相关的路径表达式的示例

路径表达式	描述
./node[1]	查找第 1 个 node 节点
./node[last()]	查找最后 1 个 node 节点
./node[last()-1]	查找倒数第 2 个 node 节点
./node[position()＜3]	查找位置小于 3 的 node 节点
./node[time="2018-3-22"]	查找 node 节点，并且其中的 time 节点的内容为 2018-3-22
./node[@id="1"]	查找 id 属性值为 1 的 node 节点
./node[@id="1" or @id="2"]	查找 id 属性值为 1 和 2 的 node 节点
./node[@id="1" and @tag="2"]	查找 id 属性值为 1，并且 tag 属性值为 2 的 node 节点
.//node[contains(@id, "py")]	查找 id 属性值包含 py 的 node 节点
.//node[starts-with(@id, "py")]	获取 id 属性值以 py 开头的 node 节点

除此之外，XPath 还可以通过通配符查找未知的 XML 元素，如表 15-5 所示。

表 15-5　通配符

通配符	描述
*	匹配任何元素节点
@*	匹配任何属性节点

表 15-6 中列出了一些与通配符相关的路径表达式的示例。

表 15-6　与通配符相关的路径表达式的示例

路径表达式	描述
.//*	查找所有节点
./*	查找当前节点的所有子节点
.//node[@*]	查找所有拥有属性的 node 节点

在 Python 中提供了两个用于查找、获取 XML 中的数据内容的模块，这两个模块分别是 xml 和 lxml，其中，xml 模块是 Python 内置的模块，而 lxml 模块是第三方库提供的模块，需要手动安装。

1. xml 模块

通过 xml.etree.ElementTree 模块中的 parse() 方法可以将 XML 解析成树，并返回 ElementTree 对象，再通过 ElementTree 对象的相关方法和属性（如表 15-7 所示）即可查找、获取 XML 中的数据内容。

表 15-7　ElementTree 对象的相关方法和属性

方法和属性	描述
getroot()	获取根节点,并返回 Element 对象
find()	查找匹配的第 1 个节点,并返回 Element 对象
findall()	查找所有匹配的节点,并返回由 Element 对象组成的列表
findtext()	查找匹配的第 1 个节点的文本内容
tag	获取当前节点的标签名
attrib	获取当前节点的标签属性和属性值组成的字典
text	获取当前节点的文本内容

示例代码如下:

```python
# 资源包\Code\chapter15\15.2\1503.py
import xml.etree.ElementTree as ET
# 将 xml 解析成树
tree = ET.parse('index.xml')
# 获取根节点 Notes
root = tree.getroot()
print(root.tag)
# 查找当前节点,当前节点为根节点 Notes
node = tree.find('.')
print(node.tag)
# 查找当前节点的第 1 个子节点 Note
node = tree.find('./Note')
print(node.tag, node.attrib)
# 查找当前节点的所有 CDate 节点
nodes = tree.findall('.//CDate')
for node in nodes:
    print(node.tag, node.text)
# 查找第 1 个拥有属性 name 的 Content 节点的文本内容
node_text = tree.findtext('./Note/Content[@name]')
print(node_text)
# 查找属性 name 值为 data analysis 的 Content 节点的文本内容
nodes = tree.findtext('./Note/Content[@name = "data analysis"]')
print(nodes)
```

2. lxml 模块

通过 lxml.html 模块中 etree 类的 parse() 方法可以解析 XML,并返回 Element 对象,然后使用 Element 对象的 xpath() 方法获取指定的节点,示例代码如下:

```python
# 资源包\Code\chapter15\15.2\1504.py
from lxml.html import etree
element_tree = etree.parse("index.xml")
# 获取第 1 个 Note 节点
res_ele1 = element_tree.xpath('./Note[1]')
```

```python
print(res_ele1)
# 获取最后 1 个 Note 节点
res_ele2 = element_tree.xpath('./Note[last()]')
print(res_ele2)
# 获取倒数第 2 个 Note 节点
res_ele3 = element_tree.xpath('./Note[last()-1]')
print(res_ele3)
# 获取位置小于 3 的 Note 节点
res_ele4 = element_tree.xpath('./Note[position()<3]')
print(res_ele4)
# 获取 CDate 节点内容为 2021-12-1 的 Note 节点
res_ele5 = element_tree.xpath('./Note[CDate="2021-12-1"]')
print(res_ele5)
# 获取 id 属性值为 1 的 Note 节点
res_ele6 = element_tree.xpath('./Note[@id="1"]')
print(res_ele6)
# 获取 id 属性值为 1 和 2 的 Note 节点
res_ele7 = element_tree.xpath('./Note[@id="1" or @id="2"]')
print(res_ele7)
# 获取 name 属性值包含 program 的 Content 节点
res_ele8 = element_tree.xpath('.//Content[contains(@name, "program")]')
print(res_ele8)
# 获取 name 属性值以 data 开头的 Content 节点
res_ele9 = element_tree.xpath('.//Content[starts-with(@name, "data")]')
print(res_ele9)
# 获取所有 CDate 和 Content 节点
res_ele10 = element_tree.xpath('.//CDate | .//Content')
print(res_ele10)
# 获取 Content 节点 tag 属性的属性值
res_ele11 = element_tree.xpath('.//Content/@tag')
print(res_ele11)
# 获取 UserID 节点的文本内容
res_ele12 = element_tree.xpath('.//UserID/text()')
print(res_ele12)
# 获取所有节点
res_ele13 = element_tree.xpath('.//*')
print(res_ele13)
# 获取当前节点的所有子节点
res_ele14 = element_tree.xpath('./*')
print(res_ele14)
# 获取所有拥有属性的 Content 节点
res_ele15 = element_tree.xpath('.//Content[@*]')
print(res_ele15)
```

15.3 JSON 数据交换格式

JSON 是一种轻量级的数据交换格式,是完全独立于任何程序语言的文本格式。JSON 易于人类阅读和编写,同时也易于机器解析和生成。相较于 XML,JSON 表示的是一个字符串,可以被所有语言读取,也可以方便地存储到磁盘或通过网络传输等。除此之外,JSON 还可以直接在 Web 页面中读取,非常方便。

JSON 是由多个键和其对应的值构成的键值对组成的,键和值中间以冒号分隔,每个键值对之间使用逗号分隔,最后,由大括号将每个键值对包裹。

JSON 的格式与之前学习的字典非常相似,但是它们之间有几点区别:一是字典的键必须是不可变的,所以可以用数字、字符串或元组等充当,而 JSON 的键只可以是字符串;二是字典是一种数据结构,而 JSON 是一种数据交换格式;三是字典中的键值对可以使用单引号或双引号包裹,而 JSON 的键值对必须使用双引号包裹。

JSON 的相关操作主要包括编码和解码,也可以理解为之前章节介绍的序列化和反序列化,使用 Python 内置的 json 模块即可完成。

15.3.1 JSON 数据编码

JSON 数据编码指的是将 Python 数据转换为 JSON 数据的过程,其数据类型的对应关系如表 15-8 所示。

表 15-8 数据类型的对应关系

Python 数据类型	JSON 数据类型	Python 数据类型	JSON 数据类型
dict	object	True	True
list/tuple	array	False	False
str	string	None	null
int/float	number		

1. dumps()函数

该函数用于对 Python 数据进行编码,并返回 JSON 字符串,其语法格式如下:

```
dumps(obj[, indent, sort_keys, separators, skipkeys, ensure_ascii, default])
```

其中,参数 obj 表示 Python 中的数据;参数 indent 为可选参数,表示缩进显示,如果省略该参数,则默认值为 None,表示在同一行中显示数据;参数 sort_keys 为可选参数,表示按照字典顺序进行排序,如果省略该参数,则默认值为 False,表示不排序;参数 separators 为可选参数,表示分隔符,如果省略该参数,则默认值为 None,表示无分隔符;skipkeys 为可选参数,表示当字典内数据不是 Python 的数据类型时是否报错,如果省略该参数,则默认值为 False,表示报错;参数 ensure_ascii 为可选参数,表示编码格式,如果省略该参数,则默认值为 True,表示 ASCII 码;参数 default 为可选参数,用于指定一个函数,而该函数负责把自定义类型的对象转换成可序列化的基本类型数据,如果省略该参数,则默认值为 None,表示不指定函数,示例代码如下:

```
#资源包\Code\chapter15\15.3\1505.py
import json
py_dict = {'class': 'python', 'id': 1, 'free': False, 'none': None}
py_list = [1, 2, 3]
py_tuple = ('A', 'B', 'C')
```

```python
py_dict['py_list'] = py_list
py_dict['py_tuple'] = py_tuple
# 此时的字典 py_dict 中拥有列表、元组、字符串、整数、布尔型和空值等数据类型的数据
print(py_dict)
json_str = json.dumps(py_dict)
print(json_str, type(json_str))
```

2. dump()函数

该函数用于对 Python 数据进行编码，并将编码后的 JSON 字符串保存到文件中，其语法格式如下：

```
dump(obj, fp[, indent, sort_keys, separators, skipkeys, ensure_ascii])
```

其中，参数 obj 表示 Python 中的数据；参数 fp 表示文件对象；其他参数同 dumps()函数中的同名参数，示例代码如下：

```python
# 资源包\Code\chapter15\15.3\1506.py
import json
py_dict = {'class': 'python', 'id': 1, 'free': False, 'none': None}
py_list = [1, 2, 3]
py_tuple = ('A', 'B', 'C')
py_dict['py_list'] = py_list
py_dict['py_tuple'] = py_tuple
# 此时的字典 py_dict 中拥有列表、元组、字符串、整数、布尔型和空值等数据类型的数据
print(py_dict)
with open('json.json', 'w') as jf:
    json.dump(py_dict, jf)
```

15.3.2 JSON 数据解码

JSON 数据解码指的是将 JSON 数据转换为 Python 数据的过程，其数据类型的对应关系如表 15-9 所示。

表 15-9 数据类型的对应关系

JSON 数据类型	Python 数据类型	JSON 数据类型	Python 数据类型
object	dict	number(real)	float
array	list	True	True
string	str	False	False
number(int)	int	null	None

1. loads()函数

该函数用于对 JSON 数据进行解码，并返回对应类型的 Python 数据，其语法格式如下：

```
loads(s[, object_hook])
```

其中，参数 s 表示 JSON 数据；参数 object_hook 为可选参数，用于指定一个类或函数，

而该类或函数负责把反序列化后的基本类型数据转换成自定义类型的对象,如果省略该参数,则默认值为 None,表示不指定类或函数,示例代码如下:

```
#资源包\Code\chapter15\15.3\1507.py
import json
json_str = r'{"class": "python", "id": 1, "free": False, "none": null, "py_list": [1, 2, 3]}'
python_data = json.loads(json_str)
print(python_data)
```

2. load()函数

该函数用于对文件中的 JSON 数据进行解码,并返回对应类型的 Python 数据,其语法格式如下:

```
load(fp[, object_hook])
```

其中,参数 fp 表示文件对象;其他参数同 loads()函数中的同名参数,示例代码如下:

```
#资源包\Code\chapter15\15.3\1508.py
import json
with open('json.json','r') as jf:
    python_data = json.load(jf)
    print(python_data)
```

第 16 章 数据库编程

无论多么纷繁复杂、界面绚丽的程序,其本质无非都是在操作数据。既然有数据,就必然需要一个软件去存储并管理这些数据,而数据库就是这样的软件。

数据库技术的发展为各行各业都带来了很大方便,数据库不仅支持各类数据的长期保存,更重要的是支持数据跨平台、跨地域查询、共享及修改,极大地方便了人们的生活和工作。电子邮箱、金融行业、聊天系统、各类网站、办公自动化系统、各种管理信息系统及论坛、社区等都少不了数据库技术的支持。另外,随着近些年来与大数据相关技术的流行,在一定程度上也促使了非关系数据库的快速发展。

早期的数据库分为层次式数据库、网络式数据库和关系数据库,而在当今的互联网中,通常把数据库分为两类,即关系数据库和非关系数据库。

16.1 关系数据库

关系数据库是指采用关系模型来组织数据的数据库。关系模型指的是二维表格模型,而一个关系数据库就是由二维表及其之间的联系所组成的一个数据组织。

关系数据库的优点和缺点如表 16-1 所示。

表 16-1 关系数据库的优点和缺点

优点	容易理解。二维表结构非常贴近逻辑世界,关系模型相对于网状、层次等其他模型来讲更容易理解
	使用方便。通用的 SQL 语言使操作关系数据库非常方便
	易于维护。丰富的完整性(实体完整性、参照完整性和用户定义的完整性)大大降低了数据冗余和数据不一致的概率
	支持 SQL。可用于复杂的数据查询
缺点	为了维护一致性所付出的巨大代价就是其读写性能比较差
	固定的表结构,致使灵活度欠缺
	高并发读写需求,硬盘 I/O 是一个很大的瓶颈
	海量数据的读写,查询效率极低

关系数据库有很多种,如 SQLite、MySQL、MsSQL、Access、DB2 和 Oracle 等,虽然它们的功能基本一致,但各数据库之间的应用接口非常混乱,实现各不相同,如果项目需要更换数据库,则需要做大量的修改,非常不便。为了对数据库进行统一的操作,并提供简单的、

标准化的数据库接口,DB-API 就应运而生了。DB-API 是一个规范,它定义了一系列必要的对象和数据库存取方式,包括模块接口、连接对象、游标对象、类对象和错误处理机制等,以便为各种各样的底层数据库系统和多种多样的数据库接口程序提供一致的访问接口。Python 所有的数据库接口程序都在一定程度上遵守 DB-API 规范,使 Python 在连接及操作数据库方面,表现出简单性、规范性和易操作性,进而使不同的数据库之间移植代码成为一件轻松的事情。

下面重点介绍连接对象和游标对象。

1. 连接对象

连接对象主要用于管理数据库连接,并提供获取游标对象、提交事务、回滚事务和关闭数据库连接等方法。

通过各关系数据库模块中的 connect() 函数获取连接对象,该函数拥有多个参数,并且根据不同的数据库而有所不同,其语法格式如下:

```
connect(host, user, password, database, charset, port)
```

其中,参数 host 表示 URL 网址;参数 user 表示数据库的用户名;参数 password 表示数据库的密码;参数 database 表示需要访问的数据库,注意,如果指定该参数,则建立数据库连接之前,一定要确保已经创建了要访问的数据库,否则需要使用游标对象创建数据库;参数 charset 表示数据库编码;参数 port 表示端口号,默认为 3306。

当获取连接对象之后,就可以通过其相关方法来完成获取游标对象、提交事务、回滚事务和关闭数据库连接等操作。

1) cursor()方法

该方法用于获取游标对象,其语法格式如下:

```
cursor()
```

2) commit()方法

该方法用于提交事务,其语法格式如下:

```
commit()
```

3) rollback()方法

该方法用于回滚事务,其语法格式如下:

```
rollback()
```

4) close()方法

该方法用于关闭数据库连接,其语法格式如下:

```
close()
```

2. 游标对象

游标对象代表数据库中的游标,可以方便地查看和处理结果集中的数据,并且提供了向前、向后浏览数据的能力,主要用于提供执行 SQL 语句、调用存储过程和获取查询结果等方法。

当获取游标对象后,就可以通过其相关方法来完成执行数据库和获取结果集中的数据等操作。

1) execute()方法

该方法用于执行数据库操作,其语法格式如下:

```
execute(sql)
```

其中,参数 sql 表示 SQL 语句。

2) executemany()方法

该方法用于批量执行数据库操作,其语法格式如下:

```
executemany(sql)
```

其中,参数 sql 表示 SQL 语句。

3) fetchone()方法

该方法用于从结果集中提取 1 条数据的元组,如果没有数据,则返回 None,其语法格式如下:

```
fetchone()
```

4) fetchmany()方法

该方法用于从结果集中提取指定数量数据的列表,如果没有数据,则返回空列表,其语法格式如下:

```
fetchmany(num)
```

其中,参数 num 表示需要获取数据的数量。

5) fetchall()方法

该方法用于从结果集中提取所有数据,其语法格式如下:

```
fetchall()
```

在学习完连接对象和游标对象之后,再来学习一下关系数据库编程的一般过程,如图 16-1 所示。

下面就以 SQLite 和 MySQL 为例,来看如何在 Python 中操作关系数据库。

第16章 数据库编程

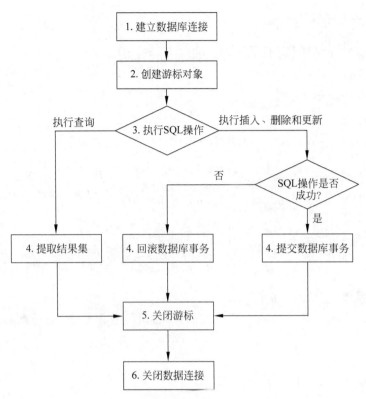

图 16-1 关系数据库编程的一般过程

16.1.1 SQLite

SQLite 是一种嵌入式数据库,它的数据库就是一个文件。该数据库使用 C 语言开发,并且体积很小,所以经常被集成到各种应用程序中,甚至可以集成在 iOS 和 Android 的 App 中。

Python 中内置了 SQLite,所以在 Python 中使用 SQLite 不需要安装和配置服务器,只需导入 sqlite3 模块。

下面一起学习 SQLite 的相关操作。

1.建立数据库连接

通过 sqlite3 模块中的 connect()函数建立数据库连接,并获得连接对象。需要注意的是,当数据库存在时,连接该数据库;当数据库不存在时,创建新的数据库并连接,示例代码如下:

```
#资源包\Code\chapter16\16.1\1601.py
import sqlite3
#建立数据库连接,其中 test.db 是一个文件,代表数据库
conn = sqlite3.connect('test.db')
```

2.创建游标

通过连接对象的 cursor()方法创建游标,并获得游标对象,示例代码如下:

```
# 资源包\Code\chapter16\16.1\1602.py
import sqlite3
conn = sqlite3.connect('test.db')
# 创建游标
cur = conn.cursor()
```

3. 创建表

通过游标对象的execute()方法创建表,示例代码如下:

```
# 资源包\Code\chapter16\16.1\1603.py
import sqlite3
conn = sqlite3.connect('test.db')
cur = conn.cursor()
# 创建 user 表
cur.execute('CREATE TABLE "user" ("id" INTEGER, "name" VARCHAR, "age" INTEGER, "teach" VARCHAR)')
```

4. CRUD 操作

通过游标对象的execute()方法完成表的插入数据、查询数据、更新数据和删除数据等操作。

1) 插入数据

示例代码如下:

```
# 资源包\Code\chapter16\16.1\1604.py
import sqlite3
conn = sqlite3.connect('test.db')
cur = conn.cursor()
cur.execute('CREATE TABLE "user" ("id" INTEGER, "name" VARCHAR, "age" INTEGER, "teach" VARCHAR)')
# 插入单条数据
cur.execute('INSERT INTO user(id,name,age,teach) VALUES(0,"夏正东",35,"Python")')
# 使用变量绑定方式插入单条数据
cur.execute('INSERT INTO user(id,name,age,teach) VALUES(:id,:name,:age,:teach)', {'id': 1, 'name': '夏正东', 'age': 35, 'teach': 'Python'})
# 使用变量绑定方式插入多条数据
cur.executemany('INSERT INTO user(id,name,age,teach) VALUES(:id,:name,:age,:teach)', ({'id': 1, 'name': '夏正东', 'age': 35, 'teach': 'Python'}, {'id': 2, 'name': '于萍', 'age': 66, 'teach': 'DataAnalysis'}))
# 使用"?"占位符插入单条数据
cur.execute('INSERT INTO user(id,name,age,teach) VALUES(?,?,?,?)', [2, '夏正东', 35, 'Python'])
# 使用"?"占位符插入多条数据
cur.executemany('INSERT INTO user(id,name,age,teach) VALUES(?,?,?,?)', [(3, '夏正东', 35, 'Python'), (4, '于萍', 66, 'DataAnalysis')])
```

2) 查询数据

通过游标对象的fetchone()方法、fetchmany()方法和fetchall()方法从查询结果集中提取数据。需要注意的是,每次从结果集中获取数据后,游标的指针会向后移动1位,示例代码如下:

```python
# 资源包\Code\chapter16\16.1\1605.py
import sqlite3
conn = sqlite3.connect('test.db')
cur = conn.cursor()
cur.execute('CREATE TABLE "user" ("id" INTEGER, "name" VARCHAR, "age" INTEGER, "teach" VARCHAR)')
cur.executemany('INSERT INTO user(id,name,age,teach) VALUES(:id,:name,:age,:teach)', ({'id':
1, 'name': '夏正东', 'age': 35, 'teach': 'Python'}, {'id': 2, 'name': '于萍', 'age': 66, 'teach':
'DataAnalysis'}, {'id': 3, 'name': '张三', 'age': 45, 'teach': 'PHP'}, {'id': 4, 'name': '李四',
'age': 30, 'teach': 'Java'}, {'id': 5, 'name': '王五', 'age': 40, 'teach': 'Linux'}))
# 查询数据
cur.execute('SELECT * FROM user')
# 提取1条数据：(1, '夏正东', 35, 'Python')
result_one = cur.fetchone()
print(result_one)
# 提取多条数据：[(2, '于萍', 66, 'DataAnalysis'), (3, '张三', 45, 'PHP')]
result_two = cur.fetchmany(2)
print(result_two)
# 提取全部数据：[(4, '李四', 30, 'Java'), (5, '王五', 40, 'Linux')]
results = cur.fetchall()
print(results)
```

3）更新数据

示例代码如下：

```python
# 资源包\Code\chapter16\16.1\1606.py
import sqlite3
conn = sqlite3.connect('test.db')
cur = conn.cursor()
cur.execute('CREATE TABLE "user" ("id" INTEGER, "name" VARCHAR, "age" INTEGER, "teach" VARCHAR)')
cur.executemany('INSERT INTO user(id,name,age,teach) VALUES(:id,:name,:age,:teach)', ({'id':
1, 'name': '夏正东', 'age': 35, 'teach': 'Python'}, {'id': 2, 'name': '于萍', 'age': 66, 'teach':
'DataAnalysis'}))
# 更新数据
cur.execute('UPDATE user SET name = "于萍" WHERE id = 1')
# 使用变量绑定方式更新数据
cur.execute('UPDATE user SET name = :name WHERE id = :id', {'name': '于萍', 'id': 1})
# 使用"?"占位符更新数据
cur.execute('UPDATE user SET name = ? WHERE id = ?', ("于萍", 1))
```

4）删除数据

示例代码如下：

```python
# 资源包\Code\chapter16\16.1\1607.py
import sqlite3
conn = sqlite3.connect('test.db')
cur = conn.cursor()
cur.execute('CREATE TABLE "user" ("id" INTEGER, "name" VARCHAR, "age" INTEGER, "teach" VARCHAR)')
cur.executemany('INSERT INTO user(id,name,age,teach) VALUES(:id,:name,:age,:teach)', ({'id':
1, 'name': '夏正东', 'age': 35, 'teach': 'Python'}, {'id': 2, 'name': '于萍', 'age': 66, 'teach':
'DataAnalysis'}))
```

```
#删除数据
cur.execute("DELETE FROM user WHERE id = 1")
#使用变量绑定方式删除数据
cur.execute("DELETE FROM user WHERE id = :id", {'id': 1})
#使用"?"占位符删除数据
cur.execute("DELETE FROM user WHERE id = ?", (1,))
```

5. 关闭游标

通过游标对象的close()方法关闭游标,示例代码如下:

```
#资源包\Code\chapter16\16.1\1608.py
import sqlite3
conn = sqlite3.connect('test.db')
cur = conn.cursor()
cur.execute('CREATE TABLE "user" ("id" INTEGER, "name" VARCHAR, "age" INTEGER, "teach" VARCHAR)')
cur.execute('INSERT INTO user(id,name,age,teach) VALUES(0,"夏正东",35,"Python")')
#关闭游标
cur.close()
```

6. 关闭数据库连接

通过连接对象的close()方法关闭数据库连接,示例代码如下:

```
#资源包\Code\chapter16\16.1\1609.py
import sqlite3
conn = sqlite3.connect('test.db')
cur = conn.cursor()
cur.execute('CREATE TABLE "user" ("id" INTEGER, "name" VARCHAR, "age" INTEGER, "teach" VARCHAR)')
cur.execute('INSERT INTO user(id,name,age,teach) VALUES(0,"夏正东",35,"Python")')
cur.close()
#关闭数据库连接
conn.close()
```

7. 提交事务和回滚事务

通过连接对象的commit()方法和rollback()方法完成提交事务和回滚事务,示例代码如下:

```
#资源包\Code\chapter16\16.1\1610.py
import sqlite3
try:
    conn = sqlite3.connect('test.db')
except Exception:
    print('数据库连接失败')
else:
    try:
        cur = conn.cursor()
        cur.execute('CREATE TABLE "user" ("id" INTEGER, "name" VARCHAR, "age" INTEGER, "teach" VARCHAR)')
```

```
        cur.executemany('INSERT INTO user(id,name,age,teach) VALUES(?,?,?,?)', [(1, '夏正东',
35, 'Python'), (2, '于萍', 66, 'DataAnalysis')])
        #此处删除数据的字段名错误,引发异常,导致回滚
        cur.execute("DELETE FROM user WHERE id_num = ?", (1,))
        conn.commit()
        res = cur.execute('SELECT * FROM user')
        result_one = cur.fetchone()
        print(result_one)
        cur.close()
    except sqlite3.DatabaseError:
        print('执行插入、更新或删除过程中出现错误!')
        conn.rollback()
        cur = conn.cursor()
        res = cur.execute('SELECT * FROM user')
        #回滚,插入数据语句无法执行,输出结果为None
        result_one = cur.fetchone()
        print(result_one)
        cur.close()
    finally:
        conn.close()
```

16.1.2 MySQL

MySQL 是目前最流行的关系数据库管理系统之一,由瑞典 MySQL AB 公司开发,属于 Oracle 旗下产品。MySQL 在 Web 应用方面是最好的 RDBMS(Relational Database Management System,关系数据库管理系统)应用软件之一。

MySQL 所使用的 SQL 语言是用于访问数据库的最常用标准化语言。MySQL 软件采用了双授权政策,分为社区版和商业版,由于其体积小、速度快、总体成本低,尤其是开放源码这一特点,使中小型网站的开发优先选择 MySQL 作为网站数据库。业界内被称为 LAMP 或 LNMP 的组合中,使用的就是 Linux 作为操作系统,Apache/nginx 作为 Web 服务器,MySQL 作为数据库,PHP/Perl/Python 作为服务器端脚本解释器。

在 Python 中使用 MySQL 需要安装第三方库中的 PyMySQL 模块,只需要在命令提示符中输入指令 pip install pymysql 便可以完成相关安装。

下面一起学习 MySQL 的相关操作。

1. 建立数据库连接

通过 pymysql 模块中的 connect()函数建立数据库连接,并获得连接对象。注意,在建立数据库连接之前,必须将所要连接的数据库创建完毕,示例代码如下:

```
#资源包\Code\chapter16\16.1\1611.py
import pymysql
#建立数据库连接
conn = pymysql.connect(host = 'localhost', user = 'root', password = '12345678', database = 'test',
charset = 'utf8', port = 3306)
```

2. 创建游标

通过连接对象的 cursor() 方法创建游标，并获得游标对象，示例代码如下：

```python
# 资源包\Code\chapter16\16.1\1612.py
import pymysql
conn = pymysql.connect(host = 'localhost', user = 'root', password = '12345678', database = 'test', charset = 'utf8', port = 3306)
# 创建游标
cur = conn.cursor()
```

3. 创建表

通过游标对象的 execute() 方法创建表，示例代码如下：

```python
# 资源包\Code\chapter16\16.1\1613.py
import pymysql
conn = pymysql.connect(host = 'localhost', user = 'root', password = '12345678', database = 'test', charset = 'utf8', port = 3306)
cur = conn.cursor()
# 创建表
cur.execute('CREATE TABLE user(id INT, name VARCHAR(20), age INT, teach VARCHAR(20))')
```

4. CRUD 操作

通过游标对象的 execute() 方法完成表的插入数据、查询数据、更新数据和删除数据等操作。

1) 插入数据

示例代码如下：

```python
# 资源包\Code\chapter16\16.1\1614.py
import pymysql
conn = pymysql.connect(host = 'localhost', user = 'root', password = '12345678', database = 'test', charset = 'utf8', port = 3306)
cur = conn.cursor()
cur.execute('CREATE TABLE user(id INT, name VARCHAR(20), age INT, teach VARCHAR(20))')
# 插入单条数据
cur.execute('INSERT INTO user(id,name,age,teach) VALUES(1, "夏正东", 35, "Python")')
# 变量绑定方式插入单条数据
cur.execute(' INSERT INTO user(id, name, age, teach) VALUES(%(id)s, %(name)s, %(age)s, %(teach)s)', {'id': 1, 'name': '夏正东', 'age': 35, 'teach': 'Python'})
# 变量绑定方式插入多条数据
cur.executemany('INSERT INTO user(id,name,age,teach) VALUES(%(id)s, %(name)s, %(age)s, %(teach)s)', ({'id': 1, 'name': '夏正东', 'age': 35, 'teach': 'Python'}, {'id': 2, 'name': '于萍', 'age': 66, 'teach': 'Python'}))
# 使用"%"占位符插入单条数据
cur.execute('INSERT INTO user(id,name,age,teach) VALUES(%s,%s,%s,%s)', (1, '夏正东', 35, 'Python'))
# 使用"%"占位符插入多条数据
cur.executemany('INSERT INTO user(id,name,age,teach) VALUES(%s,%s,%s,%s)', [(1, '夏正东', 35, 'Python'), (2, '于萍', 66, 'DataAnalysis')])
```

2）查询数据

通过游标对象的 fetchone()方法、fetchmany()方法和 fetchall()方法从查询结果集中提取数据。需要注意的是，每次从结果集中获取数据后，游标的指针会向后移动 1 位，示例代码如下：

```
# 资源包\Code\chapter16\16.1\1615.py
import pymysql
conn = pymysql.connect(host = 'localhost', user = 'root', password = '12345678', database = 'test', charset = 'utf8', port = 3306)
cur = conn.cursor()
cur.execute('CREATE TABLE user(id INT, name VARCHAR(20), age INT, teach VARCHAR(20))')
cur.executemany('INSERT INTO user(id,name,age,teach) VALUES(%s,%s,%s,%s)', [(1, '夏正东', 35, 'Python'), (2, '于萍', 66, 'DataAnalysis'), (3, '张三', 45, 'PHP'), (4, '李四', 30, 'Java'), (5, '王五', 40, 'Linux')])
# 查询数据
cur.execute('SELECT * FROM user')
# 提取 1 条数据
cur.fetchone()
# 提取多条数据
cur.fetchmany(2)
# 提取全部数据
cur.fetchall()
```

3）更新数据

示例代码如下：

```
# 资源包\Code\chapter16\16.1\1616.py
import pymysql
conn = pymysql.connect(host = 'localhost', user = 'root', password = '12345678', database = 'test', charset = 'utf8', port = 3306)
cur = conn.cursor()
cur.execute('CREATE TABLE user(id INT, name VARCHAR(20), age INT, teach VARCHAR(20))')
cur.executemany('INSERT INTO user(id,name,age,teach) VALUES(%s,%s,%s,%s)', [(1, '夏正东', 35, 'Python'), (2, '于萍', 66, 'DataAnalysis'), (3, '张三', 45, 'PHP'), (4, '李四', 30, 'Java'), (5, '王五', 40, 'Linux')])
# 更新数据
cur.execute('UPDATE user SET name = "于萍" WHERE id = 1')
# 使用变量绑定方式更新数据
cur.execute('UPDATE user SET name = %(name)s WHERE id = %(id)s', {'name': '于萍', 'id': 1})
# 使用"%"占位符更新数据
cur.execute('UPDATE user SET name = %s WHERE id = %s', ("于萍", 1))
```

4）删除数据

示例代码如下：

```
# 资源包\Code\chapter16\16.1\1617.py
import pymysql
```

```python
conn = pymysql.connect(host = 'localhost', user = 'root', password = '12345678', database = 'test',
charset = 'utf8', port = 3306)
cur = conn.cursor()
cur.execute('CREATE TABLE user(id INT, name VARCHAR(20), age INT, teach VARCHAR(20))')
cur.executemany('INSERT INTO user(id,name,age,teach) VALUES(%s,%s,%s,%s)', [(1, '夏正东',
35, 'Python'), (2, '于萍', 66, 'DataAnalysis'), (3, '张三', 45, 'PHP'), (4, '李四', 30, 'Java'),
(5, '王五', 40, 'Linux')])
# 删除数据
cur.execute("DELETE FROM user WHERE id = 1")
# 使用变量绑定方式删除数据
cur.execute("DELETE FROM user WHERE id = %(id)s", {'id': 1})
# 使用"%"占位符删除数据
cur.execute("DELETE FROM user WHERE id = %s", (1,))
```

5. 提交事务和回滚事务

读者在执行完上述的CRUD操作之后，会发现相关的数据并没有存入表中，这是因为MySQL数据库只有在执行完提交事务后，CRUD操作的相关数据才会存入表中。

可以通过连接对象的commit()方法和rollback()方法完成提交事务和回滚事务，示例代码如下：

```python
# 资源包\Code\chapter16\16.1\1618.py
import pymysql
conn = pymysql.connect(host = 'localhost', user = 'root', password = '12345678', database = 'test',
charset = 'utf8')
try:
    cur = conn.cursor()
    cur.execute('CREATE TABLE user(id INT, name VARCHAR(20), age INT, teach VARCHAR(20))')
    cur.executemany('INSERT INTO user(id,name,age,teach) VALUES(%s,%s,%s,%s)', [(1, '夏正
东', 35, 'Python'), (2, '于萍', 66, 'DataAnalysis')])
    # 此处删除数据的字段名错误,引发异常,导致回滚
    cur.execute("DELETE FROM user WHERE id_num = %s", (1,))
    cur.execute('SELECT * FROM user')
    # 回滚,插入数据语句无法执行,所以表中无数据
    results = cur.fetchall()
print(results)
# 提交事务
    conn.commit()
except pymysql.DatabaseError:
print('执行插入、更新或删除过程中出现错误!')
# 回滚事务
    conn.rollback()
```

6. 关闭游标

通过游标对象的close()方法关闭游标，示例代码如下：

```python
# 资源包\Code\chapter16\16.1\1619.py
import pymysql
conn = pymysql.connect(host = 'localhost', user = 'root', password = '12345678', database = 'test',
charset = 'utf8')
```

```
try:
    cur = conn.cursor()
    cur.execute('CREATE TABLE user(id INT, name VARCHAR(20), age INT, teach VARCHAR(20))')
    cur.executemany('INSERT INTO user(id,name,age,teach) VALUES(%s,%s,%s,%s)', [(1, '夏正东', 35, 'Python'), (2, '于萍', 66, 'DataAnalysis')])
    cur.execute('SELECT * FROM user')
    results = cur.fetchall()
    print(results)
    conn.commit()
    #关闭游标
    cur.close()
except pymysql.DatabaseError:
    print('执行插入、更新或删除过程中出现错误!')
    conn.rollback()
```

除了可以使用游标对象的close()方法关闭游标外,强烈建议读者使用with...as语句自动关闭游标,示例代码如下:

```
#资源包\Code\chapter16\16.1\1620.py
import pymysql
conn = pymysql.connect(host = 'localhost', user = 'root', password = '12345678', database = 'test', charset = 'utf8')
try:
    with conn.cursor() as cur:
        cur.execute('CREATE TABLE user(id INT, name VARCHAR(20), age INT, teach VARCHAR(20))')
        cur.executemany('INSERT INTO user(id,name,age,teach) VALUES(%s,%s,%s,%s)', [(1, '夏正东', 35, 'Python'), (2, '于萍', 66, 'DataAnalysis')])
        cur.execute('SELECT * FROM user')
        results = cur.fetchall()
        print(results)
        conn.commit()
except pymysql.DatabaseError:
    print('执行插入、更新或删除过程中出现错误!')
    conn.rollback()
```

7. 关闭数据库连接

通过连接对象的close()方法关闭数据库连接,示例代码如下:

```
#资源包\Code\chapter16\16.1\1621.py
import pymysql
try:
    conn = pymysql.connect(host = 'localhost', user = 'root', password = '12345678', database = 'test', charset = 'utf8')
except Exception:
    print('数据库连接失败')
else:
    try:
        with conn.cursor() as cur:
            cur.execute('CREATE TABLE user(id INT, name VARCHAR(20), age INT, teach VARCHAR(20))')
```

```
            cur.executemany('INSERT INTO user(id,name,age,teach) VALUES(%s,%s,%s,%s)',
    [(1,'夏正东',35,'Python'),(2,'于萍',66,'DataAnalysis')])
            cur.execute('SELECT * FROM user')
            results = cur.fetchall()
            print(results)
            conn.commit()
    except pymysql.DatabaseError:
        print('执行插入、更新或删除过程中出现错误!')
        conn.rollback()
    finally:
        #关闭数据库连接
        conn.close()
```

16.2 非关系数据库

非关系数据库是指非关系型的、分布式的,并且一般不保证遵循ACID原则的数据存储系统,其作为关系数据库的补充,能够在特定场景和特定问题下发挥高效率和高性能。非关系数据库以键值对存储,其结构不固定,并且每个元组可以有不一样的字段。此外,还可以根据需要增加键值对,并且不局限于固定的结构,进而可以减少一些时间和空间的开销。

非关系数据库的优点和缺点如表16-2所示。

表16-2 非关系数据库的优点和缺点

优点	高读写性。不需要经过SQL层的解析,读写性能很高
	高扩展性。基于键值对,数据没有耦合性,容易扩展
	格式灵活。包括键值对形式、文档形式和图片形式等,而关系数据库只支持基础类型
缺点	不提供SQL支持,学习和使用成本较高
	无事务处理
	数据结构相对复杂,复杂查询方面稍欠

下面就以MongoDB和Redis为例,来看一下如何在Python中操作非关系数据库。

16.2.1 MongoDB

MongoDB是一个基于分布式文件存储的开源数据库系统,其是由C++语言编写的,旨在为Web应用提供可扩展的高性能数据存储解决方案。

MongoDB是一个介于关系数据库和非关系数据库之间的产品,并且MongoDB是功能最丰富,以及最像关系数据库的非关系数据库。

在Python中使用MongoDB需要安装第三方库中的pymongo模块,只需要在命令提示符中输入指令pip install pymongo便可以完成相关安装。

下面一起学习MongoDB的相关操作。

1. 建立数据库连接

通过MongoClient类建立数据库连接,并获得MongoClient对象,其语法格式如下:

```
MongoClient(host, port)
```

其中，参数 host 表示 URL 网址，或表示连接字符串；参数 port 表示端口号，默认为 27017，当参数 host 表示连接字符串时，该参数不需要填写。

建立数据库连接有以下两种方式。

第 1 种方式，示例代码如下：

```
#资源包\Code\chapter16\16.2\1622.py
import pymongo
#方式1：建立数据库连接
client = pymongo.MongoClient(host = "localhost", port = 27017)
```

第 2 种方式，示例代码如下：

```
#资源包\Code\chapter16\16.2\1623.py
import pymongo
#方式2：建立数据库连接
client = pymongo.MongoClient(host = "MongoDB://127.0.0.1:27017/")
```

2．创建数据库

通过 MongoClient 对象的属性方式，或者使用字典样式来创建数据库，并获得 Database 对象。

创建数据库有以下两种方式。

第 1 种方式，示例代码如下：

```
#资源包\Code\chapter16\16.2\1624.py
import pymongo
client = pymongo.MongoClient(host = "localhost", port = 27017)
#方式1：创建数据库
db = client.test
```

第 2 种方式，示例代码如下：

```
#资源包\Code\chapter16\16.2\1625.py
import pymongo
client = pymongo.MongoClient(host = "localhost", port = 27017)
#方式2：创建数据库
db = client['test']
```

注意，在 MongoDB 中，数据库只有在插入数据后才会创建，也就是说，数据库创建后，需要创建集合，并插入一个文档，数据库才会真正创建。

此外，还可以通过 MongoClient 对象的 list_database_names()方法获取 MongoDB 中的所有数据库，以用于判断创建的数据库是否存在，示例代码如下：

```python
# 资源包\Code\chapter16\16.2\1626.py
import pymongo
client = pymongo.MongoClient(host = "localhost", port = 27017)
# 创建数据库 test
db = client.test
dblist = client.list_database_names()
if 'test' in dblist:
    print('数据库 test 已经存在')
else:
    print('数据库 test 不存在')
```

3. 创建集合

MongoDB 中的集合与关系数据库中的数据表概念相类似。

通过 Database 对象的属性方式，或者使用字典样式来创建集合，并获得 Collection 对象。

创建集合有以下两种方式。

第 1 种方式，示例代码如下：

```python
# 资源包\Code\chapter16\16.2\1627.py
import pymongo
client = pymongo.MongoClient(host = "localhost", port = 27017)
db = client.test
# 方式 1：创建集合
collection = db.user
```

第 2 种方式，示例代码如下：

```python
# 资源包\Code\chapter16\16.2\1628.py
import pymongo
client = pymongo.MongoClient(host = "localhost", port = 27017)
db = client.test
# 方式 2：创建集合
collection = db["user"]
```

注意，在 MongoDB 中，集合只有在插入数据后才会创建，也就是说，创建集合后，需要再插入一个文档，这样集合才会真正创建。

此外，还可以通过 Database 对象的 list_collection_names() 方法获取当前数据库中的所有集合，以用于判断创建的集合是否存在，示例代码如下：

```python
# 资源包\Code\chapter16\16.2\1629.py
import pymongo
client = pymongo.MongoClient(host = "localhost", port = 27017)
db = client.test
collection = db.user
collection_list = db.list_collection_names()
if 'user' in collection_list:
    print('集合 user 已经存在')
else:
    print('集合 user 不存在')
```

4. 其他操作

首先,需要了解一个概念,即 MongoDB 中的文档,其与关系数据库中的数据概念相类似。

1) 插入文档

可以通过 Collection 对象的 insert_one()方法和 insert_many()方法插入文档。

(1) insert_one()方法用于插入单条文档,返回的类型为 InsertOneResult 对象,可以通过调用其 inserted_id 属性,获取插入文档的 id 的值,其语法格式如下:

```
collection.insert_one(dt)
```

其中,参数 dt 表示要插入的文档,该文档的类型必须为字典,示例代码如下:

```python
#资源包\Code\chapter16\16.2\1630.py
import pymongo
client = pymongo.MongoClient(host="localhost", port=27017)
db = client.test
collection = db.user
#插入单条文档
result = collection.insert_one({'name': '夏正东', 'age': 35, 'teach': 'Python'})
#返回插入文档的 id
print(result.inserted_id)
```

(2) insert_many()方法用于插入多条文档,返回的类型为 InsertManyResult 对象,可以通过调用其 inserted_ids 属性,获取插入文档的 id 组成的列表,其语法格式如下:

```
collection.insert_many(lt)
```

其中,参数 dt 表示要插入的文档,该文档的类型必须为字典组成的列表,示例代码如下:

```python
#资源包\Code\chapter16\16.2\1631.py
import pymongo
client = pymongo.MongoClient(host="localhost", port=27017)
db = client.test
collection = db.user
#插入多条文档
results = collection.insert_many([{'name': '夏正东', 'age': 35, 'teach': 'Python'}, {'name': '于萍', 'age': 66, 'teach': 'DataAnalysis'}])
#返回插入文档的 id 组成的列表
print(results.inserted_ids)
```

2) 修改文档

可以通过 Collection 对象的 update_one()方法和 update_many()方法修改文档。

(1) update_one()方法用于修改单条文档中的数据,返回的类型为 UpdateResult 对象,可以通过调用其 matched_count 属性和 modified_count 属性分别获取匹配的条数和影响的

条数,其语法格式如下:

```
update_one(condition, data)
```

其中,参数 condition 表示查询条件;参数 data 表示要修改的字段,示例代码如下:

```
#资源包\Code\chapter16\16.2\1632.py
import pymongo
client = pymongo.MongoClient(host="localhost", port=27017)
db = client.test
collection = db.user
results = collection.insert_many([{'name': '夏正东', 'age': 35, 'teach': 'Python'}, {'name':
'于萍', 'age': 66, 'teach': 'DataAnalysis'}])
#修改单条文档
result = collection.update_one({'name': '夏正东'}, {'$set': {'teach': 'PHP'}})
print(f'匹配的条数:{result.matched_count}')
print(f'影响的行数:{result.modified_count}')
```

注意,如果查找到的匹配数据多于 1 条,则只会修改第 1 条数据。

(2) update_many()方法用于修改多条文档中的数据,返回的类型为 UpdateResult 对象,其语法格式如下:

```
update_many(condition, data)
```

其中,参数 condition 表示查询条件;参数 data 表示要修改的字段,示例代码如下:

```
#资源包\Code\chapter16\16.2\1633.py
import pymongo
client = pymongo.MongoClient(host="localhost", port=27017)
db = client.test
collection = db.user
results = collection.insert_many([{'name': '夏正东', 'age': 35, 'teach': 'Python'}, {'name':
'于萍', 'age': 66, 'teach': 'DataAnalysis'}])
#修改多条文档
result = collection.update_many({"teach": {"$regex": "^P"}}, {'$set': {'name': '夏正东'}})
print(f'匹配的条数:{result.matched_count}')
print(f'影响的行数:{result.modified_count}')
```

3) 删除文档

可以通过 Collection 对象的 delete_one()方法和 delete_many()方法删除文档。

(1) delete_one()方法用于删除单条文档,返回的类型为 DeleteResult 对象,其语法格式如下:

```
delete_one(condition)
```

其中,参数 condition 表示查询条件,示例代码如下:

```python
# 资源包\Code\chapter16\16.2\1634.py
import pymongo
client = pymongo.MongoClient(host="localhost", port=27017)
db = client.test
collection = db.user
results = collection.insert_many([{'name': '夏正东', 'age': 35, 'teach': 'Python'}, {'name': '于萍', 'age': 66, 'teach': 'DataAnalysis'}])
# 删除单条文档
collection.delete_one({"name": "夏正东"})
```

（2）delete_many()方法用于删除多条文档，返回的类型为 DeleteResult 对象，其语法格式如下：

```
delete_one(condition)
```

其中，参数 condition 表示查询条件，示例代码如下：

```python
# 资源包\Code\chapter16\16.2\1635.py
import pymongo
client = pymongo.MongoClient(host="localhost", port=27017)
db = client.test
collection = db.user
results = collection.insert_many([{'name': '夏正东', 'age': 35, 'teach': 'Python'}, {'name': '于萍', 'age': 66, 'teach': 'DataAnalysis'}])
# 删除多条文档
collection.delete_many({"teach": {"$regex": "^P"}})
```

4）查询文档

可以通过 Collection 对象的 find_one()方法和 find()方法删除文档。

（1）find_one()方法用于查询文档，返回单条结果，其语法格式如下：

```
collection.find_one(condition)
```

其中，参数 condition 表示查询条件，如果省略该参数，则查询数据库中的第 1 条文档，示例代码如下：

```python
# 资源包\Code\chapter16\16.2\1636.py
import pymongo
client = pymongo.MongoClient(host="localhost", port=27017)
db = client.test
collection = db.user
results = collection.insert_many([{'name': '夏正东', 'age': 35, 'teach': 'Python'}, {'name': '于萍', 'age': 66, 'teach': 'DataAnalysis'}])
# 查询集合中的第 1 条文档
result = collection.find_one()
print(result)
```

```
print('----------------')
# 查询 name 为夏正东的第 1 条文档
result = collection.find_one({'name': '夏正东'})
print(result)
```

(2) find()方法用于查询文档,返回生成器对象,其语法格式如下:

```
collection.find(condition)
```

其中,参数 condition 表示查询条件,如果省略该参数,则查询数据库中的所有文档,示例代码如下:

```
# 资源包\Code\chapter16\16.2\1637.py
import pymongo
client = pymongo.MongoClient(host = "localhost", port = 27017)
db = client.test
collection = db.user
results = collection.insert_many([{'name': '夏正东', 'age': 35, 'teach': 'Python'}, {'name': '于萍', 'age': 66, 'teach': 'DataAnalysis'}])
# 查询集合中的全部文档
results = collection.find()
for item in results:
    print(item)
print('----------------')
# 查询集合中 name 为于萍的全部文档
results = collection.find({'name': '于萍'})
for item in results:
    print(item)
```

5) 文档排序

通过 sort()方法对指定字段的文档进行升序或降序排序,其语法格式如下:

```
sort(field, order)
```

其中,参数 field 表示要排序的字段;参数 order 表示排序规则,pymongo.ASCENDING 表示升序,可简写为 1,pymongo.DESCENDING 表示降序,可简写为 -1,默认为升序。示例代码如下:

```
# 资源包\Code\chapter16\16.2\1638.py
import pymongo
client = pymongo.MongoClient(host = "localhost", port = 27017)
db = client.test
collection = db.user
results = collection.insert_many([{'name': '夏正东', 'age': 35, 'teach': 'Python'}, {'name': '于萍', 'age': 66, 'teach': 'DataAnalysis'}])
# 按照 age 降序排序
results_age = collection.find().sort('age', -1)
```

```
for result in results_age:
    print(result)
```

6) 文档计数

通过 count_documents() 方法可以对指定条件的文档进行计数,其语法格式如下:

```
count_documents(condition)
```

其中,参数 condition 表示查询条件,示例代码如下:

```
#资源包\Code\chapter16\16.2\1639.py
import pymongo
client = pymongo.MongoClient(host = "localhost", port = 27017)
db = client.test
collection = db.user
results = collection.insert_many([{'name': '夏正东', 'age': 35, 'teach': 'Python'}, {'name':
'于萍', 'age': 66, 'teach': 'DataAnalysis'}])
#统计 age 为 35 的文档个数
num = collection.count_documents({'age': 35})
print(num)
```

7) 文档偏移

通过 skip() 方法可以对文档进行偏移位置,例如偏移 1,表示忽略查询结果中的前 1 个文档,得到第 2 个及以后的文档,其语法格式如下:

```
skip(num)
```

其中,参数 num 表示偏移的数量,示例代码如下:

```
#资源包\Code\chapter16\16.2\1640.py
import pymongo
client = pymongo.MongoClient(host = "localhost", port = 27017)
db = client.test
collection = db.user
results = collection.insert_many([{'name': '夏正东', 'age': 35, 'teach': 'Python'}, {'name':
'于萍', 'age': 66, 'teach': 'DataAnalysis'}])
#忽略查询结果中的前 1 个文档,获得第 2 个及以后的文档
results_new = collection.find().skip(1)
for result in results_new:
    print(result)
```

8) 文档数量限制

通过 limit() 方法可以对文档数量进行限制查询,其语法格式如下:

```
limit(num)
```

其中,参数 num 表示限制的数量,示例代码如下:

```
# 资源包\Code\chapter16\16.2\1641.py
import pymongo
client = pymongo.MongoClient(host = "localhost", port = 27017)
db = client.test
collection = db.user
results = collection.insert_many([{'name': '夏正东', 'age': 35, 'teach': 'Python'}, {'name': '于萍', 'age': 66, 'teach': 'DataAnalysis'}])
# 忽略查询结果中的前1个文档,并将获得文档的个数限制为两个
results_new = collection.find().skip(1).limit(2)
for result in results_new:
    print(result)
```

16.2.2 Redis

Redis(Remote Dictionary Server),即远程字典服务,是一个开源的,并且基于内存的键值型非关系数据库,其存取效率极高,支持多种存储数据结构。Redis 使用 ANSI C 语言编写,并且遵守 BSD 协议。

在 Python 中使用 Redis 需要安装第三方库中的 redis-py 模块,只需要在命令提示符中输入指令 pip install redis 便可以完成相关安装。

下面学习一下 Redis 的相关操作。

1. 建立数据库连接

通过 StrictRedis 类建立数据库连接,并获得 Redis 对象,其语法格式如下:

```
StrictRedis(host, port, db, password)
```

其中,参数 host 表示 URL 网址,或表示连接字符串;参数 port 表示端口号,默认为 6379;参数 db 表示数据库的代号;参数 password 表示 Redis 的密码,示例代码如下:

```
# 资源包\Code\chapter16\16.2\1642.py
import redis
redis = redis.StrictRedis(host = 'localhost', port = 6379, db = 0, password = None)
```

2. 字符串的相关操作

Redis 支持最基本的字符串存储,其相关方法如下。

1) set()方法

该方法用于设置指定键的值,成功后的返回值为 True,否则返回值为 False。注意,如果指定的键已经存储了其他的值,则无视类型覆盖其原来的值,其语法格式如下:

```
set(name, value)
```

其中,参数 name 表示键名;参数 value 表示值,示例代码如下:

```
# 资源包\Code\chapter16\16.2\1643.py
import redis
```

```
redis = redis.StrictRedis(host = 'localhost', port = 6379, db = 0, password = None)
# 删除当前数据库中所有的键
redis.flushdb()
value = redis.set('URL', 'http://www.oldxia.com')
# 输出结果为 True
print(value)
```

2）get()方法

该方法用于返回指定键的值。注意，如果指定的键不存在，则返回 None，并且如果指定键的值不是字符串类型，则程序报错，其语法格式如下：

```
get(name)
```

其中，参数 name 表示键名，示例代码如下：

```
# 资源包\Code\chapter16\16.2\1644.py
import redis
redis = redis.StrictRedis(host = 'localhost', port = 6379, db = 0, password = None)
# 删除当前数据库中所有的键
redis.flushdb()
redis.set('URL', 'http://www.oldxia.com')
# 输出结果为 b'http://www.oldxia.com'
print(redis.get('URL'))
# 输出结果为 None
print(redis.get('age'))
redis.set('name', ['xzd', 'yp', 'xxg'])
# 报错
print(redis.get('name'))
```

3）getset()方法

该方法用于设置指定键的值，并返回该键原来的值。注意，如果指定的键不存在，则返回 None，并且如果指定的键的值不是字符串类型，则程序报错，其语法格式如下：

```
getset(name, value)
```

其中，参数 name 表示键名；参数 value 表示值，示例代码如下：

```
# 资源包\Code\chapter16\16.2\1645.py
import redis
redis = redis.StrictRedis(host = 'localhost', port = 6379, db = 0, password = None)
# 删除当前数据库中所有的键
redis.flushdb()
redis.set('URL', 'http://www.oldxia.com')
# 输出结果为 b'http://www.oldxia.com'
print(redis.getset('URL', 'http://www.baidu.com'))
# 输出结果为 b'http://www.baidu.com'
print(redis.get('URL'))
```

4）mget()方法

该方法用于返回一个或多个指定键的值所组成的列表。注意，如果指定不存在的键，则返回 None，其语法格式如下：

```
mget(keys)
```

其中，参数 keys 表示一个或多个指定键所组成的列表，示例代码如下：

```python
#资源包\Code\chapter16\16.2\1646.py
import redis
redis = redis.StrictRedis(host = 'localhost', port = 6379, db = 0, password = None)
#删除当前数据库中所有的键
redis.flushdb()
redis.set('name', 'xzd')
redis.set('teach', 'Python')
#输出结果为[b'xzd', b'Python']
print(redis.mget(['name', 'teach']))
#输出结果为[b'xzd', b'Python', None]
print(redis.mget(['name', 'teach', 'age']))
```

5）setnx()方法

该方法用于当指定的键不存在时，设置该键的值，成功后的返回值为 True，否则返回值为 False，其语法格式如下：

```
setnx(name, value)
```

其中，参数 name 表示键名；参数 value 表示值，示例代码如下：

```python
#资源包\Code\chapter16\16.2\1647.py
import redis
redis = redis.StrictRedis(host = 'localhost', port = 6379, db = 0, password = None)
#删除当前数据库中所有的键
redis.flushdb()
redis.set('name', 'xzd')
#改变之前的值
redis.set('name', 'xxg')
#不改变之前的值
redis.setnx('name', 'yp')
value = redis.setnx('teach', 'Python')
#输出结果为True
print(value)
#输出结果为b'Python'
print(redis.get('teach'))
#输出结果为b'xxg'
print(redis.get('name'))
```

6）setex()方法

该方法用于设置指定键的值，并设置该键的过期时间，单位为秒，成功后的返回值为

True,否则返回值为 False。注意,如果指定的键存在,则替换其原来的值,其语法格式如下:

```
setex(name, time, value)
```

其中,参数 name 表示键名;参数 time 表示过期时间;参数 value 表示值,示例代码如下:

```
#资源包\Code\chapter16\16.2\1648.py
import redis
redis = redis.StrictRedis(host = 'localhost', port = 6379, db = 0, password = None)
#删除当前数据库中所有的键
redis.flushdb()
value = redis.setex('name', 10, 'xzd')
#输出结果为 True
print(value)
```

7) setrange()方法

该方法用于使用指定的字符串从指定的位置开始覆盖指定键所存储的字符串值,并返回修改后的字符串长度,其语法格式如下:

```
setrange(name, offset, value)
```

其中,参数 name 表示键名;参数 offset 表示偏移量;参数 value 表示值,示例代码如下:

```
#资源包\Code\chapter16\16.2\1649.py
import redis
redis = redis.StrictRedis(host = 'localhost', port = 6379, db = 0, password = None)
#删除当前数据库中所有的键
redis.flushdb()
redis.set('teach', 'Python')
num = redis.setrange('teach', 5, 'xzd')
#输出结果为 8
print(num)
#输出结果为 b'Pythoxzd'
print(redis.get('teach'))
```

8) mset()方法

该方法用于设置一个或多个指定键的值,成功后的返回值为 True,否则返回值为 False,其语法格式如下:

```
mset(mapping)
```

其中,参数 mapping 表示字典类型的键值对,示例代码如下:

```
# 资源包\Code\chapter16\16.2\1650.py
import redis
redis = redis.StrictRedis(host = 'localhost', port = 6379, db = 0, password = None)
# 删除当前数据库中所有的键
redis.flushdb()
value = redis.mset({'name': 'xzd', 'teach': 'Python'})
# 输出结果为 True
print(value)
# 输出结果为 b'xzd'
print(redis.get('name'))
```

9) msetnx()方法

该方法用于当所有指定的键都不存在时,设置该键的值,成功后的返回值为 True,否则返回值为 False,其语法格式如下:

```
msetnx(mapping)
```

其中,参数 mapping 表示字典类型的键值对,示例代码如下:

```
# 资源包\Code\chapter16\16.2\1651.py
import redis
redis = redis.StrictRedis(host = 'localhost', port = 6379, db = 0, password = None)
# 删除当前数据库中所有的键
redis.flushdb()
value = redis.msetnx({'name': 'xzd', 'teach': 'Python'})
# 输出结果为 True
print(value)
# 输出结果为 b'xzd'
print(redis.get('name'))
```

10) incr()方法

该方法用于将指定键的数值增加指定的值,并返回该值。注意,如果指定的键不存在,则创建该键,并将该键的值设置为增加的值,并且如果指定的键的值不是数值,或者不是字符串类型的数值,则程序报错,其语法格式如下:

```
incr(name, amount)
```

其中,参数 name 表示键名;参数 amount 表示增加的值,示例代码如下:

```
# 资源包\Code\chapter16\16.2\1652.py
import redis
redis = redis.StrictRedis(host = 'localhost', port = 6379, db = 0, password = None)
# 删除当前数据库中所有的键
redis.flushdb()
redis.set('age', '35')
value = redis.incr('age', 2)
```

```
#输出结果为 37
print(value)
#输出结果为 b'37'
print(redis.get('age'))
```

11) decr()方法

该方法用于将指定键的数值减少指定的值,并返回该值。注意,如果指定的键不存在,则创建该键,并将该键的值设置为减少的值,并且如果指定的键的值不是数值,或者不是字符串类型的数值,则程序报错,其语法格式如下:

```
decr(name, amount)
```

其中,参数 name 表示键名;参数 amount 表示减少的值,示例代码如下:

```
#资源包\Code\chapter16\16.2\1653.py
import redis
redis = redis.StrictRedis(host = 'localhost', port = 6379, db = 0, password = None)
#删除当前数据库中所有的键
redis.flushdb()
redis.set('age', '35')
value = redis.decr('age', 2)
#输出结果为 33
print(value)
#输出结果为 b'33'
print(redis.get('age'))
```

12) append()方法

该方法用于给指定的键追加值,并返回追加之后的字符串长度。注意,如果指定的键不存在,则其用法与 set()方法一致,其语法格式如下:

```
append(name, value)
```

其中,参数 name 表示键名;参数 value 表示值,示例代码如下:

```
#资源包\Code\chapter16\16.2\1654.py
import redis
redis = redis.StrictRedis(host = 'localhost', port = 6379, db = 0, password = None)
#删除当前数据库中所有的键
redis.flushdb()
redis.set('name', 'xzd')
num = redis.append('name', '&yp')
#输出结果为 6
print(num)
#输出结果为 b'xzd&yp'
print(redis.get('name'))
```

13) getrange()方法

该方法用于从指定键的值中截取子字符串并返回,其语法格式如下:

```
getrange(key, start[, end])
```

其中,参数 key 表示键名;参数 start 表示起始索引;参数 end 为可选参数,表示结束索引,如果省略该参数,则默认值为-1,表示截取到末尾,示例代码如下:

```
#资源包\Code\chapter16\16.2\1655.py
import redis
redis = redis.StrictRedis(host = 'localhost', port = 6379, db = 0, password = None)
#删除当前数据库中所有的键
redis.flushdb()
redis.set('teach', 'Python')
value = redis.getrange('teach', 1, 3)
#输出结果为 b'yth'
print(value)
```

3. 列表的相关操作

Redis 支持列表存储,列表内的元素按照插入顺序排序,此外,列表内的元素可以重复,而且可以从两端存储,其相关方法如下。

1) rpush()方法

该方法用于将一个或多个元素插入指定列表的末尾,并返回该列表的长度。注意,如果指定的列表不存在,则创建该列表并将一个或多个元素插入该列表的末尾,并且如果指定列表的值不是列表类型,则程序报错,其语法格式如下:

```
rpush(name, * value)
```

其中,参数 name 表示列表的键名;参数 value 表示列表中的元素,并且该参数可以传递多个元素,示例代码如下:

```
#资源包\Code\chapter16\16.2\1656.py
import redis
redis = redis.StrictRedis(host = 'localhost', port = 6379, db = 0, password = None)
#删除当前数据库中所有的键
redis.flushdb()
num = redis.rpush('teach', 'Python', 'Linux', 'PHP')
#输出结果为 3
print(num)
```

2) lpush()方法

该方法用于将一个或多个元素插入指定列表的头部,并返回该列表的长度。注意,如果指定的列表不存在,则创建该列表并将一个或多个元素插入该列表的头部,并且如果指定列表的值不是列表类型,则程序报错,其语法格式如下:

```
lpush(name, * value)
```

其中,参数 name 表示列表的键名;参数 value 表示列表中的元素,并且该参数可以传递多个元素,示例代码如下:

```
#资源包\Code\chapter16\16.2\1657.py
import redis
redis = redis.StrictRedis(host = 'localhost', port = 6379, db = 0, password = None)
#删除当前数据库中所有的键
redis.flushdb()
num = redis.lpush('teach', 'Python', 'Linux', 'PHP')
#输出结果为 3
print(num)
```

3) llen()方法

该方法用于返回指定列表的长度。注意,如果指定的列表不存在,则返回 0,其语法格式如下:

```
llen(name)
```

其中,参数 name 表示列表的键名,示例代码如下:

```
#资源包\Code\chapter16\16.2\1658.py
import redis
redis = redis.StrictRedis(host = 'localhost', port = 6379, db = 0, password = None)
#删除当前数据库中所有的键
redis.flushdb()
redis.lpush('teach', 'Python', 'Linux', 'PHP')
#输出结果为 3
print(redis.llen('teach'))
#输出结果为 0
print(redis.llen('other_teach'))
```

4) lrange()方法

该方法用于返回指定列表中指定闭区间的元素,其语法格式如下:

```
lrange(name, start, end)
```

其中,参数 name 表示列表的键名;参数 start 表示起始索引;参数 end 表示结束索引,示例代码如下:

```
#资源包\Code\chapter16\16.2\1659.py
import redis
redis = redis.StrictRedis(host = 'localhost', port = 6379, db = 0, password = None)
#删除当前数据库中所有的键
```

```
redis.flushdb()
redis.lpush('teach', 'Python', 'Linux', 'PHP')
#输出结果为[b'PHP', b'Linux', b'Python']
print(redis.lrange('teach', 0, -1))
```

5) ltrim()方法

该方法用于从指定列表中保留指定闭区间的元素,成功后的返回值为 True,否则返回值为 False,其语法格式如下:

```
ltrim(name, start, end)
```

其中,参数 name 表示列表的键名;参数 start 表示起始索引;参数 end 表示结束索引,示例代码如下:

```
#资源包\Code\chapter16\16.2\1660.py
import redis
redis = redis.StrictRedis(host = 'localhost', port = 6379, db = 0, password = None)
#删除当前数据库中所有的键
redis.flushdb()
redis.lpush('teach', 'Python', 'Linux', 'PHP')
value = redis.ltrim('teach', 1, 2)
#输出结果为 True
print(value)
#输出结果为[b'Linux', b'Python']
print(redis.lrange('teach', 0, -1))
```

6) lindex()方法

该方法用于返回指定列表中指定索引的元素。注意,如果索引不在指定列表的范围内,则返回 None,其语法格式如下:

```
lindex(name, index)
```

其中,参数 name 表示列表的键名;参数 index 表示索引,示例代码如下:

```
#资源包\Code\chapter16\16.2\1661.py
import redis
redis = redis.StrictRedis(host = 'localhost', port = 6379, db = 0, password = None)
#删除当前数据库中所有的键
redis.flushdb()
redis.rpush('teach', 'Python', 'Linux', 'PHP')
#输出结果为 b'Python'
print(redis.lindex('teach', 0))
```

7) lset()方法

该方法用于给指定列表中指定索引的元素设置值,成功后的返回值为 True,否则程序报错。注意,当指定的索引超出指定列表的索引范围或者指定的列表为空列表时,程序报

错,其语法格式如下:

```
lset(name, index, value)
```

其中,参数 name 表示列表的键名;参数 index 表示索引;参数 value 表示列表中的元素,示例代码如下:

```
# 资源包\Code\chapter16\16.2\1662.py
import redis
redis = redis.StrictRedis(host = 'localhost', port = 6379, db = 0, password = None)
# 删除当前数据库中所有的键
redis.flushdb()
redis.rpush('teach', 'Python', 'Linux', 'PHP')
value = redis.lset('teach', 0, 'JavaScript')
# 输出结果为 True
print(value)
# 输出结果为[b'JavaScript', b'Linux', b'PHP']
print(redis.lrange('teach', 0, -1))
```

8) lrem()方法

该方法用于移除指定列表中指定个数的元素,并返回被移除元素的数量。注意,如果指定的列表不存在,则返回 0,其语法格式如下:

```
lrem(name, count, value)
```

其中,参数 name 表示列表的键名;参数 count 表示删除的个数;参数 value 表示列表中的元素,示例代码如下:

```
# 资源包\Code\chapter16\16.2\1663.py
import redis
redis = redis.StrictRedis(host = 'localhost', port = 6379, db = 0, password = None)
# 删除当前数据库中所有的键
redis.flushdb()
redis.rpush('teach', '1', '7', '5', '7', '7', '2')
num = redis.lrem('teach', 2, '7')
# 输出结果为 2
print(num)
# 输出结果为[b'1', b'5', b'7', b'2']
print(redis.lrange('teach', 0, -1))
other_num = redis.lrem('other_teach', 2, '7')
# 输出结果为 0
print(other_num)
```

9) lpop()方法

该方法用于移除指定列表中的第 1 个元素,并返回被移除的元素。注意,如果指定的列表不存在,则返回 None,其语法格式如下:

```
lpop(name)
```

其中,参数 name 表示列表的键名,示例代码如下:

```
# 资源包\Code\chapter16\16.2\1664.py
import redis
redis = redis.StrictRedis(host = 'localhost', port = 6379, db = 0, password = None)
# 删除当前数据库中所有的键
redis.flushdb()
redis.rpush('teach', 'Python', 'Linux', 'PHP')
element = redis.lpop('teach')
# 输出结果为 b'Python'
print(element)
# 输出结果为[b'Linux', b'PHP']
print(redis.lrange('teach', 0, -1))
other_element = redis.lpop('other_teach')
# 输出结果为 None
print(other_element)
```

10) rpop()方法

该方法用于移除指定列表中的最后一个元素,并返回被移除的元素。注意,如果指定的列表不存在,则返回 None,其语法格式如下:

```
rpop(name)
```

其中,参数 name 表示列表的键名,示例代码如下:

```
# 资源包\Code\chapter16\16.2\1665.py
import redis
redis = redis.StrictRedis(host = 'localhost', port = 6379, db = 0, password = None)
# 删除当前数据库中所有的键
redis.flushdb()
redis.rpush('teach', 'Python', 'Linux', 'PHP')
element = redis.rpop('teach')
# 输出结果为 b'PHP'
print(element)
# 输出结果为[b'Python', b'Linux']
print(redis.lrange('teach', 0, -1))
other_element = redis.lpop('other_teach')
# 输出结果为 None
print(other_element)
```

11) blpop()方法

该方法用于移除指定列表中的第 1 个元素,并返回该列表的键名和被移除元素所组成的列表。注意,如果指定的列表为空,则一直阻塞该列表直到等待超时或发现可移除的元素为止,其语法格式如下:

```
blpop(keys[, timeout])
```

其中,参数 keys 表示列表的键名;参数 timeout 为可选参数,表示超时时间,如果省略该参数,则默认值为 0,表示一直阻塞直到发现可移除的元素为止,示例代码如下:

```
# 资源包\Code\chapter16\16.2\1666.py
import redis
redis = redis.StrictRedis(host = 'localhost', port = 6379, db = 0, password = None)
# 删除当前数据库中所有的键
redis.flushdb()
redis.rpush('teach', 'Python', 'Linux', 'PHP')
# 输出结果为(b'teach', b'Python')
print(redis.blpop('teach'))
```

12) brpop()方法

该方法用于移除指定列表中的最后一个元素,并返回该列表的键名和被移除元素所组成的列表。注意,如果指定的列表为空,则一直阻塞该列表直到等待超时或发现可移除的元素为止,其语法格式如下:

```
brpop(keys[, timeout])
```

其中,参数 keys 表示列表的键名;参数 timeout 为可选参数,表示超时时间,如果省略该参数,则默认值为 0,表示一直阻塞直到发现可移除的元素为止,示例代码如下:

```
# 资源包\Code\chapter16\16.2\1667.py
import redis
redis = redis.StrictRedis(host = 'localhost', port = 6379, db = 0, password = None)
# 删除当前数据库中所有的键
redis.flushdb()
redis.rpush('teach', 'Python', 'Linux', 'PHP')
# 输出结果为(b'teach', b'PHP')
print(redis.brpop('teach'))
```

13) rpoplpush()方法

该方法用于移除指定列表中的最后一个元素,并将该元素添加至另外一个列表中,返回被移除的元素,其语法格式如下:

```
rpoplpush(src, dst)
```

其中,参数 src 表示原列表的键名;参数 dst 表示新列表的键名,示例代码如下:

```
# 资源包\Code\chapter16\16.2\1668.py
import redis
redis = redis.StrictRedis(host = 'localhost', port = 6379, db = 0, password = None)
# 删除当前数据库中所有的键
```

```
redis.flushdb()
redis.rpush('teach', 'Python', 'Linux', 'PHP')
#输出结果为b'PHP'
print(redis.rpoplpush('teach', 'new_teach'))
#输出结果为[b'PHP']
print(redis.lrange('new_teach', 0, -1))
```

4. 集合的相关操作

Redis 支持集合存储，Redis 中的集合指的是无序集合，其内部成员是唯一的，即集合中不能出现重复的数据，其相关方法如下。

1) sadd()方法

该方法用于将一个或多个元素添加到指定的集合之中，并返回添加元素的数量，该数量不包括被更新和已经存在于集合中的元素。注意，如果指定的集合不存在，则创建一个只包含添加元素的集合，其语法格式如下：

```
sadd(name, *value)
```

其中，参数 name 表示集合的键名；参数 value 表示集合中的元素，并且该参数可以传递多个元素，示例代码如下：

```
#资源包\Code\chapter16\16.2\1669.py
import redis
redis = redis.StrictRedis(host = 'localhost', port = 6379, db = 0, password = None)
#删除当前数据库中所有的键
redis.flushdb()
num = redis.sadd('teach', 'Python', 'Linux', 'PHP')
#输出结果为3
print(num)
other_num = redis.sadd('teach', 'Java', 'JavaScript', 'PHP')
#输出结果为2
print(other_num)
```

2) smembers()方法

该方法用于返回指定集合中的所有元素。注意，如果指定的集合不存在，则返回空集合，其语法格式如下：

```
smembers(name)
```

其中，参数 name 表示集合的键名，示例代码如下：

```
#资源包\Code\chapter16\16.2\1670.py
import redis
redis = redis.StrictRedis(host = 'localhost', port = 6379, db = 0, password = None)
#删除当前数据库中所有的键
redis.flushdb()
redis.sadd('teach', 'Python', 'Linux', 'PHP')
```

```
#输出结果为{b'Python', b'Linux', b'PHP'}
print(redis.smembers('teach'))
#输出结果为set()
print(redis.smembers('teach_other'))
```

3) srandmember()方法

该方法用于随机返回指定集合中指定数量的元素。注意,如果指定的集合不存在,则返回None,其语法格式如下:

```
srandmember(name[, number])
```

其中,参数name表示集合的键名;参数number为可选参数,表示数量,如果省略该参数,则默认值为1,示例代码如下:

```
#资源包\Code\chapter16\16.2\1671.py
import redis
redis = redis.StrictRedis(host = 'localhost', port = 6379, db = 0, password = None)
#删除当前数据库中所有的键
redis.flushdb()
redis.sadd('teach', 'Python', 'Linux', 'PHP')
#输出结果为b'Linux'
print(redis.srandmember('teach'))
#输出结果为[b'Python', b'PHP']
print(redis.srandmember('teach', 2))
#输出结果为None
print(redis.srandmember('teach_other'))
```

4) srem()方法

该方法用于移除指定集合中的一个或多个元素,返回被移除元素的数量,该数量不包括不存在的元素,其语法格式如下:

```
srem(name, * value)
```

其中,参数name表示集合的键名;参数value表示集合中的元素,并且该参数可以传递多个元素,示例代码如下:

```
#资源包\Code\chapter16\16.2\1672.py
import redis
redis = redis.StrictRedis(host = 'localhost', port = 6379, db = 0, password = None)
#删除当前数据库中所有的键
redis.flushdb()
redis.sadd('teach', 'Python', 'Linux', 'PHP')
num = redis.srem('teach', 'Python', 'Linux', 'Java')
#输出结果为2
print(num)
#输出结果为{b'PHP'}
print(redis.smembers('teach'))
```

5）spop()方法

该方法用于随机移除指定集合中的一个或多个元素,返回被移除的元素。注意,当指定的集合不存在时,返回None,其语法格式如下:

```
spop(name[, number])
```

其中,参数name表示集合的键名;参数number为可选参数,表示数量,如果省略该参数,则默认值为1,示例代码如下:

```python
# 资源包\Code\chapter16\16.2\1673.py
import redis
redis = redis.StrictRedis(host = 'localhost', port = 6379, db = 0, password = None)
# 删除当前数据库中所有的键
redis.flushdb()
redis.sadd('teach', 'Python', 'Linux', 'PHP', 'Java')
element = redis.spop('teach')
# 输出结果为 b'Linux'
print(element)
other_element = redis.spop('teach', 2)
# 输出结果为[b'Linux', b'PHP']
print(other_element)
# 输出结果为{b'Java'}
print(redis.smembers('teach'))
value = redis.spop('other_teach')
# 输出结果为 None
print(value)
```

6）smove()方法

该方法用于从指定集合中移除一个元素,并将该元素添加至另外一个集合中,成功后的返回值为True,否则返回值为False,其语法格式如下:

```
smove(src, dst, value)
```

其中,参数src表示原集合的键名;参数dst表示新集合的键名;参数value表示集合中的元素,示例代码如下:

```python
# 资源包\Code\chapter16\16.2\1674.py
import redis
redis = redis.StrictRedis(host = 'localhost', port = 6379, db = 0, password = None)
# 删除当前数据库中所有的键
redis.flushdb()
redis.sadd('teach', 'Python', 'Linux', 'PHP')
value = redis.smove('teach', 'new_teach', 'Python')
# 输出结果为 True
print(value)
# 输出结果为{b'PHP', b'Linux'}
print(redis.smembers('teach'))
# 输出结果为{b'Python'}
```

```
print(redis.smembers('new_teach'))
other_value = redis.smove('teach', 'new_teach', 'Java')
#输出结果为 False
print(other_value)
```

7) scard()方法

该方法用于返回指定集合中元素的个数。注意,如果指定的集合不存在,则返回 0,其语法格式如下：

```
scard(name)
```

其中,参数 name 表示集合的键名,示例代码如下：

```
#资源包\Code\chapter16\16.2\1675.py
import redis
redis = redis.StrictRedis(host = 'localhost', port = 6379, db = 0, password = None)
#删除当前数据库中所有的键
redis.flushdb()
redis.sadd('teach', 'Python', 'Linux', 'PHP')
#输出结果为 3
print(redis.scard('teach'))
#输出结果为 0
print(redis.scard('other_teach'))
```

8) sismember()方法

该方法用于判断指定的元素是否属于指定的集合,如果属于,则返回值为 True；如果不属于或指定的集合不存在,则返回值为 False,其语法格式如下：

```
sismember(name, value)
```

其中,参数 name 表示集合的键名；参数 value 表示集合中的元素,示例代码如下：

```
#资源包\Code\chapter16\16.2\1676.py
import redis
redis = redis.StrictRedis(host = 'localhost', port = 6379, db = 0, password = None)
#删除当前数据库中所有的键
redis.flushdb()
redis.sadd('teach', 'Python', 'Linux', 'PHP')
#输出结果为 False
print(redis.sismember('teach', 'Java'))
#输出结果为 False
print(redis.sismember('other_teach', 'Java'))
#输出结果为 True
print(redis.sismember('teach', 'Python'))
```

9) sinter()方法

该方法用于返回所有指定集合的交集,而不存在的集合将被视为空集合,其语法格式如下：

```
sinter(keys)
```

其中，参数 keys 表示集合的键名序列，示例代码如下：

```
# 资源包\Code\chapter16\16.2\1677.py
import redis
redis = redis.StrictRedis(host = 'localhost', port = 6379, db = 0, password = None)
# 删除当前数据库中所有的键
redis.flushdb()
redis.sadd('teacher1', 'Charles', 'Vincent', 'Mark')
redis.sadd('teacher2', 'Judy', 'Peter', 'Vincent')
# 输出结果为{b'Vincent'}
print(redis.sinter(['teacher1', 'teacher2']))
```

10）sinterstore()方法

该方法用于将所有指定集合的交集添加至另外一个集合中，并返回另一个集合中元素的数量。注意，如果另外一个集合已经存在，则将其覆盖，其语法格式如下：

```
sinterstore(dest, keys)
```

其中，参数 dest 表示新集合的键名；参数 keys 表示集合的键名序列，示例代码如下：

```
# 资源包\Code\chapter16\16.2\1678.py
import redis
redis = redis.StrictRedis(host = 'localhost', port = 6379, db = 0, password = None)
# 删除当前数据库中所有的键
redis.flushdb()
redis.sadd('teacher1', 'Charles', 'Vincent', 'Mark')
redis.sadd('teacher2', 'Judy', 'Peter', 'Vincent')
num = redis.sinterstore('new_teacher', ['teacher1', 'teacher2'])
# 输出结果为 1
print(num)
# 输出结果为{b'Vincent'}
print(redis.smembers('new_teacher'))
```

11）sunion()方法

该方法用于返回所有指定集合的并集，而不存在的集合将被视为空集合，其语法格式如下：

```
sunion(keys)
```

其中，参数 keys 表示集合的键名序列，示例代码如下：

```
# 资源包\Code\chapter16\16.2\1679.py
import redis
```

```
redis = redis.StrictRedis(host = 'localhost', port = 6379, db = 0, password = None)
# 删除当前数据库中所有的键
redis.flushdb()
redis.sadd('teacher1', 'Charles', 'Vincent', 'Mark')
redis.sadd('teacher2', 'Judy', 'Peter', 'Vincent')
# 输出结果为{b'Charles', b'Judy', b'Peter', b'Mark', b'Vincent'}
print(redis.sunion(['teacher1', 'teacher2']))
```

12) sunionstore()方法

该方法用于将所有指定集合的并集添加至另外一个集合中,并返回另一个集合中元素的数量。注意,如果另外一个集合已经存在,则将其覆盖,其语法格式如下:

```
sunionstore(dest, keys)
```

其中,参数 dest 表示新集合的键名;参数 keys 表示集合的键名序列,示例代码如下:

```
# 资源包\Code\chapter16\16.2\1680.py
import redis
redis = redis.StrictRedis(host = 'localhost', port = 6379, db = 0, password = None)
# 删除当前数据库中所有的键
redis.flushdb()
redis.sadd('teacher1', 'Charles', 'Vincent', 'Mark')
redis.sadd('teacher2', 'Judy', 'Peter', 'Vincent')
num = redis.sunionstore('new_teacher', ['teacher1', 'teacher2'])
# 输出结果为 5
print(num)
# 输出结果为{b'Peter', b'Vincent', b'Judy', b'Mark', b'Charles'}
print(redis.smembers('new_teacher'))
```

13) sdiff()方法

该方法用于返回所有指定集合的差集,而不存在的集合将被视为空集合,其语法格式如下:

```
sdiff(keys)
```

其中,参数 keys 表示集合的键名序列,示例代码如下:

```
# 资源包\Code\chapter16\16.2\1681.py
import redis
redis = redis.StrictRedis(host = 'localhost', port = 6379, db = 0, password = None)
# 删除当前数据库中所有的键
redis.flushdb()
redis.sadd('teacher1', 'Charles', 'Vincent', 'Mark')
redis.sadd('teacher2', 'Judy', 'Peter', 'Vincent')
# 输出结果为{b'Mark', b'Charles'}
print(redis.sdiff(['teacher1', 'teacher2']))
```

14) sdiffstore()方法

该方法用于将所有指定集合的差集添加至另外一个集合中,并返回另一个集合中元素的数量。注意,如果另外一个集合已经存在,则将其覆盖,其语法格式如下:

```
sdiffstore(dest, keys)
```

其中,参数 dest 表示新集合的键名;参数 keys 表示集合的键名序列,示例代码如下:

```
# 资源包\Code\chapter16\16.2\1682.py
import redis
redis = redis.StrictRedis(host = 'localhost', port = 6379, db = 0, password = None)
# 删除当前数据库中所有的键
redis.flushdb()
redis.sadd('teacher1', 'Charles', 'Vincent', 'Mark')
redis.sadd('teacher2', 'Judy', 'Peter', 'Vincent')
num = redis.sdiffstore('new_teacher', ['teacher1', 'teacher2'])
# 输出结果为 2
print(num)
# 输出结果为{b'Mark', b'Charles'}
print(redis.smembers('new_teacher'))
```

5. 有序集合的相关操作

Redis 除了支持集合(无序集合)存储,还支持有序集合存储,与集合相同的是,有序集合内同样不能出现重复的数据;不同的是有序集合中的每个元素都会关联一个分数,而通过分数有序集合就可以为其中的每个元素进行排序,所以,虽然有序集合中的元素是唯一的,但分数却可以重复,其相关方法如下。

1) zadd()方法

该方法用于将一个或多个元素及其分数添加到指定的有序集合之中,并返回添加元素的数量,该数量不包括被更新和已经存在于有序集合中的元素。注意,如果指定的有序集合不存在,则创建一个只包含添加元素的有序集合,并且如果该元素存在于有序集合中,则更新这个元素的分数,其语法格式如下:

```
zadd(name, mapping)
```

其中,参数 name 表示有序集合的键名;参数 mapping 表示字典类型的键值对,示例代码如下:

```
# 资源包\Code\chapter16\16.2\1683.py
import redis
redis = redis.StrictRedis(host = 'localhost', port = 6379, db = 0, password = None)
# 删除当前数据库中所有的键
redis.flushdb()
num = redis.zadd('teach', {'Python': 100, 'Linux': 99, 'PHP': 98})
# 输出结果为 3
print(num)
other_num = redis.zadd('other_teach', {'Java': 101, 'JavaScript': 102})
# 输出结果为 2
print(other_num)
```

2) zrevrange()方法

该方法用于返回有序集合中指定闭区间的元素,而返回元素的顺序为其分数的降序排序,其语法格式如下:

```
zrevrange(name, start, end[, withscores])
```

其中,参数 name 表示有序集合的键名;参数 start 表示起始索引;参数 end 表示结束索引;参数 withscores 为可选参数,表示是否有分数,如果省略该参数,则默认值为 False,表示没有分数,示例代码如下:

```python
#资源包\Code\chapter16\16.2\1684.py
import redis
redis = redis.StrictRedis(host = 'localhost', port = 6379, db = 0, password = None)
#删除当前数据库中所有的键
redis.flushdb()
redis.zadd('teach', {'Python': 100, 'Linux': 99, 'PHP': 98})
#输出结果为[b'Python', b'Linux', b'PHP']
print(redis.zrevrange('teach', 0, -1))
```

3) zrem()方法

该方法用于移除指定有序集合中的一个或多个元素,返回被移除元素的数量,该数量不包括不存在的元素,其语法格式如下:

```
zrem(name, *values)
```

其中,参数 name 表示有序集合的键名;参数 values 表示有序集合中的元素,示例代码如下:

```python
#资源包\Code\chapter16\16.2\1685.py
import redis
redis = redis.StrictRedis(host = 'localhost', port = 6379, db = 0, password = None)
#删除当前数据库中所有的键
redis.flushdb()
redis.zadd('teach', {'Python': 100, 'Linux': 99, 'PHP': 98})
num = redis.zrem('teach', 'Python', 'Linux')
#输出结果为2
print(num)
#输出结果为[b'PHP']
print(redis.zrevrange('teach', 0, -1))
```

4) zincrby()方法

该方法用于将有序集合中指定的元素的分数增加指定的值,并返回该元素的新分数。注意,如果指定的有序集合或指定的元素不存在,则其用法与 zadd()方法一致,其语法格式如下:

```
zincrby(name, amount, value)
```

其中,参数 name 表示有序集合的键名;参数 amount 表示增加的值;参数 value 表示有序集合中的元素,示例代码如下:

```python
#资源包\Code\chapter16\16.2\1686.py
import redis
redis = redis.StrictRedis(host = 'localhost', port = 6379, db = 0, password = None)
#删除当前数据库中所有的键
redis.flushdb()
redis.zadd('teach', {'Python': 100, 'Linux': 99, 'PHP': 98})
#输出结果为 97.0
print(redis.zincrby('teach', -3, 'Python'))
#输出结果为 -3.0
print(redis.zincrby('teach', -3, 'Java'))
#输出结果为[b'Python', b'Linux', b'PHP', b'Java']
print(redis.zrevrange('teach', 0, -1))
```

5) zrank()方法

该方法用于返回指定有序集合中指定元素的排名,该排名按照指定有序集合中元素分数的升序排序。注意,如果指定的元素不存在,则返回 None,其语法格式如下:

```
zrank(name, value)
```

其中,参数 name 表示有序集合的键名;参数 value 表示有序集合中的元素,示例代码如下:

```python
#资源包\Code\chapter16\16.2\1687.py
import redis
redis = redis.StrictRedis(host = 'localhost', port = 6379, db = 0, password = None)
#删除当前数据库中所有的键
redis.flushdb()
redis.zadd('teach', {'Python': 100, 'Linux': 99, 'PHP': 98})
#输出结果为 0
print(redis.zrank('teach', 'PHP'))
#输出结果为 1
print(redis.zrank('teach', 'Linux'))
#输出结果为 2
print(redis.zrank('teach', 'Python'))
#输出结果为 None
print(redis.zrank('teach', 'Java'))
```

6) zrevrank()方法

该方法用于返回指定有序集合中指定元素的排名,该排名按照指定有序集合中元素分数的降序排序。注意,如果指定的元素不存在,则返回 None,其语法格式如下:

```
zrevrank(name, value)
```

其中,参数 name 表示有序集合的键名;参数 value 表示有序集合中的元素,示例代码如下：

```python
# 资源包\Code\chapter16\16.2\1688.py
import redis
redis = redis.StrictRedis(host = 'localhost', port = 6379, db = 0, password = None)
# 删除当前数据库中所有的键
redis.flushdb()
redis.zadd('teach', {'Python': 100, 'Linux': 99, 'PHP': 98})
# 输出结果为 2
print(redis.zrevrank('teach', 'PHP'))
# 输出结果为 1
print(redis.zrevrank('teach', 'Linux'))
# 输出结果为 0
print(redis.zrevrank('teach', 'Python'))
# 输出结果为 None
print(redis.zrank('teach', 'Java'))
```

7）zrangebyscore()方法

该方法用于返回指定有序集合中指定分数闭区间的所有元素的列表，具有相同分数的元素按照字典序排列，其语法格式如下：

```
zrangebyscore(name, min, max[, start, num, withscores])
```

其中，参数 name 表示有序集合的键名；参数 min 表示最低分数；参数 max 表示最高分数；参数 start 为可选参数，表示起始索引，如果省略该参数，则默认值为 None，表示忽略索引；参数 num 为可选参数，表示元素的数量，如果省略该参数，则默认值为 None，表示全部元素；参数 withscores 为可选参数，表示是否有分数，如果省略该参数，则默认值为 False，表示没有分数，示例代码如下：

```python
# 资源包\Code\chapter16\16.2\1689.py
import redis
redis = redis.StrictRedis(host = 'localhost', port = 6379, db = 0, password = None)
# 删除当前数据库中所有的键
redis.flushdb()
redis.zadd('teach', {'Python': 100, 'Linux': 99, 'PHP': 98})
# 输出结果为[b'PHP', b'Linux']
print(redis.zrangebyscore('teach', 98, 99))
# 输出结果为[b'PHP']
print(redis.zrangebyscore('teach', 98, 99, start = 0, num = 1))
```

8）zcount()方法

该方法用于统计指定有序集合中指定分数闭区间元素的数量，其语法格式如下：

```
zcount(name, min, max)
```

其中，参数 name 表示有序集合的键名；参数 min 表示最低分数；参数 max 表示最高分数，示例代码如下：

```
# 资源包\Code\chapter16\16.2\1690.py
import redis
redis = redis.StrictRedis(host = 'localhost', port = 6379, db = 0, password = None)
# 删除当前数据库中所有的键
redis.flushdb()
redis.zadd('teach', {'Python': 100, 'Linux': 99, 'PHP': 98})
# 输出结果为 3
print(redis.zcount('teach', 98, 100))
```

9) zcard()方法

该方法用于返回指定有序集合中元素的数量，该数量不包括被更新和已经存在于集合中的元素，其语法格式如下：

```
zcard(name)
```

其中，参数 name 表示有序集合的键名，示例代码如下：

```
# 资源包\Code\chapter16\16.2\1691.py
import redis
redis = redis.StrictRedis(host = 'localhost', port = 6379, db = 0, password = None)
# 删除当前数据库中所有的键
redis.flushdb()
redis.zadd('teach', {'Python': 100, 'Linux': 99, 'PHP': 98})
# 输出结果为 3
print(redis.zcard('teach'))
```

10) zremrangebyrank()方法

该方法用于移除指定有序集中指定排名闭区间内的所有元素，返回被移除元素的数量，其语法格式如下：

```
zremrangebyrank(name, min, max)
```

其中，参数 name 表示有序集合的键名；参数 min 表示最低排名；参数 max 表示最高排名，示例代码如下：

```
# 资源包\Code\chapter16\16.2\1692.py
import redis
redis = redis.StrictRedis(host = 'localhost', port = 6379, db = 0, password = None)
# 删除当前数据库中所有的键
redis.flushdb()
redis.zadd('teach', {'Python': 100, 'Linux': 99, 'PHP': 98})
num = redis.zremrangebyrank('teach', 0, 1)
# 输出结果为 2
print(num)
# 输出结果为[b'Python']
print(redis.zrevrange('teach', 0, -1))
```

11) zremrangebyscore()方法

该方法用于移除指定有序集中指定分数闭区间内的所有元素,返回被移除元素的数量,其语法格式如下:

```
zremrangebyscore(name, min, max)
```

其中,参数 name 表示有序集合的键名;参数 min 表示最低分数;参数 max 表示最高分数,示例代码如下:

```
# 资源包\Code\chapter16\16.2\1693.py
import redis
redis = redis.StrictRedis(host = 'localhost', port = 6379, db = 0, password = None)
# 删除当前数据库中所有的键
redis.flushdb()
redis.zadd('teach', {'Python': 100, 'Linux': 99, 'PHP': 98})
num = redis.zremrangebyscore('teach', 98, 99)
# 输出结果为 2
print(num)
# 输出结果为[b'Python']
print(redis.zrevrange('teach', 0, -1))
```

6. 哈希表的相关操作

Redis 支持哈希表存储,其内部是一个 field(字段)和 value(值)所组成的映射表,哈希表特别适合用于对象的存储,其相关方法如下。

1) hset()方法

该方法用于给指定哈希表中的指定字段赋值,成功后返回 1,否则返回 0。注意,如果指定的哈希表不存在,则创建哈希表并赋值,并且如果指定的哈希表中的指定字段已经存在,则将其覆盖,其语法格式如下:

```
hset(name, key, value)
```

其中,参数 name 表示哈希表的键名;参数 key 表示哈希表中字段的名称;参数 value 表示哈希表中字段的值,示例代码如下:

```
# 资源包\Code\chapter16\16.2\1694.py
import redis
redis = redis.StrictRedis(host = 'localhost', port = 6379, db = 0, password = None)
# 删除当前数据库中所有的键
redis.flushdb()
value = redis.hset('teach', 'xzd', 'Python')
# 输出结果为 1
print(value)
```

2) hsetnx()方法

该方法用于当指定哈希表中的指定字段不存在时,给该字段赋值,成功后返回 1,否则返回 0。注意，如果指定的哈希表不存在，则创建哈希表并赋值，并且如果指定的哈希表中的指定字段已经存在，则操作无效，其语法格式如下：

```
hsetnx(name, key, value)
```

其中，参数 name 表示哈希表的键名；参数 key 表示哈希表中字段的名称；参数 value 表示哈希表中字段的值，示例代码如下：

```
#资源包\Code\chapter16\16.2\1695.py
import redis
redis = redis.StrictRedis(host = 'localhost', port = 6379, db = 0, password = None)
#删除当前数据库中所有的键
redis.flushdb()
redis.hset('teach', 'xzd', 'Python')
value = redis.hsetnx('teach', 'yp', 'Linux')
#输出结果为 1
print(value)
```

3）hmset()方法

该方法用于给指定哈希表中的多个指定字段赋值，成功后的返回值为 True，否则返回值为 False。注意，如果指定哈希表中的指定字段已经存在，则将其覆盖，并且如果指定的哈希表不存在，则创建一个空哈希表，并对该哈希表中的多个字段进行赋值，其语法格式如下：

```
hmset(name, mapping)
```

其中，参数 name 表示哈希表的键名；参数 mapping 表示字典类型的键值对，示例代码如下：

```
#资源包\Code\chapter16\16.2\1696.py
import redis
redis = redis.StrictRedis(host = 'localhost', port = 6379, db = 0, password = None)
#删除当前数据库中所有的键
redis.flushdb()
value = redis.hmset('teach', {'xzd': 'Python', 'yp': 'Java'})
#输出结果为 True
print(value)
```

4）hget()方法

该方法用于返回指定哈希表中指定字段的值。注意，如果指定的哈希表或指定哈希表中的指定字段不存在，则返回 None，其语法格式如下：

```
hget(name, key)
```

其中，参数 name 表示哈希表的键名；参数 key 表示哈希表中字段的名称，示例代码如下：

```
# 资源包\Code\chapter16\16.2\1697.py
import redis
redis = redis.StrictRedis(host = 'localhost', port = 6379, db = 0, password = None)
# 删除当前数据库中所有的键
redis.flushdb()
redis.hset('teach', 'xzd', 'Python')
# 输出结果为 b'Python'
print(redis.hget('teach', 'xzd'))
# 输出结果为 None
print(redis.hget('teach', 'yp'))
```

5) hmget()方法

该方法用于返回指定哈希表中的一个或多个指定字段的值。注意,如果指定哈希表中指定的字段不存在,则返回 None,其语法格式如下:

```
hmget(name, keys)
```

其中,参数 name 表示哈希表的键名;参数 key 表示哈希表中字段名称的序列,示例代码如下:

```
# 资源包\Code\chapter16\16.2\1698.py
import redis
redis = redis.StrictRedis(host = 'localhost', port = 6379, db = 0, password = None)
# 删除当前数据库中所有的键
redis.flushdb()
redis.hmset('teach', {'xzd': 'Python', 'yp': 'Java'})
# 输出结果为[b'Python', b'Java']
print(redis.hmget('teach', ['xzd', 'yp']))
# 输出结果为[None, b'Python']
print(redis.hmget('teach', ['xxg', 'xzd']))
```

6) hgetall()方法

该方法用于返回指定哈希表中所有字段的名称和字段的值,其语法格式如下:

```
hgetall(name)
```

其中,参数 name 表示哈希表的键名,示例代码如下:

```
# 资源包\Code\chapter16\16.2\1699.py
import redis
redis = redis.StrictRedis(host = 'localhost', port = 6379, db = 0, password = None)
# 删除当前数据库中所有的键
redis.flushdb()
redis.hmset('teach', {'xzd': 'Python', 'yp': 'Java'})
# 输出结果为{b'xzd': b'Python', b'yp': b'Java'}
print(redis.hgetall('teach'))
```

7) hincrby()方法

该方法用于对指定哈希表中指定字段的值增加指定的值,并返回该值。注意,当指定的哈希表或指定哈希表中指定的字段不存在时,创建哈希表,然后将指定增加的值赋给该哈希表中的字段,其语法格式如下:

```
hincrby(name, key, amount)
```

其中,参数 name 表示哈希表的键名;参数 key 表示哈希表中字段的名称;参数 amount 表示增加的值,示例代码如下:

```
# 资源包\Code\chapter16\16.2\16100.py
import redis
redis = redis.StrictRedis(host = 'localhost', port = 6379, db = 0, password = None)
# 删除当前数据库中所有的键
redis.flushdb()
redis.hmset('age', {'xzd': '35', 'yp': '65'})
# 输出结果为 37
print(redis.hincrby('age', 'xzd', 2))
# 输出结果为 2
print(redis.hincrby('other_age', 'xxg', 2))
# 输出结果为{b'xxg': b'2'}
print(redis.hgetall('other_age'))
```

8) hexists()方法

该方法用于判断指定的字段是否属于指定的哈希表,如果属于,则返回值为 True,否则返回值为 False,其语法格式如下:

```
hexists(name, key)
```

其中,参数 name 表示哈希表的键名;参数 key 表示哈希表中字段的名称,示例代码如下:

```
# 资源包\Code\chapter16\16.2\16101.py
import redis
redis = redis.StrictRedis(host = 'localhost', port = 6379, db = 0, password = None)
# 删除当前数据库中所有的键
redis.flushdb()
redis.hmset('teach', {'xzd': 'Python', 'yp': 'Java'})
# 输出结果为 True
print(redis.hexists('teach', 'xzd'))
# 输出结果为 False
print(redis.hexists('teach', 'xxg'))
```

9) hdel()方法

该方法用于删除指定哈希表中的一个或多个指定的字段,返回被删除字段的数量,该数量不包括被忽略的字段,其语法格式如下:

```
hdel(name, * keys)
```

其中,参数 name 表示哈希表的键名;参数 key 表示哈希表中字段名称的序列,示例代码如下:

```
# 资源包\Code\chapter16\16.2\16102.py
import redis
redis = redis.StrictRedis(host = 'localhost', port = 6379, db = 0, password = None)
# 删除当前数据库中所有的键
redis.flushdb()
redis.hmset('teach', {'xzd': 'Python', 'yp': 'Java'})
num = redis.hdel('teach', 'xzd')
# 输出的结果为 1
print(num)
# 输出结果为{b'yp': b'Java'}
print(redis.hgetall('teach'))
```

10) hlen()方法

该方法用于返回指定哈希表中映射的数量,其语法格式如下:

```
hlen(name)
```

其中,参数 name 表示哈希表的键名,示例代码如下:

```
# 资源包\Code\chapter16\16.2\16103.py
import redis
redis = redis.StrictRedis(host = 'localhost', port = 6379, db = 0, password = None)
# 删除当前数据库中所有的键
redis.flushdb()
redis.hmset('teach', {'xzd': 'Python', 'yp': 'Java'})
# 输出结果为 2
print(redis.hlen('teach'))
```

11) hkeys()方法

该方法用于返回指定哈希表中所有字段的名称。注意,当指定的哈希表不存在时,返回一个空列表,其语法格式如下:

```
hkeys(name)
```

其中,参数 name 表示哈希表的键名,示例代码如下:

```
# 资源包\Code\chapter16\16.2\16104.py
import redis
redis = redis.StrictRedis(host = 'localhost', port = 6379, db = 0, password = None)
# 删除当前数据库中所有的键
redis.flushdb()
redis.hmset('teach', {'xzd': 'Python', 'yp': 'Java'})
# 输出结果为[b'xzd', b'yp']
print(redis.hkeys('teach'))
# 输出结果为[]
print(redis.hkeys('other_teach'))
```

12) hvals()方法

该方法用于返回指定哈希表中所有字段的值。注意,当指定的哈希表不存在时,返回一个空列表,其语法格式如下:

```
hvals(name)
```

其中,参数 name 表示哈希表的键名,示例代码如下:

```
#资源包\Code\chapter16\16.2\16105.py
import redis
redis = redis.StrictRedis(host = 'localhost', port = 6379, db = 0, password = None)
#删除当前数据库中所有的键
redis.flushdb()
redis.hmset('teach', {'xzd': 'Python', 'yp': 'Java'})
#输出结果为[b'Python', b'Java']
print(redis.hvals('teach'))
#输出结果为[]
print(redis.hvals('other_teach'))
```

7. 键的相关操作

键的相关操作主要用于管理 Redis 中储存的键,其相关方法如下。

1) exists()方法

该方法用于判断指定的键是否存在,如果存在,则返回 1,否则返回 0,其语法格式如下:

```
exists(name)
```

其中,参数 name 表示键名,示例代码如下:

```
#资源包\Code\chapter16\16.2\16106.py
import redis
redis = redis.StrictRedis(host = 'localhost', port = 6379, db = 0, password = None)
#删除当前数据库中所有的键
redis.flushdb()
redis.set('name', 'xzd')
redis.set('teach', 'Python')
#输出结果为 1
print(redis.exists('name'))
#输出结果为 0
print(redis.exists('URL'))
```

2) delete()方法

该方法用于删除一个指定的键,返回被删除键的数量,该数量不包括删除不存在的键,其语法格式如下:

```
delete(name)
```

其中,参数 name 表示键名,示例代码如下:

```python
#资源包\Code\chapter16\16.2\16107.py
import redis
redis = redis.StrictRedis(host = 'localhost', port = 6379, db = 0, password = None)
#删除当前数据库中所有的键
redis.flushdb()
redis.set('name', 'xzd')
redis.set('teach', 'Python')
num = redis.delete('name')
#输出结果为 1
print(num)
#输出结果为 None
print(redis.get('name'))
```

3) type()方法

该方法用于返回指定的键所存储值的类型,该类型包括 string(字符串)、list(列表)、set(集合)、zset(有序集合)和 hash(哈希表),其语法格式如下:

```
type(name)
```

其中,参数 name 表示键名,示例代码如下:

```python
#资源包\Code\chapter16\16.2\16108.py
import redis
redis = redis.StrictRedis(host = 'localhost', port = 6379, db = 0, password = None)
#删除当前数据库中所有的键
redis.flushdb()
redis.set('teach1', 'Python')
#输出结果为 b'string'
print(redis.type('teach1'))
redis.rpush('teach2', 'Python', 'Linux', 'PHP')
#输出结果为 b'list'
print(redis.type('teach2'))
redis.sadd('teach3', 'Python', 'Linux', 'PHP')
#输出结果为 b'set'
print(redis.type('teach3'))
redis.zadd('teach4', {'Python': 100, 'Linux': 99, 'PHP': 98})
#输出结果为 b'zset'
print(redis.type('teach4'))
redis.hset('teach5', 'xzd', 'Python')
#输出结果为 b'hash'
print(redis.type('teach5'))
```

4) keys()方法

该方法用于返回所有符合给定模式的键名,其语法格式如下:

```
keys(pattern)
```

其中,参数 pattern 表示模式,示例代码如下:

```
# 资源包\Code\chapter16\16.2\16110.py
import redis
redis = redis.StrictRedis(host = 'localhost', port = 6379, db = 0, password = None)
# 删除当前数据库中所有的键
redis.flushdb()
redis.set('teach', 'Python')
redis.set('name', 'xzd')
# 输出结果为[b'name']
print(redis.keys('n*'))
```

5) randomkey()方法

该方法用于从当前数据库中随机返回一个键。注意,当数据库为空时,返回 None,其语法格式如下:

```
randomkey()
```

示例代码如下:

```
# 资源包\Code\chapter16\16.2\16110.py
import redis
redis = redis.StrictRedis(host = 'localhost', port = 6379, db = 0, password = None)
# 删除当前数据库中所有的键
redis.flushdb()
# 输出结果为 None
print(redis.randomkey())
redis.set('teach', 'Python')
redis.set('name', 'xzd')
# 输出结果为 b'name'
print(redis.randomkey())
```

6) rename()方法

该方法用于给指定的键重命名,成功后的返回值为 True,否则程序报错,其语法格式如下:

```
rename(src, dst)
```

其中,参数 src 表示原键名;参数 dst 表示新键名,示例代码如下:

```
# 资源包\Code\chapter16\16.2\16111.py
import redis
redis = redis.StrictRedis(host = 'localhost', port = 6379, db = 0, password = None)
# 删除当前数据库中所有的键
redis.flushdb()
redis.set('name', 'xzd')
value = redis.rename('name', 'new_name')
# 输出结果为 True
print(value)
# 输出结果为 b'xzd'
print(redis.get('new_name'))
```

7) dbsize()方法

该方法用于返回当前数据库中键的数量,其语法格式如下:

```
dbsize()
```

示例代码如下:

```python
#资源包\Code\chapter16\16.2\16112.py
import redis
redis = redis.StrictRedis(host = 'localhost', port = 6379, db = 0, password = None)
#删除当前数据库中所有的键
redis.flushdb()
redis.set('name', 'xzd')
redis.set('teach', 'Python')
#输出结果为2
print(redis.dbsize())
```

8) expire()方法

该方法用于设置指定键的过期时间,单位为秒,并且在指定的键过期之后不再可用,成功后的返回值为 True,否则返回值为 False,其语法格式如下:

```
expire(name, time)
```

其中,参数 name 表示键名;参数 time 表示过期时间,示例代码如下:

```python
#资源包\Code\chapter16\16.2\16113.py
import redis
import time
redis = redis.StrictRedis(host = 'localhost', port = 6379, db = 0, password = None)
#删除当前数据库中所有的键
redis.flushdb()
redis.set('name', 'xzd')
redis.set('teach', 'Python')
value = redis.expire('name', 3)
#输出结果为 True
print(value)
time.sleep(4)
#输出结果为 None
print(redis.get('name'))
```

9) ttl()方法

该方法用于获取指定键的过期时间并返回,其语法格式如下:

```
ttl(name)
```

其中,参数 name 表示键名,示例代码如下:

```python
# 资源包\Code\chapter16\16.2\16114.py
import redis
redis = redis.StrictRedis(host = 'localhost', port = 6379, db = 0, password = None)
# 删除当前数据库中所有的键
redis.flushdb()
redis.set('name', 'xzd')
redis.set('teach', 'Python')
redis.expire('name', 3)
# 输出结果为 3
print(redis.ttl('name'))
# 输出结果为 -1,表示永久不过期
print(redis.ttl('teach'))
# 输出结果为 -2,表示键不存在
print(redis.ttl('other_teach'))
```

10) move()方法

该方法用于将当前数据库中指定的键移动到其他数据库中,成功后的返回值为 True,否则返回值为 False,其语法格式如下:

```
move(name, db)
```

其中,参数 name 表示键名;参数 db 表示数据库代号,示例代码如下:

```python
# 资源包\Code\chapter16\16.2\16115.py
import redis
redis0 = redis.StrictRedis(host = 'localhost', port = 6379, db = 0, password = None)
# 删除所有数据库中的所有的键
redis0.flushall()
redis0.set('name', 'xzd')
redis0.set('teach', 'Python')
value = redis0.move('name', 2)
# 输出结果为 True
print(value)
# 输出结果为 None
print(redis0.get('name'))
# 切换到数据库 2
redis2 = redis.StrictRedis(host = 'localhost', port = 6379, db = 2, password = None)
# 输出结果为 b'xzd'
print(redis2.get('name'))
```

11) flushdb()方法

该方法用于删除当前数据库中所有的键,返回值为 True,其语法格式如下:

```
flushdb()
```

示例代码如下:

```
#资源包\Code\chapter16\16.2\16116.py
import redis
redis = redis.StrictRedis(host = 'localhost', port = 6379, db = 0, password = None)
redis.set('name', 'xzd')
redis.set('teach', 'Python')
value = redis.flushdb()
#输出结果为 True
print(value)
#输出结果为 None
print(redis.get('name'))
```

12) flushall()方法

该方法用于删除所有数据库中的所有的键,返回值为 True,其语法格式如下:

```
flushall()
```

示例代码如下:

```
#资源包\Code\chapter16\16.2\16118.py
import redis
redis = redis.StrictRedis(host = 'localhost', port = 6379, db = 0, password = None)
redis.set('name', 'xzd')
redis.set('teach', 'Python')
value = redis.flushall()
#输出结果为 True
print(value)
#输出结果为 None
print(redis.get('name'))
```

第 17 章 网 络 编 程

现如今的网络应用越来越多,从最初的电子邮件、静态网页,发展到如今的动态网页、社区论坛和云计算等,这些应用都是以网络为依托的,而使用 Python 可以开发以上提到的所有应用。

为了更好地学习《Python 全栈开发——Web 编程》一书中的网络框架原理及应用,本章先来学习一些网络的基本概念,以及 Socket 编程。

17.1 网络基础

本节将重点介绍 C/S 架构、B/S 架构、TCP/IP、IP 地址、域名和端口号等知识点。

17.1.1 C/S 架构和 B/S 架构

C/S 架构的全称为 Client/Server,即客户端/服务器架构,是一种典型的两层架构,服务器负责数据的管理,客户机负责完成与用户的交互任务。客户端通过局域网与服务器相连,接受用户的请求,并通过网络向服务器提出请求,对数据库进行操作。服务器接受客户端的请求,将数据提交给客户端,客户端将数据进行计算并将结果呈现给用户。服务器还要提供安全保护及对数据完整性的处理等操作,并允许多个客户端同时访问服务器,这就对服务器的硬件处理数据能力提出了很高的要求。C/S 结构在技术上已经很成熟,它的主要特点是交互性强、具有安全的存取模式、响应速度快、利于处理大量数据,但是 C/S 结构缺少通用性,系统维护、升级需要重新设计和开发,增加了维护和管理的难度。

B/S 架构的全称为 Browser/Server,即浏览器/服务器架构。B/S 架构是对 C/S 架构的一种改变和促进。这种结构可以进行信息分布式处理,有效降低资源成本,提高系统性能,并且 B/S 架构具有更广的应用范围,在处理模式上大大简化了客户端,用户只需安装浏览器,而将应用逻辑集中在服务器和中间件上,可以提高数据处理能力。在软件的通用性上,B/S 架构的客户端具有更好的通用性,对应用环境的依赖性较小,同时因为客户端使用浏览器,在开发维护上更加便利,可以减少系统开发和维护的成本。

17.1.2 TCP/IP

TCP/IP(Transmission Control Protocol/Internet Protocol,传输控制协议/因特网协议)是网络使用中最基本的通信协议。TCP/IP 对互联网中各部分进行通信的标准和方法进行了规定,并且 TCP/IP 是保证网络数据信息及时、完整传输的两个重要的协议。

TCP/IP 由上至下共分为四层,即应用层、传输层、网络层、链路层,每层分别负责不同的通信功能,如图 17-1 所示。

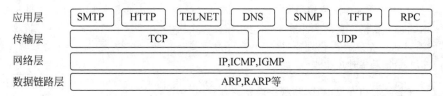

图 17-1　TCP/IP 网络分层

应用层(Application Layer)为操作系统或网络应用程序提供访问网络服务的接口,包括 HTTP、FTP 和 SMTP 等协议;传输层(Transport Layer)负责向两个主机中进程之间的通信提供服务,包括两种协议,即 TCP 和 UDP;网络层(Network Layer)负责对子网间的数据包进行路由选择,为分组交换网上的不同主机提供通信服务,包括 IP、ICMP 和 IGMP 等协议;数据链路层(Data Link Layer),负责数据的封装成帧、数据的透明传输和数据的差错检测,包括 ARP 和 RARP 等协议。

下面再来重点学习传输层中的 TCP 和 UDP。

TCP(Transmission Control Protocol,传输控制协议)是一种面向连接的、可靠的、基于字节流的传输层通信协议,由 IETF 的 RFC793 定义。

UDP(User Datagram Protocol,用户数据协议)是一种无连接的传输层协议,提供面向事务的简单、不可靠信息传送服务,由 IETF 的 RFC768 定义。

TCP 和 UDP 的特性如表 17-1 所示。

表 17-1　TCP 和 UDP 的特性

TCP 的特性	UDP 的特性
TCP 的传输是可靠传输	UDP 的传输是不可靠传输
TCP 是基于连接的协议,在正式收发数据前,必须和对方建立可靠的连接	UDP 是和 TCP 相对应的协议,它是面向非连接的协议,它不与对方建立连接,而是直接把数据包发送出去
TCP 是一种可靠的通信服务,负载相对而言比较大,TCP 采用套接字或者端口来建立通信	UDP 是一种不可靠的网络服务,负载比较小
TCP 和 UDP 结构不同,TCP 包括序号、确认信号、数据偏移、控制标志(URG、ACK、PSH、RST、SYN、FIN)、窗口、校验、紧急指针、选项等信息	UDP 包含长度、校验和信息
TCP 提供超时重发,丢弃重复数据,检验数据,流量控制等功能,保证数据能从一端传到另一端	UDP 不提供可靠性,它只是把应用程序传给 IP 层的数据报发送出去,但是并不能保证它们能到达目的地

续表

TCP 的特性	UDP 的特性
TCP 在发送数据包前在通信双方有一个三次握手机制,确保双方准备好,在传输数据包期间,TCP 会根据链路中数据流量的大小来调节传送的速率,传输时如果发现有丢包现象,则会有严格的重传机制,故而传输速度很慢	UDP 在传输数据报前不用在客户和服务器之间建立一个连接,并且没有超时重发等机制,故而传输速度很快
TCP 协议支持全双工和并发的连接,提供确认、重传与拥塞控制	UDP 适用于对性能要求高于数据完整性要求的系统,需要"简短快捷"的数据交换,以及需要多播和广播的应用环境

通过 TCP 和 UDP 的特性可以总结出来,TCP 的可靠性体现在传输数据之前,三次握手建立连接和四次挥手释放连接,并且在数据传递时,有确认、窗口、重传、拥塞控制机制,数据传完之后,通过断开连接用来节省系统资源,但是传输数据之前建立连接,这样会消耗时间,而且在信息传递时,确认机制、重传机制和拥塞控制机制都会消耗大量的时间,而且要在每台设备上维护所有的传输连接,导致每个连接都会占用系统的 CPU、内存等硬件资源,而 UDP 没有 TCP 的握手、确认、窗口、重传、拥塞控制等机制,UDP 是一个无状态的传输协议,所以它在传输数据时非常快;由于 UDP 是一种面向无连接,并且不可靠的协议,在通信过程中,它并不像 TCP 那样需要先建立一个连接,只要目的地址、端口号、源地址确定了,就可以直接发送信息报文,并且不需要确保服务器端一定能收到或是收到完整的数据,它仅仅提供了校验和机制来保障一个报文是否完整,若校验失败,则直接丢弃报文,不做任何处理。

17.1.3　IP 地址

要想使网络中的计算机能够进行通信,则必须为每台计算机指定一个标识号,通过这个标识号来指定接收数据的计算机或者发送数据的计算机,在 TCP/IP 中,这个标识号就是 IP 地址,它可以唯一标识一台计算机。当前有两种形式的 IP 地址,即 IPv4 和 IPv6。

IPv4 是一个 32 位二进制数的地址,在表达方式上以 4 个十进制数字表示,例如 192.168.1.1 等。IP 地址被划分为两部分,即网络地址和主机地址,根据网络地址和主机地址的不同位数规则,可以将 IP 地址分为 5 类,即 A、B、C、D 和 E,其中,A 类地址分配给政府机关使用,地址范围为 1.0.0.1-126.155.255.254;B 类地址分配给大中型企业使用,地址范围为 128.0.0.1-191.255.255.254;C 类地址分配给个人使用,地址范围为 192.0.0.1-223.255.255.254;D 类地址用于组播,地址范围为 224.0.0.1-239.255.255.254;E 类地址用于实验,地址范围为 240.0.0.1-255.255.255.254。

除此之外,在 IPv4 中还有一个特殊的 IP 地址,即 127.0.0.1,又称为回送地址,用于本机,主要用于网络软件测试及本机进程间通信,使用回送地址发送数据,不进行任何网络传输,只在本机进程间通信。

由于 IPv4 的数量限制,IPv6 应运而生。IPv6 由 128 位二进制数组成,其表达方式是以 8 个十六进制数字表示,例如 ABCD:EF01:2345:6789:ABCD:EF01:2345:6789。

17.1.4　域名

尽管 IP 地址能够唯一地标记网络上的计算机，但 IP 地址是一长串数字，不直观，用户记忆十分不方便，而且无法表达功能、地理位置等附加含义。于是人们又发明了另一套字符型的地址方案，即域名。

IP 地址和域名是一一对应的，域名信息存放在域名服务器之中，使用者只需了解易记的域名，其对应转换的工作由域名服务器解决。

17.1.5　端口号

端口号的主要作用是表示一台计算机中的特定进程所提供的服务。网络中的计算机是通过 IP 地址来代表其身份的，其只能表示某台特定的计算机，但是一台计算机上可以同时提供很多个服务，如数据库服务、FTP 服务、Web 服务等，此时就可以通过端口号来区别相同计算机所提供的这些不同的服务。

端口号是由 16 位二进制数表达的正整数，其范围为 0～65535。其中，小于 1024 的端口号保留给预定义的服务，如常见的端口号 80 表示的是 HTTP 服务，端口号 21 表示的是 FTP 服务，端口号 23 表示的是 Telnet 服务，端口号 25 表示的是 SMTP 服务等。

此外，在同一台计算机上端口号不能重复，否则就会产生端口号冲突。

17.2　Socket 编程

网络上除了基于 HTTP 等标准协议开发的 Web 应用，还有一些基于非公有协议的 Web 应用，这里需要使用 Socket 编程。

Socket 被称作"套接字"，是一个通信链的句柄，用于描述 IP 地址和端口，可以用于实现不同虚拟机和不同计算机之间的通信，也可以用于实现相同主机内的不同进程的通信。在 Internet 上的主机一般运行着多个服务软件，同时提供集中服务，每种服务都打开一个 Socket，并绑定到一个端口上，不同的端口对应不同的服务。

Socket 为操作系统的用户空间提供网络抽象，开发者编写的网络程序都会直接或间接地使用到 Socket。通过 Socket 可以控制传输层的 TCP 和 UDP，甚至可以控制部分网络层协议，例如 IP、ICMP 等。

在 Python 中，可以通过 socket 模块完成 Socket 编程。

1. 创建 Socket 对象

通过 socket 模块中的 socket 类创建 Socket 对象，其语法格式如下：

```
socket(family, type)
```

其中，参数 family 表示套接字家族，包括 AF_INET（指定使用 IPv4 协议）和 AF_INET6（指定使用 IPv6 协议）；参数 type 表示套接字类型，包括 SOCK_STREAM（流式套接字，主要用于 TCP）和 SOCK_DGRAM（数据包套接字，主要用于 UDP）。

2. Socket 对象的相关方法

可以通过 Socket 对象的方法完成 Socket 编程。

1) bind()方法

该方法用于将服务器地址和端口绑定到 Socket,其语法格式如下:

```
bind(address)
```

其中,在 AF_INET 下,参数 address 表示包含主机名(或 IP 地址)和端口的元组。

2) listen()方法

该方法用于 TCP 监听,其语法格式如下:

```
listen(backlog)
```

其中,参数 backlog 表示拒绝连接之前操作系统可以挂起的最大连接数量,该值至少为 1,建议设为 5。

3) accept()方法

该方法用于被动接受 TCP 客户端连接,并阻塞式等待连接的到来。连接成功后返回元组,即(conn, address),conn 表示新的 Socket 对象,可以用来接收和发送数据,address 表示客户端的地址和端口,其语法格式如下:

```
accept()
```

4) connect()方法

该方法用于主动初始化 TCP 服务器连接,其语法格式如下:

```
connect(address)
```

其中,参数 address 是包含主机名(或 IP 地址)和端口的元组。

5) recv()方法

该方法用于接收 TCP 数据,并返回字节序列对象,其语法格式如下:

```
recv(bufsize)
```

其中,参数 bufsize 表示一次接收数据的最大字节数,因此,如果接收的数据量大于 bufsize,则需要多次调用该方法进行接收。

6) send()方法

该方法用于发送 TCP 数据,将字节序列数据发送到连接的 Socket,并返回成功发送数据的字节数,其语法格式如下:

```
send(data)
```

其中,参数 data 表示要发送的数据,如果发送的数据量很大,则需要多次调用该方法。

7) sendall()方法

该方法用于完整发送 TCP 数据,将字节序列数据发送到连接的 Socket,如果发送成功,则返回 None;如果发送失败,则抛出异常,其语法格式如下:

```
sendall(data)
```

其中,参数 data 表示要发送的数据。

需要注意的是,与 send()方法不同,sendall()方法为连续发送数据,直到发送完所有数据或发生异常。

8) recvfrom()方法

该方法用于接收 UDP 数据,与 recv()类似,但返回值为元组,即(data,address),data 表示接收的字节序列对象,address 表示发送数据的 Socket 地址和端口号的元组,其语法格式如下:

```
recvfrom(bufsize)
```

其中,参数 bufsize 表示一次接收数据的最大字节数,因此,如果接收的数据量大于 bufsize,则需要多次调用该方法进行接收。

9) sendto()方法

该方法用于发送 UDP 数据,将字节序列数据发送到连接的 Socket,并返回成功发送数据的字节数,其语法格式如下:

```
sendto(data, address)
```

其中,参数 data 表示要发送的数据,如果发送的数据量很大,则需要多次调用该方法;参数 address 是包含主机名(或 IP 地址)和端口的元组。

10) close()方法

该方法用于关闭 Socket,其语法格式如下:

```
close()
```

注意,该方法虽然可以释放资源,但不一定立即关闭 Socket,如果要立即关闭 Socket,则需要在调用该方法之前调用 shutdown()方法。

17.2.1 Socket TCP

要实现客户端和服务器之间的通信,首先要了解客户端和服务器端的执行流程,图 17-2 所示为 TCP 客户端和服务器通信模型。

下面通过 Socket TCP 完成简易聊天功能。

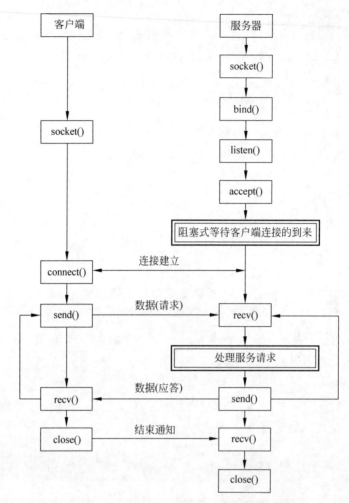

图 17-2　TCP 客户端和服务器通信模型

(1) 创建 server.py 文件,作为服务器程序,示例代码如下:

```
# 资源包\Code\chapter17\17.2\01\server.py
import socket
s = socket.socket(socket.AF_INET, socket.SOCK_STREAM)
s.bind(('', 8888))
s.listen()
print('服务器启动中...')
# 等待客户端连接
conn, address = s.accept()
print(f'客户端连接成功,客户端地址为{address[0]}')
# 由于接收的数据类型为字节序列,所以需要解码
recv_data = conn.recv(1024).decode()
while recv_data != '再见':
    send_data = None
    if recv_data:
        print(f'客户端接收的消息:{recv_data}')
```

```
        send_data = input('请输入发送给客户端的消息:')
        # 对数据进行编码,转换为字节序列,并发送给客户端
        conn.send(send_data.encode())
    if send_data == '再见':
        break
    recv_data = conn.recv(1024).decode()
# 释放资源
conn.close()
s.close()
```

(2) 创建 client.py 文件,作为客户端程序,示例代码如下:

```
# 资源包\Code\chapter17\17.2\01\client.py
import socket
s = socket.socket(socket.AF_INET, socket.SOCK_STREAM)
# 连接服务器
s.connect(('127.0.0.1', 8888))
print('连接服务器成功')
recv_data = ''
while recv_data != '再见':
    send_data = input('请输入发送给服务器的内容:')
    # 对数据进行编码,转换为字节序列,并发送给服务器
    s.send(send_data.encode())
    if send_data == '再见':
        break
    # 从服务器接收数据,由于接收的数据类型为字节序列,所以需要解码
    recv_data = s.recv(1024).decode()
    print(f'服务器接收的消息:{recv_data}')
# 释放资源
s.close()
```

首先运行 server.py 文件,然后运行 client.py 文件,并输入相关内容,其运行结果如图 17-3 和图 17-4 所示。

```
连接服务器成功
请输入发送给服务器的内容:hello server !
服务器接收的消息:你好,客户端!
请输入发送给服务器的内容:
```

```
服务器启动中...
客户端连接成功,客户端地址为127.0.0.1
客户端接收的消息:hello server !
请输入发送给客户端的消息:你好,客户端!
```

图 17-3 客户端运行结果　　　　图 17-4 服务器端运行结果

17.2.2　Socket UDP

要实现客户端和服务器之间的通信,首先要了解客户端和服务器端的执行流程,图 17-5 所示的就是 UDP 客户端和服务器通信模型。

下面通过 Socket UDP 完成简易聊天功能。

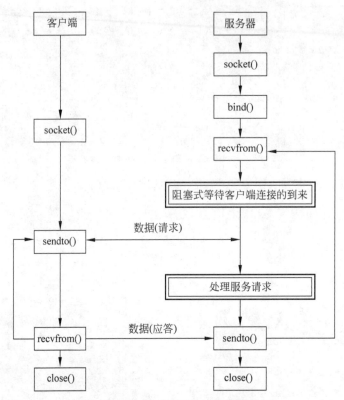

图 17-5　UDP 客户端和服务器通信模型

（1）创建 server.py 文件，作为服务器程序，示例代码如下：

```
#资源包\Code\chapter17\17.2\02\server.py
import socket
s = socket.socket(socket.AF_INET, socket.SOCK_DGRAM)
s.bind(('', 8888))
print('服务器启动中...')
#从客户端接收数据
recv_data, client_address = s.recvfrom(1024)
while recv_data != '再见':
    send_data = None
    if recv_data:
        print(f'客户端接收的消息：{recv_data.decode()}')
        send_data = input('请输入发送给客户端的消息:')
        #对数据进行编码,转换为字节序列,并发送给客户端
        s.sendto(send_data.encode(), client_address)
    if send_data == '再见':
        break
    recv_data, client_address = s.recvfrom(1024)
#释放资源
s.close()
```

（2）创建 client.py 文件，作为客户端程序，示例代码如下：

```python
#资源包\Code\chapter17\17.2\02\client.py
import socket
s = socket.socket(socket.AF_INET, socket.SOCK_DGRAM)
server_address = ('127.0.0.1', 8888)
recv_data = ''
while recv_data != '再见':
    send_data = input('请输入发送给服务器的内容:')
    #对数据进行编码,转换为字节序列,并发送给服务器
    s.sendto(send_data.encode(), server_address)
    if send_data == '再见':
        break
    #从服务器接收数据,由于接收的数据类型为字节序列,所以需要解码
    recv_data, _ = s.recvfrom(1024)
    print(f'服务器接收的消息:{recv_data.decode()}')
#释放资源
s.close()
```

首先运行 server.py 文件，然后运行 client.py 文件，并输入相关内容，其运行结果如图 17-6 和图 17-7 所示。

```
请输入发送给服务器的内容:hello server！
服务器接收的消息:你好，客户端！
请输入发送给服务器的内容:
```

图 17-6　客户端运行结果

```
服务器启动中...
客户端接收的消息：hello server！
请输入发送给客户端的消息:你好，客户端！
```

图 17-7　服务器端运行结果

第 18 章 多进程和多线程

为了实现同时运行多个任务,Python 提供了多进程和多线程。在具体学习多进程和多线程之前,首先来了解一下操作系统分类,以及并发和并行的概念。

1. 操作系统分类

现在的操作系统可以分为单用户单任务操作系统、单用户多任务操作系统和多用户多任务操作系统。

单用户单任务操作系统是指一台计算机同时只能有一个用户在使用,该用户一次只能提交一个作业,即一个用户独自享用系统的全部硬件和软件资源,例如 MS-DOS、PC-DOS 和 CP/M 等。

单用户多任务操作系统是指一台计算机同时只能有一个用户使用,但该用户一次可以运行或提交多个作业,例如 Windows。这里有的读者可能会有疑问,Windows XP、Windows 7 和 Windows 10 都可以有多个用户,为什么还是单用户呢?因为 Windows 虽然可以设置多个用户,但是同一时间只允许一个用户独享系统的所有资源,所以 Windows 是单用户操作系统,因为"多用户"允许多个用户通过各自的终端,使用同一台主机,共享主机系统的各类资源。

多用户多任务操作系统是指一台计算机可以同时有多个用户同时使用,并且同时可以执行由多个用户提交的多个任务,例如 UNIX、Linux 等。

2. 并发和并行

在了解并发和并行的概念之前,首先了解一下单核 CPU 是如何实现多任务的。

单核 CPU 实现多任务主要依靠于操作系统的进程的调度算法。常见的调度算法有先来先服务、最短作业优先、最高响应比优先、时间片轮转算法和多级反馈队列等。

例如,操作系统会轮流让各个任务交替执行,任务 1 执行 0.01s,然后切换到任务 2,任务 2 执行 0.01s,再切换到任务 3,任务 3 执行 0.01s……这样反复执行下去。虽然每个任务都是交替执行的,但是由于 CPU 的执行速度非常快,导致我们感觉所有任务都在同时执行。

通过上面的描述,当任务数多于 CPU 核数,操作系统就会通过各种任务调度算法,实现多个任务"一起"执行,这就叫作并发,而如果任务数小于或等于 CPU 核数,即所有任务一起执行,这就叫作并行。

并行执行多任务只能在多核 CPU 上实现,但是,由于现在的计算机任务数量远远多于 CPU 的核心数量,所以操作系统也会根据调度算法把任务调度到每个核心上执行。

接着,再来了解一下程序、进程和线程之间的关系。

程序是指含有指令和数据的文件,被存储在磁盘或其他的数据存储设备中。程序没有任何运行的含义,因此程序是一个静态的实体。

进程是指程序的一次执行过程,是系统运行程序的基本单位,进程拥有独立的内存单元,拥有自己的生命周期,反映了一个程序在一定的数据集上运行的全部动态过程,因此进程是动态的实体。

线程是比进程更小的执行单位,线程没有独立的内存空间,同一个进程内的多个线程共享其资源,并且一个进程在其执行的过程中可以产生多个线程。

综上所述,一个程序至少有一个进程,一个进程至少有一个线程。

再通过一个例子来讲明程序、进程和线程之间的关系。例如 QQ,在不运行的时候,它就是程序,一旦双击后运行,它就变成了进程,而在使用 QQ 的过程中,QQ 中的聊天功能和发送文件等功能,它们都是 QQ 进程中的一个线程,因为进程中可以产生多个线程并且可以并发运行,所以才能同时使用聊天和发送文件等功能。

18.1 多进程

进程是由进程创建的,被创建的进程称为该进程的子进程,每个进程可以各自执行自己的任务,并且互不干扰。

软件运行的背后,其实就是一个个的进程,这些进程都有属于自己的进程编号,标示着所属的任务和任务的从属关系。

Python 内置了 multiprocessing 模块,用于管理进程,进而可以通过该模块实现多进程。

1. 创建进程对象

可以通过 multiprocessing 模块中的 Process 类来创建进程对象,其语法格式如下:

```
Process(target, name, args)
```

其中,参数 target 表示进程调用的函数;参数 name 表示进程的名称;参数 args 表示进程调用函数的参数,注意,该参数值的类型必须为元组。

2. 启动子进程

在创建完进程对象后,可以通过进程对象的 start() 方法来启动子进程,其语法格式如下:

```
start()
```

另外,Python 中对于子进程的运行机制是在每个子进程中,由于不同的进程之间拥有独立的内存空间,互不共享,所以每个子进程通过分别导入所在的脚本模块实现目标函数的运行,对于这个机制,必须注意以下两点:第一点,由于每个子进程通过导入所在脚本的模块实现模块中函数的调用,因此,为了避免将创建子进程的语句也被导入(因为这样将会造成无限循环创建子进程),必须将创建子进程的语句放在 if __name__ == '__main__':语句之后定义，或者如果创建子进程的语句定义在一个函数中，则这个函数的调用必须在 if __name__ == '__main__':语句之后，这是 Python 多进程中的强制性语法规则；第二点，由于子进程可直接调用被导入模块中的属性，因此，子进程中的目标函数应该是被导入的，这样子进程才可以调用到所需的目标函数，所以，目标函数必须在 if __name__ == '__main__':语句之前定义，如果在该语句之后定义，则由于被导入时这部分是不会被导入的，所以运行时就会报"被导入的主模块没有目标函数属性"这样的错误。

示例代码如下：

```
# 资源包\Code\chapter18\18.1\1801.py
from multiprocessing import Process
import time, os
def pro_func(name):
    print(f"{name}已启动,当前子进程号:{os.getpid()},父进程号:{os.getppid()}")
    while True:
        print("this is a process2")
        time.sleep(1)
if __name__ == '__main__':
    print(f"主进程已启动,当前主进程号:{os.getpid()},父进程号:{os.getppid()}")
    p = Process(target = pro_func, name = 'func', args = ("子进程",))
    p.start()
    while True:
        print("this is a process1")
        time.sleep(1)
```

18.1.1 进程守护

首先，来看一段程序，示例代码如下：

```
# 资源包\Code\chapter18\18.1\1802.py
from multiprocessing import Process
import time
def pro_func(name):
    time.sleep(1)
    print(f"{name}已启动")
    print(f"{name}结束!")
if __name__ == '__main__':
    print("主进程已启动")
    p1 = Process(target = pro_func, args = ("子进程 1",))
    p1.start()
    p2 = Process(target = pro_func, args = ("子进程 2",))
    p2.start()
    print("主进程结束!")
```

通过上面的代码可以发现，在主进程运行完毕之后，其子进程仍然可以正常运行，这显然不符合程序的要求，正常的情况应该有两种：一是主进程结束，子进程也结束；二是主进程等待子进程运行完毕后才能结束，此种情况涉及进程阻塞的知识点，关于进程阻塞将在 18.1.2 节为读者详细讲解。

为了达到主进程结束,该子进程也结束的目的,可以将子进程设置为守护进程,即通过为子进程添加 daemon 属性,并将其属性值设置为 True,就可以完成守护进程的设置。注意,设置守护进程,必须在启动子进程之前进行设置。

调整之后的示例代码如下:

```
#资源包\Code\chapter18\18.1\1803.py
from multiprocessing import Process
import time
def pro_func(name):
    time.sleep(1)
    print(f"{name}已启动")
    print(f"{name}结束!")
if __name__ == '__main__':
    print("主进程已启动")
    #主进程结束后,子进程1也结束
    p1 = Process(target = pro_func, args = ("子进程1",))
    p1.daemon = True
    p1.start()
    #主进程结束后,子进程2启动
    p2 = Process(target = pro_func, args = ("子进程2",))
    p2.start()
    print("主进程结束!")
```

除此之外,还需要注意两点:一是守护进程内无法再创建子进程,否则抛出异常;二是主进程运行完毕后,还需要等待其他非守护进程运行完毕,然后回收子进程的资源,防止产生僵尸进程,最后程序才会结束。

18.1.2 进程阻塞

首先,来看一段程序,示例代码如下:

```
#资源包\Code\chapter18\18.1\1804.py
from multiprocessing import Process
import time
def pro_func(name):
    time.sleep(1)
    print(f"{name}已启动")
    print(f"{name}结束!")
if __name__ == '__main__':
    print("主进程已启动")
    p1 = Process(target = pro_func, args = ("子进程1",))
    p1.start()
    p2 = Process(target = pro_func, args = ("子进程2",))
    p2.start()
    p3 = Process(target = pro_func, args = ("子进程3",))
    p3.start()
    print("主进程结束!")
```

通过上面的代码可以发现，在主进程运行完毕之后，其子进程仍然可以正常运行，这显然不符合程序的要求，正常的情况应该有两种：一是主进程结束，子进程也结束，此种情况在之前已经学习过；二是主进程在子进程运行完毕后才能结束。

为了达到子进程运行完毕后，主进程才能结束的目的，可以通过进程对象中的join()方法实现进程阻塞，进程阻塞可以阻塞主进程的执行，直到等待子进程全部执行完毕之后，才继续执行主进程后面的代码，其语法格式如下：

```
join([timeout])
```

参数timeout为可选参数，表示阻塞时间，如果省略该参数，则默认值为None，表示阻塞至子进程运行结束。

注意，join()方法必须放在所有进程启动之后，否则还不如单进程的效率高，因为多进程启动进程和阻塞进程均需要额外花费时间。

调整之后的示例代码如下：

```
# 资源包\Code\chapter18\18.1\1805.py
from multiprocessing import Process
import time
def pro_func(name):
    time.sleep(1)
    print(f"{name}已启动")
    print(f"{name}结束!")
if __name__ == '__main__':
    print("主进程已启动")
    p1 = Process(target = pro_func, args = ("子进程1",))
    p1.start()
    p2 = Process(target = pro_func, args = ("子进程2",))
    p2.start()
    p3 = Process(target = pro_func, args = ("子进程3",))
    p3.start()
    p1.join()
    p2.join()
    p3.join()
    print("主进程结束!")
```

18.1.3　进程池

当需要创建的子进程数量较少时，可以直接使用multiprocessing模块中的Process类创建多个子进程，但如果要创建上百甚至上千个子进程，手动创建子进程的工作量就会非常大，并且进程的创建与销毁是相当损耗系统资源的。此时就可以使用进程池，进程池可以控制进程的数量，并且重复利用进程对象，进而减少创建和销毁进程的系统资源开销。

可以通过multiprocessing模块中的Pool类来创建进程池对象，其语法格式如下：

```
Pool(processes)
```

参数 processes 表示设置进程池的最大值，即指定有多少个子进程可以同时运行。

进程池对象的常用方法如下。

1. apply()方法

该方法用于创建子进程，并异步阻塞调用进程函数，即等待当前子进程执行完毕后，再执行下一个进程，其语法格式如下：

```
apply(func[, args])
```

其中，参数 func 表示进程调用的函数；参数 args 为可选参数，表示进程调用函数的参数，注意，该参数值的类型必须为元组，如果省略该参数，则表示不传递参数。

需要注意的是，Python 官方已经废弃 apply()方法，建议读者使用 apply_async()方法替代。

2. apply_async()方法

该方法用于创建子进程，并异步非阻塞调用进程函数，即不需要等待当前进程执行完毕，随时根据系统调度进行进程切换，其语法格式如下：

```
apply_async(func[, args])
```

其中，参数 func 表示进程调用的函数；参数 args 为可选参数，表示进程调用函数的参数，注意，该参数值的类型必须为元组，如果省略该参数，则表示不传递参数。

3. close()方法

该方法用于锁定进程池，使其不接受新的任务，其语法格式如下：

```
close()
```

4. join()方法

该方法用于阻塞主进程，等待子进程运行结束。注意，join()方法必须在 close()方法之后使用，其语法格式如下：

```
join()
```

示例代码如下：

```python
# 资源包\Code\chapter18\18.1\1806.py
import multiprocessing
import time, os
def pro_func(num):
    time.sleep(1)
    print(f"子进程{num}已启动,子进程号：{os.getpid()}")
    time.sleep(1)
if __name__ == '__main__':
    print("主进程已启动")
    pool = multiprocessing.Pool(3)
    for i in range(10):
        pool.apply_async(func = pro_func, args = (i,))
```

```
#由于进程池中的子进程都是由主进程创建的,并且默认都是守护进程,所以当主进程执行完之
#后进程池中的子进程将全部中断运行,如果需要执行完进程池中的子进程才结束程序,则必须
#使用close()方法和join()方法
pool.close()
pool.join()
print("主进程结束!")
```

18.1.4 进程间的消息队列

通过前几小节的学习,得知进程拥有独立的内存单元和生命周期,它们可以各自执行自己的任务,并且互不干扰,所以进程与进程之间不能共享全局变量。

首先,来看一段程序,示例代码如下:

```
#资源包\Code\chapter18\18.1\1807.py
from multiprocessing import Process
#全局变量
num = 100
def pro_func1():
    print("子进程 1 已启动")
    global num
    num += 1
    #num 的值为 101
    print(f"子进程 1 结束,全局变量 num 的值为【{num}】")
def pro_func2():
    print("子进程 2 已启动")
    global num
    num += 1
    #num 的值为 101
    print(f"子进程 2 结束,全局变量 num 的值为【{num}】")
if __name__ == '__main__':
    #num 的值为 100
    print(f"主进程已启动,全局变量 num 的值为【{num}】")
    p1 = Process(target = pro_func1)
    p2 = Process(target = pro_func2)
    p1.start()
    p2.start()
    p1.join()
    p2.join()
    #num 的值为 100
    print(f"主进程结束,全局变量 num 的值为【{num}】")
```

通过上面的代码可以发现,进程与进程之间不能共享全局变量 num。

那么,如何使进程与进程之间进行通信呢? 这里可以使用进程间的消息队列,其包括进程消息队列和进程池消息队列。

1. 进程消息队列

可以通过 multiprocessing 模块中的 Queue 类创建进程消息队列对象,使进程之间可以进行通信,其语法格式如下:

```
Queue(maxsize)
```

参数 maxsize 表示队列的长度。
进程消息队列对象的常用方法如下。
1) put()方法
该方法用于向进程消息队列的队尾插入一个数据,其语法格式如下:

```
put(obj[, block, timeout])
```

其中,参数 obj 表示插入进程消息队列中的数据;参数 block 为可选参数,表示当进程消息队列已满时插入数据是否会引发异常,如果省略该参数,则默认值为 True,表示阻塞进程,直到进程消息队列中的数据被取出;参数 timeout 为可选参数,表示引发异常时所阻塞的秒数,注意,只有当参数 block 的值为 True 的情况下才可以设置该参数,如果省略该参数,则默认值为 None,表示一直阻塞。
2) put_nowait()方法
该方法用于向进程消息队列的队尾插入一个数据,如果队列已满,则不等待队列中的数据取出,而是直接报错,其语法格式如下:

```
put_nowait(obj)
```

其中,参数 obj 表示插入进程消息队列中的数据
3) get()方法
该方法用于从进程消息队列的头部获取一个数据,其语法格式如下:

```
get([block, timeout])
```

其中,参数 block 为可选参数,表示当进程消息队列为空时取数据是否会引发异常,如果省略该参数,则默认值为 True,表示阻塞进程,直到进程消息队列中有数据并获取这个数据;参数 timeout 为可选参数,表示引发异常时所阻塞的秒数,注意,只有当参数 block 的值为 True 的情况下才可以设置该参数,如果省略该参数,则默认值为 None,表示一直阻塞。
4) get_nowait()方法
该方法用于从进程消息队列的头部获取一个数据。如果队列为空,则不等待队列中的数据放入,而是直接报错,其语法格式如下:

```
get_nowait()
```

5) qsize()方法
该方法用于获取消息数量,其语法格式如下:

```
qsize()
```

6) empty()方法

该方法用于判断队列是否为空,其语法格式如下:

```
empty()
```

7) full()方法

该方法用于判断队列是否为满,其语法格式如下:

```
full()
```

示例代码如下:

```python
# 资源包\Code\chapter18\18.1\1808.py
import multiprocessing
import time
def put_data(queue):
    for i in range(5):
        queue.put(i)
        time.sleep(0.5)
        print(f"把数据【{i}】放入队列中")
def get_data(queue):
    while not queue.empty():
        time.sleep(0.5)
        data = queue.get()
        print(f"从队列中取出数据【{data}】")
if __name__ == '__main__':
    queue = multiprocessing.Queue(5)
    p1 = multiprocessing.Process(target = put_data, args = (queue,))
    p1.start()
    p1.join()
    p2 = multiprocessing.Process(target = get_data, args = (queue,))
    p2.start()
    p2.join()
```

除此之外,还需要强调一下进程消息队列阻塞的两种情况。

一是压入的数据数量大于队列的长度,示例代码如下:

```python
# 资源包\Code\chapter18\18.1\1809.py
import multiprocessing
# 压入的数据数量大于队列的长度,队列阻塞
q = multiprocessing.Queue(3)
q.put("1")
q.put("2")
q.put("3")
q.put("4")
print("队列阻塞中...程序无法执行")
```

二是从空队列中取数据,示例代码如下:

```python
# 资源包\Code\chapter18\18.1\1810.py
import multiprocessing
# 从空队列中取数据,队列阻塞
q = multiprocessing.Queue(3)
q.get()
print("队列阻塞中...程序无法执行")
```

2. 进程池消息队列

可以通过 multiprocessing 模块中的 Manager 类的 Queue()方法创建进程池队列对象，其语法格式如下：

```
Manager().Queue(maxsize)
```

参数 maxsize 表示队列的长度。

进程池队列对象的相关方法与进程队列对象的相关方法一致。

下面通过单进程和多进程分别向队列中添加和取出数据，以演示进程池队列的具体使用方式。

1）单进程添加数据

示例代码如下：

```python
# 资源包\Code\chapter18\18.1\1811.py
from multiprocessing import Pool, Manager
import time
def write_data(queue):
    # 向队列中放入数据
    for i in range(5):
        if queue.full():
            print("队列已满")
            break
        queue.put(i)
        print(f"把数据【{i}】放入队列中")
        time.sleep(1)
def read_data(queue):
    # 取出数据
    while True:
        # 判断队列是否为空
        if queue.empty():
            print("队列已空")
            break
        # 从队列中读取数据
        data = queue.get()
        print(f"从队列中取出数据【{data}】")
if __name__ == '__main__':
    # 创建进程池
    pool = Pool()
    # 创建进程池队列
```

```
queue = Manager().Queue(3)
result = pool.apply_async(write_data, (queue,))
#wait()方法表示后续进程必须等待当前进程执行完毕才能继续执行
result.wait()
pool.apply_async(read_data, (queue,))
pool.close()
pool.join()
```

2)多进程添加数据

示例代码如下:

```
#资源包\Code\chapter18\18.1\1812.py
from multiprocessing import Pool, Manager
import time
def write_data(queue, i):
    try:
        queue.put_nowait(i)
        print(f"把数据【{i}】放入队列中")
        time.sleep(1)
    except:
        print('队列已满')
def read_data(queue, ):
    #循环读取数据
    while True:
        #判断队列是否为空
        if queue.empty():
            print("队列已空")
            break
        #从队列中读取数据
        data = queue.get_nowait()
        print(f"从队列中取出数据【{data}】")
if __name__ == '__main__':
    #创建进程池
    pool = Pool(3)
    #创建进程池队列
    queue = Manager().Queue(9)
    for i in range(10):
        #此处,要注意apply()和apply_async()的区别
        result = pool.apply_async(write_data, (queue, i))
    result.wait()
    pool.apply_async(read_data, (queue,))
    pool.close()
    pool.join()
```

18.2 多线程

线程是 CPU 调度和分派的基本单位,它可以与同属一个进程的其他线程共享该进程内所拥有的全部资源。

但在实际应用过程中,不建议读者过多地使用多线程,因为在 Python 中无法高效地实

现多线程,原因就是在实现 Python 解析器(除 JPython)时所引入的一个概念 GIL。

在 Python 中有两个模块可以进行多线程编程,即 _thread 和 threading。其中,_thread 模块提供了多线程编程的低级 API,使用起来比较烦琐,而 threading 模块则是基于 _thread 模块封装而来的,提供了多线程编程的高级 API,使用起来比较简单,所以本节将重点学习 threading 模块的使用方式。

1. 创建线程对象

创建线程有两种方式:一是使用 threading 模块中的 Thread 类;二是自定义线程类,并使其继承 threading 模块中 Thread 类。

首先,来看一下使用 threading 模块中 Thread 类来创建线程对象,其语法格式如下:

```
Thread(target, name)
```

其中,参数 target 表示线程调用的函数;参数 name 表示线程的名称。

其次,再来看一下自定义线程类,并使其继承 threading 模块中的 Thread 类,其实现方式如下:

```
class MyThread(threading.Thread):
    pass
t = MyThread(name)
```

其中,MyThread 为自定义线程类,该类必须继承 threading 模块中的 Thread 类,并且可以为自定义线程类传递一个参数 name,用来表示线程的名称。

2. 启动子线程

在创建完线程对象后,可以通过线程对象的 start()方法来启动子线程,示例代码如下:

```
#资源包\Code\chapter18\18.2\1813.py
import threading
import time
def thread_body():
    #函数 current_thread()返回当前线程对象
    t = threading.current_thread()
    #函数 active_count()返回当前处于活动状态的线程个数
    t_num = threading.active_count()
    print(f'{t.name}已启动,当前处于活动状态的线程个数:{t_num}')
    time.sleep(1)
    print(f'{t.name}结束!')
if __name__ == '__main__':
    #函数 main_thread()返回主线程对象
    t_m = threading.main_thread()
    print(f'主线程已启动,主线程名称:{t_m.name}')
    #创建线程对象
    t = threading.Thread(target = thread_body, name = '子线程')
    #启动子线程
    t.start()
    time.sleep(2)
    print('主线程结束!')
```

在上面的代码中,使用了 threading 模块中的几个常用函数,如表 18-1 所示。

表 18-1　threading 模块中的几个常用函数

函　　数	描　　述
active_count()	返回当前处于活动状态的线程个数
current_thread()	返回当前线程对象
main_thread()	返回主线程对象

示例代码如下:

```python
# 资源包\Code\chapter18\18.2\1814.py
import threading
import time
class MyThread(threading.Thread):
    def __init__(self, name=None):
        super().__init__(name=name)
    # 重写 run()方法
    def run(self):
        # 函数 current_thread()返回当前线程对象
        t = threading.current_thread()
        # 函数 active_count()返回当前处于活动状态的线程个数
        t_num = threading.active_count()
        print(f'{t.name}已启动,当前处于活动状态的线程个数:{t_num}')
        time.sleep(1)
        print(f'{t.name}结束!')
if __name__ == '__main__':
    # 函数 main_thread()返回主线程对象
    t_m = threading.main_thread()
    print(f'主线程已启动...主线程名称:{t_m.name}')
    # 创建线程对象
    t = MyThread(name='子线程')
    # 启动子线程
    t.start()
    time.sleep(2)
    print('主线程结束!')
```

18.2.1　线程守护

首先,来看一段程序,示例代码如下:

```python
# 资源包\Code\chapter18\18.2\1815.py
import threading
import time
def thr_fun(name):
    time.sleep(1)
    print(f"{name}已启动")
    print(f"{name}结束!")
if __name__ == '__main__':
```

```
print("主线程已启动")
t1 = threading.Thread(target = thr_fun, args = ('子线程',))
t1.start()
print("主线程结束!")
```

通过上面的代码可以发现,在主线程运行完毕之后,其子线程仍然可以正常运行,这显然不符合程序的要求,正常的情况应该有两种:一是主线程结束,子线程也结束;二是子线程运行完毕后,主线程才能结束,这就牵涉线程阻塞的知识点,关于线程阻塞将在18.2.2节为读者详细讲解。

为了达到主线程结束,该子线程也结束的目的,可以将其子线程设置为守护线程,即调用子线程的 setDaemon()方法,并将其参数值设置为 True,这样就可以完成守护线程的设置。注意,守护线程必须在启动子线程之前进行设置。

除此之外,有一点非常重要,即无论是多进程还是多线程,它们都遵循守护进程(或守护线程)会等待主进程(或主线程)运行完毕后被销毁,但是需要强调的是:运行完毕并非终止运行。对于主进程来讲,运行完毕指的是主进程代码运行完毕,这是在18.1.1节学习过的,而对于主线程来讲,运行完毕指的是主线程所在的进程内所有非守护线程全部运行完毕,主线程才算运行完毕,即守护线程守护的是非守护线程,并不是主线程运行完毕后守护线程才结束,也就是说,只要当前主线程中尚存任何一个非守护线程没有结束,守护线程就会一直工作,只有当最后一个非守护线程结束时,守护线程才会随着主线程一同结束,这也是守护线程和守护进程的区别之处。

调整后的示例代码如下:

```
# 资源包\Code\chapter18\18.2\1816.py
import threading
import time
def thr_fun(name):
    time.sleep(1)
    print(f"{name}已启动")
    print(f"{name}结束!")
if __name__ == '__main__':
    print("主线程已启动")
    t1 = threading.Thread(target = thr_fun, args = ('子线程1',))
    t1.setDaemon(True)
    t1.start()
    # 非守护线程未运行完毕,守护线程不会结束,而是继续运行
    t2 = threading.Thread(target = thr_fun, args = ('子线程2',))
    t2.setDaemon(False)
    t2.start()
    print("主线程结束!")
```

18.2.2 线程阻塞

首先,来看一段程序,示例代码如下:

```python
# 资源包\Code\chapter18\18.2\1817.py
import threading
import time
def thr_fun(name):
    time.sleep(1)
    print(f"{name}已启动")
    print(f"{name}结束!")
if __name__ == '__main__':
    print("主线程已启动")
    t1 = threading.Thread(target = thr_fun, args = ('子线程1',))
    t1.start()
    t2 = threading.Thread(target = thr_fun, args = ('子线程2',))
    t2.start()
    t3 = threading.Thread(target = thr_fun, args = ('子线程3',))
    t3.start()
    print("主线程结束!")
```

通过上面的代码可以发现,在主线程运行完毕之后,其子线程仍然可以正常运行,这显然不符合程序的要求,正常的情况应该有两种:一是主线程结束,子线程也结束,此种情况已经学习过;二是子线程运行完毕后,主线程才能结束。

为了达到子线程运行完毕后,主线程才能结束的目的,可以使用线程对象中的join()方法实现线程阻塞,线程阻塞可以阻塞主线程的执行,直到等待子线程全部执行完毕之后,才继续执行主线程后面的代码,需要注意的是,join()方法必须放在所有线程启动之后,其语法格式如下:

```
join([timeout])
```

参数 timeout 为可选参数,表示阻塞时间,如果省略该参数,则默认值为 None,表示阻塞至子线程运行结束。

调整后的示例代码如下:

```python
# 资源包\Code\chapter18\18.2\1818.py
import threading
import time
def thr_fun(name):
    time.sleep(1)
    print(f"{name}已启动")
    print(f"{name}结束!")
if __name__ == '__main__':
    print("主线程已启动")
    t1 = threading.Thread(target = thr_fun, args = ('子线程1',))
    t1.start()
    t2 = threading.Thread(target = thr_fun, args = ('子线程2',))
    t2.start()
    t3 = threading.Thread(target = thr_fun, args = ('子线程3',))
    t3.start()
    t1.join()
    t2.join()
    t3.join()
    print("主线程结束!")
```

18.2.3 线程同步

多线程在同时运行的时候,经常会需要共享数据,例如一个线程需要其他线程的数据等,但是由于线程的调度是由 CPU 负责的,所以程序员无法精确控制多线程的交替顺序,进而导致多线程对共享数据的访问有时会出现数据不一致的问题,从而影响程序运行结果的正确性。

首先,来看一段程序,示例代码如下:

```
# 资源包\Code\chapter18\18.2\1819.py
import threading
# 声明全局变量
g_num = 0
def my_thread1():
    # 声明全局变量
    global g_num
    # 此处读者可以先尝试循环 100 次,然后逐步增加次数,注意查看结果
    for i in range(0, 1000000):
        g_num = g_num + 1
    print(f"第 1 个线程计算 g_num 的结果{g_num}")
def my_thread2():
    # 声明全局变量
    global g_num
    # 此处读者可以先尝试循环 100 次,然后逐步增加次数,注意查看结果
    for i in range(0, 1000000):
        g_num = g_num + 1
    print(f"第 2 个线程计算 g_num 的结果{g_num}")
def main(i):
    # 声明全局变量
    global g_num
    # 初始化全局变量,初始值为 0
    g_num = 0
    # 创建两个线程,对全局变量进行累计加 1
    t1 = threading.Thread(target = my_thread1)
    t2 = threading.Thread(target = my_thread2)
    # 启动线程
    t1.start()
    t2.start()
    # 阻塞函数,等待线程结束
    t1.join()
    t2.join()
    # 获取全局变量的值
    print(f" --- 第{i}次循环计算的结果:{g_num} --- ")
if __name__ == "__main__":
    # 循环 4 次,调用 main 函数,计算全局变量的值
    for i in range(1, 5):
        main(i)
```

下面,首先通过程序的表面来分析一下:程序中两个线程共享全局变量 g_num,然后执

行1000000次循环,每次自动加1,此时两个线程同时在运行,也就是说两个线程在同时执行g_num=g_num+1操作,按照程序表面所分析的结果应该等于2000000,但是,其运行的结果却与分析的结果有很大出入,这是为什么呢?

因为计算机会将全局变量自动加1的代码分为两步,即g_num+1和将g_num+1的结果赋值给g_num。由此可见,执行一个完整的自动加1过程不是一步完成的,而是需要两步,然而线程却是在同时运行,谁也不能保证线程1的第一步和第二步执行完成之后才执行线程2的第一步和第二步,因为线程的特性,所以执行的过程充满随机性,这就是导致上述计算结果每次都不同的原因所在。

再举个例子,以帮助读者更简明化地理解这个过程:例如,当前g_num的值是0,当线程1执行第一步时,CPU通过计算获得的结果是1,并准备把计算的结果1赋值给g_num,但在传值的过程中,线程2突然开始执行,并且执行了第一步,此时g_num的值仍为0,而线程1在第一步获得的结果1还在传递的过程中,并没有成功赋值给g_num,而此时线程2经过第一步获得计算结果1,然后经过第二步将计算结果1传递给g_num,最后线程1在执行第二步时将第一步获得的结果1赋值给g_num,此时经过线程1和线程2的运算,明明是做了两次加1操作,而g_num的结果却是1,所以误差就由此产生,往往循环次数越多,产生的误差就越大。

为了避免上述问题的发生,可以使用互斥锁、事件、条件变量、信号量和障碍对象等方法。

1. 互斥锁

互斥锁给资源对象加上一把"锁",使其在任一时刻只能由一个线程访问,即使该线程出现阻塞,该对象被锁定的状态也不会解除,其他线程仍不能访问该对象,但有一点需要注意,虽然互斥锁是保证线程同步的重要手段,但是互斥锁会在客观上导致程序性能下降。

通过threading模块中的Lock类和RLock类来创建互斥锁,它们都有两种状态,即"锁定"状态和"未锁定"状态,默认为"未锁定"状态,其对应两种方法,分别是acquire()方法和release()方法,其中acquire()方法可以实现锁定资源,此时资源是锁定状态,其他线程无法修改锁定的资源,直到等待锁定的资源释放之后才能操作,而release()方法可以实现释放资源,也称为解锁操作,对锁定的资源解锁,解锁之后其他线程可以对资源正常操作。

下面通过互斥锁将上面的代码加以修改,以保证得到正确的结果。首先可以通过互斥锁在全局变量加1之前进行锁定资源,然后在计算完成之后进行释放资源,这就是一个完整的计算过程,至于哪个线程先执行,则由CPU负责。

调整后的示例代码如下:

```python
# 资源包\Code\chapter18\18.2\1820.py
import threading
# 声明全局变量
g_num = 0
# 使用Lock()创建互斥锁
mutex = threading.Lock()
# 此处也可以使用RLock()创建互斥锁,注意与Lock()的区别
# mutex = threading.RLock()
def my_thread1():
```

```python
    # 声明全局变量
    global g_num
    # 锁定资源
    mutex.acquire()
    for i in range(0, 1000000):
        g_num = g_num + 1
    print(f"第 1 个线程计算 g_num 的结果{g_num}")
    # 解锁资源
    mutex.release()
def my_thread2():
    # 声明全局变量
    global g_num
    # 锁定资源
    mutex.acquire()
    for i in range(0, 1000000):
        g_num = g_num + 1
    print(f"第 2 个线程计算 g_num 的结果{g_num}")
    # 解锁资源
    mutex.release()
def main(i):
    # 声明全局变量
    global g_num
    # 初始化全局变量,初始值为 0
    g_num = 0
    # 创建两个线程,对全局变量进行累计加 1
    t1 = threading.Thread(target = my_thread1)
    t2 = threading.Thread(target = my_thread2)
    # 启动线程
    t1.start()
    t2.start()
    # 阻塞函数,等待线程结束
    t1.join()
    t2.join()
    # 获取全局变量的值
    print(f" --- 第{i}次循环计算的结果：{g_num} --- ")
if __name__ == "__main__":
    # 循环 4 次,调用 main 函数,计算全局变量的值
    for i in range(1, 5):
        main(i)
```

下面再来了解一下 Lock 类和 RLock 类的区别。

其实,这两种锁的主要区别就是 RLock 类允许在同一线程中多次获取和释放互斥锁,而 Lock 类却不允许这种情况的发生,如果 Lock 类多次获取和释放互斥锁,则会造成线程死锁。

首先,来看一段程序,示例代码如下：

```
# 资源包\Code\chapter18\18.2\1821.py
import threading
lock = threading.Lock()
num = 1
# 检查变量是否小于零
def check():
    global num
    lock.acquire()
    if num < 0:
        print('num < 0')
    else:
        print('num > 1')
    lock.release()
# 对变量进行加 1 操作
def add():
    global num
    lock.acquire()
    # 加一操作前检查 num 的值是否小于零
    check()
    num += 1
    lock.release()
t = threading.Thread(target = add)
t.start()
t.join()
```

上面的代码会发生线程死锁情况，因为在 add() 函数里先通过 lock.acquire() 获取了互斥锁，然后在调用 check() 函数的时候，check() 函数里又获取了互斥锁，这就造成了线程死锁的情况。这种情况实质就是在一个加锁的操作里调用了另一个加锁的方法，而且加的是同一把锁，所以会发生线程死锁。其解决方法也很简单，就是将 Lock 类换成 RLock 类即可。

但是，RLock 类虽然可以多次获取和释放互斥锁，但这有什么作用呢？获取一次锁就行了，为什么还要多次获取锁呢？下面就通过一个更加实用的示例代码来说明 RLock 类多次获取锁的好处，即要求使用递归方法计算一个数的阶乘，并要求加锁实现，以防止计算过程中不被其他线程干扰，示例代码如下：

```
# 资源包\Code\chapter18\18.2\1822.py
from threading import RLock
lock = RLock()
def factorial(n):
    assert n > 0
    if n == 1:
        return 1
    # 使用 with 自动获取和释放互斥锁
    with lock:
        out = n * factorial(n - 1)
    return out
    # 下述代码等价于上述代码
```

```
    # lock.acquire()
    # out = n * factorial(n - 1)
    # lock.release()
# 主线程发生死锁,无法执行
print(factorial(3))
```

在上面代码中的递归函数里,通过 with 语句自动获取和释放互斥锁,这简化了代码,而在 with 语句中又递归调用了 factorial() 函数,这就会发生再次请求互斥锁的情况,所以第一次递归的时候,如果不使用 RLock 类就会发生线程死锁。

上述的示例代码说明了多次获取锁的实际用途,但还有一点读者需要注意,就是 RLock 类和 Lock 类的第二点区别,即 Lock 类获取的锁可以被其他任何线程直接释放,而 RLock 类获取的锁只有获取这个锁的线程本身才能释放,示例代码如下:

```
# 资源包\Code\chapter18\18.2\1823.py
import threading
import time
lock = threading.Lock()
def a():
    lock.acquire()
    time.sleep(3)
    lock.release()
def b():
    lock.release()
    print('互斥锁被释放')
t1 = threading.Thread(target = a)
t2 = threading.Thread(target = b)
t1.start()
t2.start()
t1.join()
t2.join()
```

在上面的代码中,t1 线程在函数 a 中获取了锁,然后休眠 3s,这时候 t2 线程的 b 函数在没有获取锁的情况下直接就释放了 t1 线程中获取的锁,然后执行打印输出,3s 之后 t1 线程醒来后继续执行并试图释放一个已经被释放的锁的时候,就会报错,内容为 RunTimeError: release unlocked lock,说明 t2 线程可以获取 t1 线程的锁,并可以释放。

如果把上面的锁改成 RLock 类,输出结果就会发生变化,报错内容为 RunTimeError: cannot release un-acquired lock,即无法释放一个没有获取的锁,说明 t2 线程无法获取 t1 线程获取的锁,也就更无法释放 t1 线程中的锁。

2. 事件

线程的事件主要用于唤醒正在阻塞等待状态的线程,从使用需求和使用方式上来看,区别于之前所学习的互斥锁,互斥锁主要针对多个线程同时操作同一个数据,进而保证数据的正常修改或者访问,其语法格式如下:

```
Event()
```

事件的相关方法如下。

1）set()方法

在线程的事件中有一个全局内置标志 Flag，通过该方法可以将全局内置标志 Flag 的值设置为 True，并通知在等待状态的线程恢复运行，其语法格式如下：

```
set()
```

2）isSet()方法

该方法可以获取全局内置标志 Flag 的值，其语法格式如下：

```
isSet()
```

3）wait()方法

该方法会将线程处于阻塞状态，直到其他线程调用 set()方法才可恢复运行，其语法格式如下：

```
wait()
```

4）clear()方法

该方法会将全局内置标志 Flag 的值设置为 False，其语法格式如下：

```
clear()
```

示例代码如下：

```python
#资源包\Code\chapter18\18.2\1824.py
import threading
import time
con = threading.Event()
num = 0
#生产者
def Producer():
    global num
    while True:
        print("开始添加!!!")
        num += 1
        print("火锅里面牛肉丸子的个数: %s" % str(num))
        time.sleep(1)
        if num >= 5:
            print("火锅里面牛肉丸子的数量已经到达5个,无法添加了!")
            #唤醒小伙伴开吃啦
            con.set()
            print('已经通知消费牛肉丸子>>>')
            #进程休眠
            time.sleep(1)
            con.wait()
```

```
            print('不再生产牛肉丸子!!!')
            break
#消费者
def Consumers():
    global num
    con.wait()
    #将 event 状态值设置为 False
    con.clear()
    while True:
        print("开始吃啦!!!")
        num -= 1
        print("火锅里面剩余牛肉丸子的数量: %s" % str(num))
        time.sleep(1)
        if num <= 0:
            print("锅底没货了,赶紧加牛肉丸子吧!")
            #将 event 状态值设置为 True,唤醒其他线程
            con.set()
            print('已经通知生产牛肉丸子>>>')
            #进程休眠
            time.sleep(1)
            print('消费牛肉丸子停止!!!')
            break
p = threading.Thread(target = Producer)
c = threading.Thread(target = Consumers)
p.start()
c.start()
```

3. 条件变量

线程的条件变量主要用于比较复杂的线程交互,而互斥锁和事件主要用于简单的线程同步,其语法格式如下:

```
Condition()
```

条件变量的相关方法如下。

1) acquire()方法

该方法用于线程加锁,其语法格式如下:

```
acquire()
```

2) release()方法

该方法用于释放线程锁,其语法格式如下:

```
release()
```

3) notify()方法

该方法用于唤醒其他挂起的线程开始运行,其语法格式如下:

```
notify([n])
```

其中,参数 n 为可选参数,表示唤醒挂起线程的数量,如果省略该参数,则默认值为 1,表示唤醒一个挂起的线程。

此外,notify()方法必须在已获得线程锁的前提下才能调用,否则会引发错误 RunTimeError,并且 notify()方法不会主动释放线程锁。

4) notifyAll()方法

该方法用于唤醒所有挂起的线程,其语法格式如下:

```
notifyAll()
```

5) wait()方法

该方法用于将线程挂起,使线程进入阻塞状态,直到被唤醒或者超时才会继续运行,其语法格式如下:

```
wait([timeout])
```

其中,参数 timeout 为可选参数,表示超时时间,如果省略该参数,则默认值为 None,表示一直阻塞。

此外,wait()方法必须在已获得线程锁的前提下才能调用,否则会引发错误 RunTimeError。

示例代码如下:

```python
#资源包\Code\chapter18\18.2\1825.py
import threading
import time
con = threading.Condition()
num = 0
#生产者
class Producer(threading.Thread):
    def __init__(self):
        threading.Thread.__init__(self)
    def run(self):
        #锁定线程
        global num
        con.acquire()
        while True:
            print("开始添加!!!")
            num += 1
            print("火锅里面牛肉丸子的个数: %s" % str(num))
            time.sleep(1)
            if num >= 5:
                print("火锅里面牛肉丸子的数量已经到达5个,无法添加了!")
                print('已经通知消费牛肉丸子»»')
                #等待通知
                con.wait()
                print('不再生产牛肉丸子!!!')
```

```
                con.notify()
                break
        #释放锁
        con.release()
#消费者
class Consumers(threading.Thread):
    def __init__(self):
        threading.Thread.__init__(self)
    def run(self):
        con.acquire()
        global num
        while True:
            print("开始吃啦!!!")
            num -= 1
            print("火锅里面剩余牛肉丸子的数量：%s" % str(num))
            time.sleep(2)
            if num <= 0:
                print("锅底没货了,赶紧加牛肉丸子吧!")
                #唤醒其他线程
                con.notify()
                print('已经通知生产牛肉丸子》》》')
                #等待通知
                con.wait()
                print('消费牛肉丸子停止!!!')
                break
        con.release()
p = Producer()
c = Consumers()
p.start()
c.start()
```

4．信号量

虽然多线程同时运行能提高程序的运行效率,但是并非线程越多越好,而信号量则可以通过内置计数器来控制同时运行线程的数量。

在信号量中有一个内置计数器,可以通过调用其内置的 acquire()方法和 release()方法进行控制,即当启动线程时,调用 acquire()方法消耗信号量,其内置计数器会自动减 1；当线程结束时,调用 release()方法释放信号量,其内置计数器会自动加 1；当内置计数器为 0 时,启动线程就会阻塞,直到本线程结束或者其他线程结束为止。

示例代码如下：

```
#资源包\Code\chapter18\18.2\1826.py
import threading
import time
num = 0
#添加一个计数器,最大并发线程数量 5,即最多同时运行 5 个线程
semaphore = threading.Semaphore(5)
def thr_func():
```

```
        global num
        #计数器获得锁
        semaphore.acquire()
        time.sleep(2)
        for i in range(0, 100):
            num = num + 1
        print(num)
        #计数器释放锁
        semaphore.release()
if __name__ == "__main__":
    thread_list = list()
    #创建20个子线程
    for i in range(20):
        t = threading.Thread(target = thr_func, args = ())
        thread_list.append(t)
        t.start()
    for t in thread_list:
        t.join()
    print("程序结束!")
```

5. 障碍对象

障碍对象，也称栅栏或屏障，其语法格式如下：

```
Barrier(parties[, action, timeout])
```

其中，参数 parties 表示线程计数器，用来记录线程数量（或线程障碍数量）；参数 action 为可选参数，表示一个可调用的函数，当等待的线程达到了线程障碍数量（parties），其中一个线程则会首先调用参数 action 对应的函数，之后再执行线程自己内部的代码，如果省略该参数，则默认值为 None，表示不调用函数；参数 timeout 为可选参数，表示超时时间，如果省略该参数，则默认值为 None，表示一直阻塞。

多线程的障碍对象会设置一个线程障碍数量（parties），如果等待的线程数量没有达到线程障碍数量，则所有线程会处于阻塞状态，当等待的线程达到了线程障碍数量就会唤醒所有的等待线程，这就是障碍对象的基本原理。

障碍对象的相关方法如下。

1) wait()方法

该方法用于阻塞并尝试通过障碍。如果等待的线程数量大于或者等于线程障碍数量（parties），则表示障碍通过，执行参数 action 对应的函数并执行线程自己内部的代码，反之则继续等待，其语法格式如下：

```
wait([timeout])
```

其中，参数 timeout 为可选参数，表示超时时间，如果省略该参数，则默认值为 None，表示一直阻塞。

注意，如果等待超时，障碍将进入断开状态。此外，在线程等待期间障碍断开或重置，则此方法会引发 BrokenBarrierError 错误，所以，此时必须添加异常处理。

2）reset()方法

该方法用于重置线程障碍数量，返回默认的空状态，即当前阻塞的线程重新开始，其语法格式如下：

```
reset()
```

注意，如果在线程等待期间障碍断开或重置，此方法会引发 BrokenBarrierError 错误，所以，此时必须添加异常处理。

下面通过一段代码，来模拟播放器播放喜剧电影的过程，首先要求用第 1 个线程执行播放器初始化工作，然后用第 2 个线程获取视频画面，最后用第 3 个线程获取视频声音，只有当初始化工作完毕，视频画面获取完毕，并且视频声音获取完毕，播放器才会开始播放，其中任意一个线程没有完成，播放器都会处于阻塞的状态直到 3 个任务都完成，示例代码如下：

```
# 资源包\Code\chapter18\18.2\1827.py
import threading
def plyer_display():
    print('初始化完成,声频和视频获取完成,准备开始播放喜剧电影...')
# 设置 3 个障碍对象
barrier = threading.Barrier(3, action = plyer_display)
def player_init(statu):
    print(statu)
    try:
        # 设置超时时间,即如果 2s 内,没有达到线程障碍数量,则会进入断开状态,引发
        # BrokenBarrierError 错误
        barrier.wait(2)
    # 断开状态,引发 BrokenBarrierError 错误
    except Exception:
        print("等待超时...")
    else:
        print("正在播放喜剧电影...")
if __name__ == '__main__':
    statu_list = ["init ready", "video ready", "audio ready"]
    thread_list = list()
    for i in range(0, 3):
        t = threading.Thread(target = player_init, args = (statu_list[i],))
        t.start()
        thread_list.append(t)
    for t in thread_list:
        t.join()
```

下面，再来更改一下上面的代码，例如，当第 2 个线程获取完视频画面后，突然不想看喜剧电影了，而是想看爱情电影，此时 3 个线程则需要重新开始工作，重复执行上述的三步工作，示例代码如下：

```python
# 资源包\Code\chapter18\18.2\1828.py
import threading
def plyer_display():
    print('初始化完成,声频和视频获取完成,准备开始播放喜剧电影...')
# 设置 3 个障碍对象
barrier = threading.Barrier(3, action=plyer_display)
def player_init(statu):
    while True:
        print(statu)
        try:
            # 设置超时时间,即如果 2s 内,没有达到线程障碍数量,则会进入断开状态,引发
            # BrokenBarrierError 错误
            barrier.wait(2)
        # 断开状态,引发 BrokenBarrierError 错误
        except Exception:
            continue
        else:
            print("正在播放爱情电影...")
            break
if __name__ == '__main__':
    statu_list = ["init ready", "video ready", "audio ready"]
    thread_list = list()
    for i in range(0, 3):
        t = threading.Thread(target=player_init, args=(statu_list[i],))
        t.start()
        thread_list.append(t)
        # 重置
        if i == 1:
            print("不想看喜剧电影了,而是想看爱情电影....")
            barrier.reset()
    for t in thread_list:
        t.join()
```

18.2.4 线程定时器

线程定时器主要用于定时任务,表示在指定时间间隔后启动线程,其语法格式如下:

```
Timer(interval, function[, args, kwargs])
```

其中,参数 interval 表示定时器间隔,即间隔多少秒之后启动定时器任务;参数 function 为线程函数;参数 args 为可选参数,表示线程参数,可以传递元组类型数据,如果省略该参数,则默认值为 None,表示无参数;参数 kwargs 为可选参数,表示线程参数,可以传递字典类型数据,如果省略该参数,则默认值为 None,表示无参数,示例代码如下:

```python
# 资源包\Code\chapter18\18.2\1829.py
import threading
def thread_Timer():
    print("已经到起床的时间了,5s 之后将再次叫你起床!")
```

```
    global t1
    #创建并初始化线程
    t1 = threading.Timer(4, thread_Timer)
    #启动线程
    t1.start()
    print("请快起床...请快起床...请快起床...")
if __name__ == "__main__":
    #创建并初始化线程
    t1 = threading.Timer(0, thread_Timer)
    #启动线程
    t1.start()
```

18.2.5 线程池

在程序中使用线程会提高运行效率,虽然线程是计算机中最小的单位,但是线程的创建和使用一样会占用计算机资源和产生开销,一旦创建成千上万个线程,计算机一样会存在死机的风险,所以一个合理的程序永远都是以消耗最少的资源,而处理最多的任务为最终目的。

相信各位读者都使用过迅雷下载,当准备同时下载 1000 个任务甚至更多的时候,就算读者开通了 VIP 会员,同时下载的数量也只有 8 个。如果同时创建了 1000 个线程,则对计算机的开销会很大,而且每次只运行 8 个线程,需要不停地创建和销毁,这样会相当损耗计算机的资源。

而通过线程池就可以轻松解决上述问题。其实,上述的例子中只需 8 个线程,每个线程各分配一个任务,剩下的任务排队等待,当某个线程完成任务的时候,会从任务队列中取出新的任务安排给这个线程继续执行,这就是线程池的原理。

可以通过 concurrent.futures 模块中的 ThreadPoolExecutor 类来创建线程池对象,其语法格式如下:

```
ThreadPoolExecutor(max_workers)
```

参数 max_workers 为设置线程池中最多能同时运行线程的个数。

线程池对象的相关方法如下。

1) submit()方法

该方法用来将线程需要执行的任务提交到线程池中,并返回该任务的句柄。注意,该方法不是阻塞的,而是立即返回,其语法格式如下:

```
submit()
```

2) done()方法

该方法用来判断任务是否结束,其语法格式如下:

```
done()
```

3) cancel()方法

该方法用于取消提交的任务。注意,如果任务已经在线程池中运行,则无法取消,其语法格式如下:

```
cancel()
```

4) result()方法

该方法用于获取任务的返回值。注意,该方法是阻塞的,其语法格式如下:

```
result()
```

示例代码如下:

```
# 资源包\Code\chapter18\18.2\1830.py
from concurrent.futures import ThreadPoolExecutor
import time
def down_video(tp):
    time.sleep(tp[1])
    print(f"{tp[0]}执行完成!")
    return f'执行结果为{tp[0]}执行了{tp[1]}秒'
executor = ThreadPoolExecutor(max_workers=2)
# 将执行的两个任务提交到线程池中,并立即返回,不阻塞
task1 = executor.submit(down_video, ('任务1', 3))
task2 = executor.submit(down_video, ('任务2', 2))
# 判定任务是否完成
print("任务1是否已经完成: ", task1.done())
# 取消任务,注意,只有当该任务未放入线程池中时才能取消成功
print("取消任务2: ", task2.cancel())
time.sleep(4)
print("任务1是否已经完成: ", task1.done())
# 获取执行结果
print(task1.result())
print(task2.result())
```

18.2.6 线程间的消息队列

线程间的消息队列分为3种类别,分别是Queue、LifoQueue和PriorityQueue。

1. Queue

该线程消息队列为先进先出队列(FIFO),即先存入的数据,先取出。

可以通过queue模块中的Queue类来创建线程消息队列对象,其语法格式如下:

```
Queue(maxsize)
```

参数maxsize表示队列中最多可以存放的数据数量。

线程消息队列对象的相关方法如下。

1) qsize()方法

该方法用于返回线程消息队列的大小,其语法格式如下:

```
qsize()
```

2) empty()方法

该方法用于判断线程消息队列是否为空,其语法格式如下:

```
empty()
```

3) full()方法

该方法用于判断线程消息队列是否为满,其语法格式如下:

```
full()
```

4) get()方法

该方法用于从线程消息队列的头部获取一个数据,其语法格式如下:

```
get([block[, timeout]])
```

其中,参数 block 为可选参数,表示当线程消息队列为空时取数据是否会引发异常,如果省略该参数,则默认值为 True,表示阻塞线程,直到线程消息队列中有数据并获取了这个数据;参数 timeout 为可选参数,表示引发异常时所阻塞的秒数,注意,只有当参数 block 的值为 True 的情况下才可以设置该参数,如果省略该参数,则默认值为 None,表示一直阻塞。

5) put()方法

该方法用于向线程消息队列的队尾插入一个数据,其语法格式如下:

```
put(item, [block[, timeout]])
```

其中,参数 item 表示插入线程消息队列中的数据;参数 block 为可选参数,表示当线程消息队列已满时插入数据是否会引发异常,如果省略该参数,则默认值为 True,表示阻塞线程,直到线程消息队列中的数据被取出;参数 timeout 为可选参数,表示引发异常时所阻塞的秒数,注意,只有当参数 block 的值为 True 的情况下才可以设置该参数,如果省略该参数,则默认值为 None,表示一直阻塞。

6) task_done()方法

该方法用于在取出一个数据后,向线程消息队列发出一个信号,表示本任务已经完成,该方法必须与 get()方法配对使用,其语法格式如下:

```
task_done()
```

7) join()方法

该方法用于阻塞主线程,直到在取数据的时候,所有数据都调用了 task_done()方法之

后主线程才会继续向下执行,其语法格式如下:

```
join()
```

使用 join()方法的优点在于,假如一个线程开始处理最后一个任务时,它就会从任务队列中取走最后一个任务,此时任务队列就空了,但最后那个线程还没处理完,当调用了 join()方法之后,主线程就不会因为队列为空而结束,而是等待最后那个线程处理完成才结束。

示例代码如下:

```python
# 资源包\Code\chapter18\18.2\1831.py
import threading
import queue
# 线程队列中最多存放 5 个数据
q = queue.Queue(5)
def put_data():
    for i in range(20):
        q.put(i)
        print(f"把数据【{i}】放入队列中")
    # 阻塞进程,直到所有任务完成,注意,取多少次数据,必须对应执行 task_done()多少次否则最后
    # 的打印无法输出
    q.join()
    # 尝试不使用 join()和 task_done(),注意该语句输出的位置,并思考是否合理
    print('运行结束!!!')
def get_data():
    for i in range(20):
        data = q.get()
        print(f"从队列中取出数据【{data}】")
        # 每取一个数据,发一个信号给 join(),因为 join()实际上是一个计数器,插入了多少数据,
        # 计数器就增加了多少,每执行 task_done()一次,计数器就会减 1,直到为 0 才继续执行
        q.task_done()
t1 = threading.Thread(target = put_data, args = ())
t1.start()
t2 = threading.Thread(target = get_data, args = ())
t2.start()
```

2. LifoQueue

该线程消息队列为先进后出队列(LIFO),即最后存入的数据,先取出。

可以通过 queue 模块中的 LifoQueue 类来创建线程消息队列对象,其语法格式如下:

```
LifoQueue(maxsize)
```

参数 maxsize 表示队列中最多可以存放的数据数量。

该线程消息队列对象的相关方法与线程队列 Queue 的相关方法一致。

示例代码如下:

```python
#资源包\Code\chapter18\18.2\1832.py
import threading
import queue
#线程队列中最多存放5个数据
q = queue.LifoQueue(5)
def put_data():
    for i in range(20):
        q.put(i)
        print(f"把数据【{i}】放入队列中")
    #阻塞进程,直到所有任务完成,注意,取多少次数据,必须对应执行task_done()多少次否则最后
    #的打印无法输出
    q.join()
    #尝试不使用join()和task_done(),注意该语句输出的位置,并思考是否合理
    print('运行结束!!!')
def get_data():
    for i in range(20):
        data = q.get()
        print(f"从队列中取出数据【{data}】")
        #每取一个数据,发一个信号给join(),因为join()实际上是一个计数器,插入了多少数据,
        #计数器就增加了多少,每执行task_done()一次,计数器就会减1,直到为0才继续执行
        q.task_done()
t1 = threading.Thread(target=put_data, args=())
t1.start()
t2 = threading.Thread(target=get_data, args=())
t2.start()
```

3. PriorityQueue

该线程消息队列为优先级队列(PriorityQueue),即存入数据的时候会加入一个优先级,优先级最高的数据先取出。注意,在存入数据时,设置的值越小,优先级越高。

可以通过 queue 模块中的 PriorityQueue 类来创建线程消息队列对象,其语法格式如下:

```
PriorityQueue(maxsize)
```

参数 maxsize 表示队列中最多可以存放的数据数量。

该线程消息队列对象的相关方法与前两个线程队列的相关方法一致。

示例代码如下:

```python
#资源包\Code\chapter18\18.2\1833.py
import queue
q = queue.PriorityQueue()
```

```
# 注意,队列中的数据类型必须一致
q.put([1, 'ace'])
q.put([40, 20])
q.put([3, 'afd'])
q.put([5, '4asdg'])
# 不为空时执行
while not q.empty():
    # 按照数据的 ASCII 码表顺序进行优先级匹配
    print(q.get())
q = queue.PriorityQueue()
q.put('我')
q.put('你')
q.put('他')
q.put('她')
while not q.empty():
    # 汉字按照 UNICODE 表顺序进行优先级匹配
    print(q.get())
```

第 19 章 经典面试题

1. 居中显示指定的字符串,并在其两侧填充 * 号

通过字符串的 center() 方法可以获得一个使原字符串居中并默认使用空格填充至指定长度的新字符串,其语法格式如下:

```
center(width, fillchar)
```

其中,参数 width 表示字符串的总长度;参数 fillchar 表示填充字符。
解析代码如下:

```
# 资源包\Code\chapter19\1901.py
# 两侧填充空格
print('《' + 'Python'.center(20) + '》')
# 两侧填充 *
print('《' + 'Python'.center(20, '*') + '》')
```

2. 在 Python 中如何定义列表和集合,以及列表和集合的区别

通过中括号包裹元素来定义列表,通过大括号包裹元素来定义集合。
解析代码如下:

```
# 资源包\Code\chapter19\1902.py
lt = [1, 2, 2, 3, 4, 3]
print(lt)
st = {1, 2, 2, 3, 4, 3}
print(st)
```

列表和集合的区别在于集合没有重复的元素,而列表可以有重复的元素,此外,集合中的元素与顺序无关,而列表中的元素与顺序有关。
解析代码如下:

```
# 资源包\Code\chapter19\1903.py
lt1 = [1, 1, 2]
# 输出结果为[1, 1, 2]
print(lt1)
lt2 = [1, 2, 3]
lt3 = [3, 2, 1]
```

```
# 输出结果为 False
print(lt2 == lt3)
st1 = {1, 1, 2}
# 输出结果为{1, 2}
print(st1)
st2 = {1, 2, 3}
st3 = {3, 2, 1}
# 输出结果为 True
print(st2 == st3)
```

3. 去掉列表（或元组）中重复的元素

利用集合中没有重复元素的特性，首先将列表（或元组）转换为集合，然后将集合转化为列表（或元组）即可。

解析代码如下：

```
# 资源包\Code\chapter19\1904.py
lt = [1, 2, 2, 3, 4, 3]
lt_result = list(set(lt))
# 输出结果为[1, 2, 3, 4]
print(lt_result)
tp = (1, 2, 2, 3, 4, 3)
tp_result = tuple(set(tp))
# 输出结果为(1, 2, 3, 4)
print(tp_result)
```

4. 向集合中添加和删除元素

可以通过集合中的 add() 方法和 remove() 方法添加和删除元素。

解析代码如下：

```
# 资源包\Code\chapter19\1905.py
st = {3, 2, 1}
st.add(123)
# 输出结果为{123, 1, 2, 3}
print(st)
# 向集合中添加重复的元素无意义
st.add(1)
# 输出结果为{123, 1, 2, 3}
print(st)
st.remove(123)
# 注意,如果删除集合中不存在的元素,则会抛出异常
try:
    st.remove(888)
except KeyError:
    print('888 在集合中不存在')
```

5. 求集合的并集、交集、差集和对称差集

并集，即将集合 A 和集合 B 所有的元素合并在一起组成的集合，记作 $A \cup B$；交集，即

所有属于集合 A 且属于集合 B 的元素所组成的集合,记作 $A \cap B$;差集,集合 A 中所有不属于集合 B 的元素所组成的集合,记作 $A - B$;对称差集,集合 A 与集合 B 中所有不属于 $A \cap B$ 的元素的集合,记作 $A \triangle B$,如图 19-1 所示。

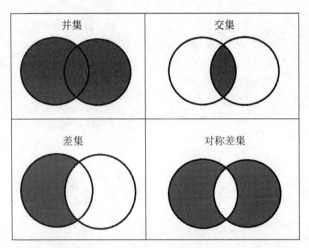

图 19-1 并集、交集、差集和对称差集

通过集合中的 union()方法(或符号"|")、intersection()方法(或符号"&")、difference()方法(或符号"-")和 symmetric_difference()方法(或符号"^")来求并集、交集、差集和对称差集。

解析代码如下:

```
# 资源包\Code\chapter19\1906.py
st1 = {1, 2, 3}
st2 = {3, 4, 5}
# 并集,输出结果为{1, 2, 3, 4, 5}
print(st1.union(st2))
# 使用"|"表示并集,输出结果为{1, 2, 3, 4, 5}
print(st1 | st2)
# 交集,输出结果为{3}
print(st1.intersection(st2))
# 使用"&"表示交集,输出结果为{3}
print(st1 & st2)
# 差集,输出结果为{1, 2}
print(st1.difference(st2))
# 使用"-"表示差集,输出结果为{1, 2}
print(st1 - st2)
# 对称差集,输出结果为{1, 2, 4, 5}
print(st1.symmetric_difference(st2))
# 使用"^"表示对称差集,输出结果为{1, 2, 4, 5}
print(st1 ^ st2)
```

6. 连接两个列表(或元组),以及这些连接方式的区别

(1)连接两个列表,可以通过"*""+"或 extend()方法实现。

解析代码如下:

```
# 资源包\Code\chapter19\1907.py
lt1 = [1, 5, 7, 9, 6]
lt2 = [2, 3, 3, 6, 8]
# 输出结果为[1, 5, 7, 9, 6, 2, 3, 3, 6, 8]
print([*lt1, *lt2])
# 输出结果为[1, 5, 7, 9, 6, 2, 3, 3, 6, 8]
print(lt1 + lt2)
lt1.extend(lt2)
# 输出结果为[1, 5, 7, 9, 6, 2, 3, 3, 6, 8]
print(lt1)
```

（2）连接两个元组，可以通过"*"或"+"实现。

解析代码如下：

```
# 资源包\Code\chapter19\1908.py
tp1 = (1, 2, 3)
tp2 = (2, 3, 3, 4)
# 输出结果为(1, 2, 3, 2, 3, 3, 4)
print((*tp1, *tp2))
# 输出结果为(1, 2, 3, 2, 3, 3, 4)
print(tp1 + tp2)
```

此外，需要注意以下两点，一是"*"除了可以连接两个列表（或元组），也可以连接列表和元组的混合，但是"+"的两侧则必须都是列表（或元组），不可以连接列表和元组的混合；二是 extend() 方法会更改调用该方法的列表的值，并且由于元组的值不可被修改，所以元组没有 extend() 方法，但是列表可以通过 extend() 方法连接元组，这是"+"所做不到的。

解析代码如下：

```
# 资源包\Code\chapter19\1909.py
lt1 = [1, 5, 7, 9, 6]
lt2 = [2, 3, 4]
tp1 = (1, 2, 3)
tp2 = (2, 3, 3, 4)
# 输出结果为[1, 5, 7, 9, 6, 1, 2, 3]
print([*lt1, *tp1])
# 报错，"+"两侧必须都是列表或者元组，不可以混合使用
print(lt1 + tp1)
lt1.extend(lt2)
# 输出结果为[1, 5, 7, 9, 6, 2, 3, 4]
print(lt1)
# 报错，元组没有 extend() 方法
print(tp1.extend(tp2))
lt1.extend(tp1)
# 输出结果为[1, 5, 7, 9, 6, 2, 3, 4, 1, 2, 3]
print(lt1)
```

7. 对列表中的元素进行随机排列

可以通过以下 3 种方式对列表中的元素进行随机排列。

(1) 使用自定义函数,但更改原列表的值。

解析代码如下:

```python
# 资源包\Code\chapter19\1910.py
import random
lt = [9, 21, 33, 4, 45, 36, 27, 8, 39, 10]
def random_list(lt):
    # 多次获得列表索引的随机数,并将对应索引的元素进行对换,以达到随机目的
    for i in range(0, 100):
        # 获得列表索引 0~9 的随机数
        index1 = random.randint(0, len(lt) - 1)
        index2 = random.randint(0, len(lt) - 1)
        # 将列表中对应索引的元素对换
        lt[index1], lt[index2] = lt[index2], lt[index1]
    return lt
lt_result = random_list(lt)
# 新列表
print(lt_result)
# 原列表
print(lt)
```

(2) 使用自定义函数,但不更改原列表值。

解析代码如下:

```python
# 资源包\Code\chapter19\1911.py
import random
lt = [9, 21, 33, 4, 45, 36, 27, 8, 39, 10]
def random_list(lt):
    lt_copy = lt.copy()
    result = []
    for i in range(0, len(lt_copy)):
        # 获得列表索引 0~9 的随机数
        index = random.randint(0, len(lt_copy) - 1)
        # 将对应索引的值存入新列表中,以达到随机效果
        result.append(lt_copy[index])
        # 将已经使用的索引删除,防止索引对应的值重复出现
        del lt_copy[index]
    return result
lt_result = random_list(lt)
# 新列表
print(lt_result)
# 原列表
print(lt)
```

(3) 使用 shuffle() 函数,该函数会更改原列表值。

解析代码如下:

```python
# 资源包\Code\chapter19\1912.py
import random
lt = [9, 21, 33, 4, 45, 36, 27, 8, 39, 10]
random.shuffle(lt)
print(lt)
```

8. 调换字典中键和值

通过 items()方法访问字典中的键和值，然后进行调换。

解析代码如下：

```
# 资源包\Code\chapter19\1913.py
input_dt = {'one': 1, 'two': 2, 'three': 3}
# 输出结果为{1: 'one', 2: 'two', 3: 'three'}
print({val: key for key, val in list(input_dt.items())})
```

9. 将两个列表（或元组）合并成一个字典

首先将可迭代的对象（列表或元组）作为参数，并通过 zip()函数将对象中对应的元素打包成一个个元组，然后返回由这些元组组成的列表，最后使用 dict()函数将列表转换为字典即可。

解析代码如下：

```
# 资源包\Code\chapter19\1914.py
lt1 = ['a', 'b']
lt2 = [1, 2]
# 输出结果为{'a': 1, 'b': 2}
print(dict(zip(lt1, lt2)))
fields = ('id', 'name', 'age')
records = [['01', 'Bill', '20'], ['02', 'Mike', '30']]
result = []
for record in records:
    result.append(dict(zip(fields, record)))
# 输出结果为[{'id': '01', 'name': 'Bill', 'age': '20'}, {'id': '02', 'name': 'Mike', 'age': '30'}]
print(result)
```

10. 列表和元组之间的差异

1）语法定义不同

列表使用中括号包裹元素，而元组使用小括号包裹元素。

解析代码如下：

```
# 资源包\Code\chapter19\1915.py
lt = [1, 2, 3, 4]
print(lt)
tp = (1, 2, 3, 4)
print(tp)
```

2）元素值可变和不可变

列表中的元素值可变，而元组中的元素值不可变。

解析代码如下：

```
# 资源包\Code\chapter19\1916.py
lt = [1, 2, 3, 4]
tp = (1, 2, 3, 4)
lt[1] = 100
```

```
#输出结果为[1, 100, 3, 4]
print(lt)
#报错,因为元组的元素不可被修改
tp[1] = 100
print(tp)
```

3）空间大小不同

由于元组在内存结构的设计上更精简,所以元组比列表占的存储空间更小,当需要处理大量元素且不需要更改值的情况下,建议使用元组；另外,在多线程并发的时候,元组不需要加锁,不必担心安全问题,编写更加简便。

解析代码如下：

```
#资源包\Code\chapter19\1917.py
lt = [1, 2, 3, 4]
tp = (1, 2, 3, 4)
#__sizeof__()表示系统分配空间的大小
#输出结果为36
print(lt.__sizeof__())
#输出结果为28
print(tp.__sizeof__())
```

11. 对列表进行正序和倒序排序

通过 sort()方法和 sorted()函数进行正序排序,注意,sort()方法会改变原列表的值,而 sorted()函数会返回一个排序之后的新列表。

解析代码如下：

```
#资源包\Code\chapter19\1918.py
lt1 = [5, 4, 2, 7, 3, 8, 3]
lt1.sort()
#输出结果为[2, 3, 3, 4, 5, 7, 8]
print(lt1)
lt2 = [6, 4, 3, 3, 7, 9, 12]
lt_result = sorted(lt2)
#输出结果为[3, 3, 4, 6, 7, 9, 12]
print(lt_result)
```

通过将 sort()方法和 sorted()函数中的参数 reverse 的值设为 True,可以完成倒序排序。

解析代码如下：

```
#资源包\Code\chapter19\1919.py
lt1 = [5, 4, 2, 7, 3, 8, 3]
lt1.sort(reverse = True)
#输出结果为[8, 7, 5, 4, 3, 3, 2]
print(lt1)
lt2 = [6, 4, 3, 3, 7, 9, 12]
lt_result = sorted(lt2, reverse = True)
#输出结果为[12, 9, 7, 6, 4, 3, 3]
print(lt_result)
```

12. 使用 del 关键字和 pop() 方法删除列表中的元素有何区别

del 关键字可以根据索引删除列表中的元素，并且 del 关键字无返回值，但会改变原列表的值；pop() 方法可以根据索引删除列表中的元素，并会返回删除元素的值，pop() 方法同样会更改原列表的值，但是，当不填写索引时，pop() 方法将删除列表中最后一个元素。

解析代码如下：

```python
# 资源包\Code\chapter19\1920.py
lt = [4, 3, 6, 5]
# 删除索引为 2 的元素
del lt[2]
# 输出结果为[4, 3, 5]
print(lt)
lt = [4, 3, 6, 5]
# 删除索引为 2 的元素
val = lt.pop(2)
# 输出结果为 6
print(val)
# 输出结果为[4, 3, 5]
print(lt)
# 删除列表中最后一个元素
val = lt.pop()
# 输出结果为[4, 3]
print(lt)
```

13. 字典中键的值支持哪些数据类型

字典中键的值支持的数据类型包括整型、浮点型、字符串、布尔型、元组、不可变集合、对象和 None；不支持的数据类型包括列表、可变集合和字典。

解析代码如下：

```python
# 资源包\Code\chapter19\1921.py
dt = {}
# 支持的数据类型
dt[10] = 20
dt[12.3] = 20.1
dt[True] = False
dt['name'] = 'Bill'
dt[(1, 2, 3)] = [4, 5, 6]
dt[None] = 22
dt[frozenset({1, 2, 32, 3, 3, 5})] = {2, 3, 5, 6, 7, 8}
class Person:
    pass
p1 = Person()
p2 = Person()
dt[p1] = 'p1'
dt[p2] = 'p2'
# 输出结果为{10: 20, 12.3: 20.1, True: False, 'name': 'Bill', (1, 2, 3): [4, 5, 6], None: 22,
# frozenset({32, 1, 2, 3, 5}): {2, 3, 5, 6, 7, 8}, <__main__.Person object at 0x02043E70>:
# 'p1', <__main__.Person object at 0x020520F0>: 'p2'}
```

```python
print(dt)
# 输出结果为 20.1
print(dt[12.3])
# 不支持的数据类型
dt[[1, 2, 3]] = 3
dt[{1, 2, 3}] = {4, 5, 6}
dt[{'a': 3}] = 4
```

14. 计算字符串中出现次数最多的字符

定义一个字典,该字典的键用于保存字符串中的字符,键的值则用于保存该字符出现的次数,然后获取出现次数最多的键和值即可完成本题。

解析代码如下:

```python
# 资源包\Code\chapter19\1922.py
text = 'this is Python, come from Holland!'
# 定义字典,其中,键用于保存列表中的元素,键的值用于保存该元素出现的次数
dt = {}
# 初始化出现次数最多的字符
maxChar = ''
for char in text:
    # 如果是空格,则跳过
    if char.isspace():
        continue
    # 判断当前字典中是否有该元素,如果没有,则将元素作为字典的键存入,并将值设为1,代表
    # 第一次出现,如果字典中该元素已经存在,则对该元素在字典中的值做加1操作
    if dt.get(char) is None:
        dt[char] = 1
        if maxChar == '':
            maxChar = char
    else:
        dt[char] += 1
        # 如果出现次数最多的字符的数量小于当前字符出现的次数,则将当前字符作为出现次数
        # 最多的字符
        if dt[maxChar] < dt[char]:
            maxChar = char
print(f'出现次数最多的字符是{maxChar},出现次数为{dt[maxChar]}')
```

15. 判断函数和类方法

可以通过两种方式来判断函数和类方法。

1) 使用内置变量__name__

如果该变量的值为 function,则为函数;如果该变量的值为 method,则为类方法。

解析代码如下:

```python
# 资源包\Code\chapter19\1923.py
class MyClass:
    def mymethod(self):
```

```
        pass
def myFunc():
    pass
print(type(MyClass().mymethod).__name__)
print(type(myFunc).__name__)
```

2) 使用 isinstance()函数

使用该函数与 types 模块中的 FunctionType 类型和 MethodType 类型进行比较，函数的类型为 FunctionType，方法的类型为 MethodType。

解析代码如下：

```
# 资源包\Code\chapter19\1924.py
import types
class MyClass:
    def mymethod(self):
        pass
def myFunc():
    pass
print(isinstance(MyClass().mymethod, types.MethodType))
print(isinstance(myFunc, types.FunctionType))
```

16. 计算指定日期为一年当中的第几天

可以通过 time 类中的 localtime()方法将给定的 UNIX 时间戳转化为指定的时间，如果不给定 UNIX 时间戳，则返回当前的时间，该方法会返回一个 time.struct_time 对象，其包含 9 个属性，分别为 tm_year(年份)、tm_mon(月份)、tm_mday(日期)、tm_hour(时)、tm_min(分)、tm_sec(秒)、tm_wday(星期)、tm_yday(从每年的 1 月 1 日开始的天数)和 tm_isdst(夏令时标识符)。

解析代码如下：

```
# 资源包\Code\chapter19\1925.py
import time, datetime
dt = datetime.datetime(1986, 8, 9, 11, 20, 8)
t = datetime.datetime.timestamp(dt)
localtime = time.localtime(t)
print(localtime)
print(f'{dt}是一年当中的第{localtime.tm_yday}天')
```

17. JSON 字符串与类的对象之间互相转换

1) JSON 字符串转换为类的对象

通过 loads()函数可将 JSON 字符串转换为类的对象，此时需要设置该函数的参数 object_hook 的值。

解析代码如下：

```
# 资源包\Code\chapter19\1926.py
import json
json_str = '{"name":"xzd","age":35,"teach":"Python"}'
```

```
json_dt = json.loads(json_str)
# 此时获取数据的类型为字典类型
print(type(json_dt))
class Hock:
    def __init__(self, dt):
        self.__dict__ = dt
# 参数 object_hock 用于指定一个类或函数,而该类或函数负责把反序列化后的基本类型数据转换
# 成自定义类型的对象
# 此时参数 object_hock 用于指定的类
json_obj = json.loads(json_str, object_hook = Hock)
# 可以正常输出,结果为 xzd
print(json_obj.name)
# 此时参数 object_hock 用于指定的函数
def json2hock(dt):
    return Hock(dt)
json_obj = json.loads(json_str, object_hook = json2hock)
# 可以正常输出,结果为 Python
print(json_obj.teach)
```

2) 将类的对象转换为 JSON 字符串

通过 dumps() 函数可将类的对象转换为 JSON 字符串,此时需要设置该函数的参数 default 的值。

解析代码如下:

```
# 资源包\Code\chapter19\1927.py
import json
class Hock:
    def __init__(self, name, age, teach):
        self.name = name
        self.age = age
        self.teach = teach
hock = Hock('xzd', 35, 'Python')
def hock2dict(obj):
    return {
        'name': obj.name,
        'age': obj.age,
        'teach': obj.teach
    }
# 参数 default 用于指定一个函数,而该函数负责把自定义类型的对象转换成可序列化的基本类型数据
json_str = json.dumps(hock, default = hock2dict)
print(type(json_str))
print(json_str)
```

18. 编写一个生成器,将多维列表转换为一维列表

该题需要使用递归对多维列表进行循环遍历,需要注意的是,由于单个值无法进行循环,所以程序需要使用异常处理。

解析代码如下:

```
# 资源包\Code\chapter19\1928.py
nestedList = [7, [1, 2, [3, 4, 6]], [4, 3, [1, 2, 3], [1, 2, [4, 5]], 2], [1, 2, 4, 5, 7]]
def enumList(nestedList):
    try:
        for subList in nestedList:
            # 递归
            for element in enumList(subList):
                yield element
    # 单个值无法进行循环处理,直接迭代返回
    except TypeError:
        yield nestedList
print(list(enumList(nestedList)))
```

19. 使用正则表达式提取 HTML 中 a 标签的 URL

因为该题只需获取 a 标签中的 URL 部分,所以必须对 URL 部分进行分组,而在分组内除了"<"号,可以获取任意字符。

解析代码如下:

```
# 资源包\Code\chapter19\1929.py
import re
URL = '<a href = "http://www.oldxia.com/xzd/upload/">老夏学院</a><a href = "https://www.baidu.com">百度</a>'
result = re.findall('<a[^>]*href = "([^<]*)">', URL, re.I)
print(result)
for URL in result:
    print(URL)
```

20. 使用正则表达式将字符串中的日期替换为指定格式

首先需要对字符串中的日期部分进行分组,然后通过对分组的正向引用,进而将字符串中的日期替换为指定的格式。

解析代码如下:

```
# 资源包\Code\chapter19\1930.py
import re
today_date = 'Today is 2021 - 06 - 01!'
result = re.sub('(\d{4}) - (\d{2}) - (\d{2})', r'\1/\2/\3', today_date)
print(result)
```

21. 使用正则表达式将字符串中的所有数进行格式化

该题中的所有数包括正整数、负整数、正浮点数和负浮点数,所以正则表达式为"-?\d+(\.\d+)?",此外需要使用 format() 函数进行格式化。

解析代码如下:

```
# 资源包\Code\chapter19\1931.py
import re
# matched 表示匹配出的内容
def fun(matched):
```

```
        return format(float(matched.group()), '0.2f')
result = re.sub('-?\d+(\.\d+)?', fun, '[age 35] [score 97.34112] [-0.775 + 2.553]')
# 输出结果为[age 35.00] [score 97.34] [-0.78 + 2.55]
print(result)
```

22. 计算使用 n 个 $2×1$ 的小矩形覆盖 $2×n$ 的大矩形的覆盖方式有多少种

解此种题型，需要从计算的结果入手，即赋予假定值，然后罗列计算的结果，最后根据计算的结果推断出相关算法。

假定 $n=1$ 时，共有 1 种覆盖方式；假定 $n=2$ 时，共有 2 种覆盖方式；假定 $n=3$ 时，共有 3 种覆盖方式；假定 $n=4$ 时，共有 5 种覆盖方式；假定 $n=5$ 时，共有 8 种覆盖方式，以此类推，将计算出的结果罗列出来，分别是 1、2、3、5、8、13……经过分析，该数列属于斐波那契数列，所以，总共有 $f(n)=f(n-1)+f(n-2)(n\geqslant 2,n\in \mathbf{N})$ 种覆盖方式。

解析代码如下：

```
# 资源包\Code\chapter19\1932.py
# 使用递归方式
def rectCover(n):
    if n == 0:
        return 0
    elif n == 1:
        return 1
    elif n == 2:
        return 2
    elif n == 3:
        return 3
    else:
        return rectCover(n - 1) + rectCover(n - 2)
# 假设当 n=4 时
result = rectCover(4)
# 输出结果为 5
print(result)
# 使用非递归方式
def rectCover(n):
    if n == 0:
        return 0
    elif n == 1:
        return 1
    elif n == 2:
        return 2
    elif n == 3:
        return 3
    else:
        res = [0, 1, 2, 3]
        while len(res) <= n:
            res.append(res[-1] + res[-2])
        return res[n]
# 假设当 n=5 时
result = rectCover(6)
# 输出结果为 13
print(result)
```

23. 计算出一个序列中连续子序列的最大乘积（该子序列至少包含一个数）

首先假定一个列表$[lt1,lt2,lt3,…,ltm,…,ltn]$，则当前临时的最大乘积有以下三种情况。

第一种，当 ltm 大于 0 时，如果$[lt1,lt2,…,ltm-1]$中最大的连续子序列乘积为正数，则当前临时的最大乘积为$[lt1,lt2,…,ltm-1]$中的最大连续子序列乘积再乘以 ltm，反之则为 ltm 本身。

第二种，当 ltm 小于 0 时，如果$[lt1,lt2,…,ltm-1]$中最小的连续子序列乘积为负数，则当前临时的最大乘积为$[lt1,lt2,…,ltm-1]$中的最小连续子序列乘积再乘以 ltm，反之则为 ltm 本身。

第三种，当 ltm 等于 0 时，则临时的最大乘积为 0。

举例说明，假设有一个列表$[2,1,-2,3,4,6,0]$，假设当前 ltm 的值为列表中的元素 6（大于 0），并且 ltm 之前的列表$[2,1,-2,3,4]$中的最大连续子序列（$[3,4]$）乘积为 12，则当前临时的最大乘积为 12×6 等于 72。

解析代码如下：

```python
# 资源包\Code\chapter19\1933.py
def maxMul(lt):
    if not lt:
        return
    # 设置初始值,保存[lt1,lt2,…,ltm-1]中最大连续子序列乘积
    current_max = lt[0]
    # 设置初始值,保存[lt1,lt2,…,ltm-1]中最小连续子序列乘积
    current_min = lt[0]
    # 设置初始值,保存当前序列的最大乘积
    result = lt[0]
    for ltm in lt[1:]:
        # 计算当前临时的最大乘积
        tmp_max = max(current_max * ltm, current_min * ltm, ltm)
        # 计算当前临时的最小乘积
        tmp_min = min(current_max * ltm, current_min * ltm, ltm)
        current_max = tmp_max
        current_min = tmp_min
        result = max(result, current_max)
    return result
# 输出结果为 72
lt = [2, 1, -2, 3, 4, 6, 0]
print(maxMul(lt))
```

24. 反转单向链表

单向链表也叫单链表，是链表中最简单的一种形式，它的每个节点包含两个域，即元素域和链接域，其中元素域用来存放具体的数据，而链接域则用来存放下一个节点的位置。

此外，单向链表中每个节点的链接域均指向另外一个节点，但最后一个节点的链接域则指向一个空值，如图 19-2 所示。

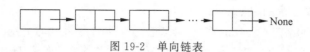

图 19-2　单向链表

解析代码如下：

```python
# 资源包\Code\chapter19\1934.py
# 链表的节点
class LinkedNode:
    def __init__(self, val):
        # 元素域
        self.val = val
        # 链接域
        self.next = None
# 定义 4 个节点
node1 = LinkedNode(1)
node2 = LinkedNode(2)
node3 = LinkedNode(3)
node4 = LinkedNode(4)
node1.next = node2
node2.next = node3
node3.next = node4
# 链表打印函数
def printLinkedList(header):
    node = header
    # 当节点为 None 时，表示链表元素已经遍历完毕
    while node:
        print(node.val, end = ' ')
        node = node.next
    print()
# 输出正常顺序链表
printLinkedList(node1)
# 链表反转函数
def reverseLinkedList(header):
    # 如果链表为空，或者仅有一个元素，则返回
    if not header or not header.next:
        return header
    # 初始化上一个节点
    pre_node = None
    # 初始化下一个节点
    next_node = None
    while header:
        # 下一个节点为当前节点的下一个节点
        next_node = header.next
        # 将当前节点指向上一个节点
        header.next = pre_node
        # 上一个节点为当前节点
        pre_node = header
        # 将下一次遍历的节点换为当前节点的下一个节点
        header = next_node
    return pre_node
new_node = reverseLinkedList(node1)
printLinkedList(new_node)
```

25. 删除链表中多余的重复节点

由于该题只需将链表中多余的重复节点删除，而不是将重复的节点全部删除，所以可以定义一个字典，并将原链表的值存入该字典中，然后对原链表进行循环遍历，将重复的值剔除，将不重复的值存入一个新的链表，最后将新链表输出即可。

解析代码如下：

```python
# 资源包\Code\chapter19\1935.py
# 链表的节点
class LinkedNode:
    def __init__(self, val):
        self.val = val
        self.next = None
def deleteDuplicationNode(curlinkedHead):
    # 定义空字典,用于存放链表中节点的值
    nodeValues = {}
    # 定义新链表的头节点
    newLinkedHead = LinkedNode(curlinkedHead.val)
    # 初始化新链表的当前节点
    newLinkedcurNode = newLinkedHead
    # 将当前链表中头节点的值存入字典
    nodeValues[curlinkedHead.val] = curlinkedHead.val
    # 遍历当前链表中头节点的下一个节点
    while curlinkedHead.next:
        # 将下一次遍历的节点换为当前链表的下一个节点
        curlinkedHead = curlinkedHead.next
        # 如果当前链表中下一个节点的值在字典中不存在,则证明当前链表的下一个节点的值和当
        # 前节点的值不重复
        if nodeValues.get(curlinkedHead.val) == None:
            # 新链表头节点的下一个节点指向当前链表的节点
            newLinkedcurNode.next = LinkedNode(curlinkedHead.val)
            # 新链表的当前节点为新链表的下一个节点
            newLinkedcurNode = newLinkedcurNode.next
            # 将当前链表的节点的值存入字典
            nodeValues[curlinkedHead.val] = curlinkedHead.val
    # 返回新链表的头节点
    return newLinkedHead
# 创建链表
node1 = LinkedNode(5)
node2 = LinkedNode(5)
node3 = LinkedNode(10)
node4 = LinkedNode(4)
node5 = LinkedNode(7)
node6 = LinkedNode(7)
node1.next = node2
node2.next = node3
node3.next = node4
node4.next = node5
node5.next = node6
```

```
#打印链表
def printLinked(header):
    node = header
    while node:
        print(node.val)
        node = node.next
header = deleteDuplicationNode(node1)
printLinked(header)
```

26. 判断列表是否为二叉搜索树的后序遍历

二叉搜索树（Binary Search Tree），又名二叉排序树（Binary Sort Tree），其包括 3 部分，即节点、左子树、右子树，而节点又可以分为根节点和叶子节点，其中，具有左子树或右子树的节点称为根节点，否则称为叶子节点，如图 19-3 所示。

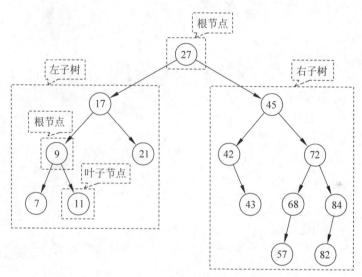

图 19-3 二叉搜索树

二叉搜索树具有以下性质：

（1）若二叉搜索树的左子树不为空，则其左子树上所有节点的值均小于或等于其根节点的值。

（2）若二叉搜索树的右子树不为空，则其右子树上所有节点的值均大于或等于其根节点的值。

（3）二叉搜索树的左、右子树也分别为二叉搜索树。

二叉搜索树的遍历分为先序、中序和后序，先序遍历的顺序为根节点→左子树→右子树；中序遍历的顺序为左子树→根节点→右子树；后序遍历的顺序为左子树→右子树→根节点。

解析代码如下：

```
#资源包\Code\chapter19\1936.py
def VerifySquenceOfBST(sequence):
    #如果是空列表，则返回值为False
```

```python
    if len(sequence) == 0:
        return False
    # 如果列表中只有一个元素,则必定是后序遍历
    if len(sequence) == 1:
        return True
    # 获取根节点的值
    root = sequence[-1]
    # 必须初始化边界点的值,因为该列表可能没有右子树,这样就无法使用"第1个大于根节点的方
    # 法找到左、右子树的边界点"
    border = len(sequence) - 1
    # 列表中第1个大于根节点的值,设为左、右子树的边界点
    for i in range(len(sequence) - 1):
        if sequence[i] > root:
            # 左、右子树的边界点
            border = i
            break
    # 获得边界点后,判断为 False 的情况
    for i in range(len(sequence) - 1):
        # 当边界点左边的值大于根节点的值时,返回值为 False
        if i < border and sequence[i] > root:
            return False
        # 当边界点右边的值小于根节点的值时,返回值为 False
        if i > border and sequence[i] < root:
            return False
    # 当二叉搜索树没有右子树或没有左子树时,直接将除根节点之外组成的列表继续递归处理否
    # 则以边界点为界限,将左子树和右子树组成的列表继续递归处理
    if border == len(sequence) - 1 or border == 0:
        return VerifySquenceOfBST(sequence[:-1])
    else:
        return (VerifySquenceOfBST(sequence[:border]) and VerifySquenceOfBST(sequence[border:len(sequence) - 1]))
# 后序遍历
print(VerifySquenceOfBST([7, 11, 9, 21, 17, 43, 42, 57, 68, 82, 84, 72, 45, 27]))
# 前序遍历
print(VerifySquenceOfBST([27, 17, 9, 7, 11, 21, 45, 42, 43, 72, 68, 57, 84, 82]))
```

27. 查找二叉搜索树中第 n 个小的节点

此题要查找二叉搜索树中第 n 个小的节点,可以应用二叉搜索树的中序遍历,因为中序遍历就是将二叉搜索树所有节点由小到大进行排序,所以只需将中序遍历之后的所有元素存入列表,并输出列表中的第 n−1 个元素,这样便可以完成题目要求。

解析代码如下:

```python
# 资源包\Code\chapter19\1937.py
# 二叉搜索树的节点
class TreeNode:
    def __init__(self, val):
        # 节点的值
        self.val = val
```

```python
        #左子树
        self.left = None
        #右子树
        self.right = None
class nNodeSearch:
    #返回第 n 个小的节点
    def nthNode(self, pRoot, n):
        #用于存储二叉搜索树按照中序遍历后的元素
        result = []
        #如果当前节点为空,则返回 None
        if not pRoot:
            return None
        result = self.mid(pRoot, result)
        #如果要查找的节点大于遍历后的长度或小于 0,则返回 None
        if n > len(result) or n <= 0:
            return None
        #返回查找的第 n 个小的节点
        return result[n - 1]
    #中序遍历算法
    def mid(self, pRoot, result):
        if pRoot:
            #遍历左子树节点
            self.mid(pRoot.left, result)
            #将中序遍历结果存入 result
            result.append(pRoot)
            #遍历右子树节点
            self.mid(pRoot.right, result)
        return result
#创建二叉搜索树,根节点为 10,左子树为 6,右子树为 15,右子树的左子树为 11,右子树的右子树为 20
root = TreeNode(10)
left = TreeNode(6)
right = TreeNode(15)
root.left = left
root.right = right
right_left = TreeNode(11)
right_right = TreeNode(20)
right.left = right_left
right.right = right_right
#查找第 3 个小的节点
print(nNodeSearch().nthNode(root, 3).val)
```

28. 获取二叉搜索树中节点值的和等于指定输入整数的所有路径

该题需要注意两点,一是题干中的路径指的是从根节点开始一直到叶子节点;二是需要获取符合要求的所有路径。

结合题意,首先需要判断所创建的二叉搜索树是否为空二叉搜索树,如果是,则直接返回空列表,否则需要继续判断每个节点是否为叶子节点,如果当前的节点不是叶子节点,则需要分别对当前节点的左子树、右子树进行递归,直至找到叶子节点。当找到叶子节点后,需要将当前叶子节点的值与当前的目标值进行比较,如果相等,则将当前节点和其父节点组成的值返回上一层,如果当前叶子节点的值与当前的目标值不相等,则返回空列表。

解析代码如下:

```python
# 资源包\Code\chapter19\1938.py
# 二叉搜索树的节点
class TreeNode:
    def __init__(self, val):
        self.val = val
        self.left = None
        self.right = None
class NumPath:
    def FindPath(self, root, expectNumber):
        # 如果当前节点为空,则不是空二叉搜索树,说明已经到达叶子节点.如果到达叶子节点则
        # 需要返回空列表,防止列表被初始化,致使上一层存储的节点值丢失
        if root == None:
            return []
        # 将列表初始化
        res = []
        # 到达叶子节点,并且叶子节点的值已经与当前的目标值相等,所以需要将此节点值添加
        # 至列表之中
        if root.val == expectNumber and root.left == None and root.right == None:
            # 将此节点的值添加至列表之中
            res.append([root.val])
        # 继续对左、右子树和剩下的目标值进行递归
        left = self.FindPath(root.left, expectNumber - root.val)
        right = self.FindPath(root.right, expectNumber - root.val)
        # 将符合条件的元素组成列表,然后返回上一层,如果left和right为空,则直接返回空列表
        for i in left + right:
            res.append([root.val] + i)
        return res
# 创建二叉搜索树
root = TreeNode(10)
left = TreeNode(6)
right = TreeNode(15)
root.left = left
root.right = right
left_left = TreeNode(11)
left_right = TreeNode(20)
right.left = left_left
right.right = left_right
left_left_left = TreeNode(9)
left_left.left = left_left_left
# 输入根节点和指定的整数
print(NumPath().FindPath(root, 16))
print(NumPath().FindPath(root, 45))
```

29. 计算列表中出现次数超过该列表长度一半的元素

解此题的核心在于需要统计出列表中每个元素出现的次数,统计出现的次数既可以使用列表的 *count*()方法,也可以自定义函数,通过"循环+判断"的方法来统计元素出现的

次数。

1) 使用自定义函数

解析代码如下：

```python
# 资源包\Code\chapter19\1939.py
def moreThanHalfNum(lt):
    # 定义字典,其中键用于保存列表中的元素,键的值用于保存该元素出现的次数
    dt = {}
    # 用于保存出现次数最多的元素
    maxNum = None
    # 计算列表的长度
    listCount = len(lt)
    # 对列表进行遍历
    for num in lt:
        # 判断当前字典中是否有该元素,如果没有,则将元素作为字典的键存入,并将值设为1
        # 代表第一次出现,如果字典中该元素已经存在,则对该元素在字典中的值进行加1操作
        if dt.get(num) is None:
            dt[num] = 1
            # 将列表中第1个元素赋值给maxNum
            if maxNum == None:
                maxNum = num
        else:
            dt[num] += 1
        # 判断列表中两个元素出现的次数,将出现次数多的元素的值赋给maxNum
        if num != maxNum and dt.get(num) > dt.get(maxNum):
            maxNum = num
        # 判断当前元素出现的次数是否大于列表长度的一半
        if dt.get(maxNum) > listCount //2:
            return maxNum
    return '该列表中无符合要求的元素!'
print(moreThanHalfNum([5, 5, 4, 3, 5, 3, 2, 5, 5, 5, 5, 7, 7]))
```

2) 使用 count() 方法

解析代码如下：

```python
# 资源包\Code\chapter19\1940.py
def moreThanHalfNum(lt):
    length = len(lt) //2
    for num in lt:
        if lt.count(num) > length:
            return num
    return '该列表中无符合要求的元素!'
print(moreThanHalfNum([5, 5, 4, 3, 5, 3, 2, 5, 5, 5, 5, 7, 7]))
```

30. 查找第 n 个丑数

丑数指的是只包含因数2、3和5的数。例如6和8都是丑数,但7和14不是,因为它们包含因数7。习惯上将1当作第1个丑数,前20个丑数分别为1、2、3、4、5、6、8、9、10、12、15、16、18、20、24、25、27、30、32、36。

解此题,首先需要给 3 个因数 2、3 和 5 分别设定一个默认的索引 0,然后用第 1 个丑数 1 分别乘以因数 2、3 和 5,并取出相乘后最小的数,这个数就是第 2 个丑数,之后将该数对应的因数的索引加 1,以便于获取下一个丑数;最后,按照此算法,不断进行循环,即可获得按照升序排列的丑数,然后返回指定索引的丑数即可完成此题。

解析代码如下:

```python
# 资源包\Code\chapter19\1941.py
def GetUglyNumber(index):
    # 如果索引小于 1,则返回 None
    if index < 1:
        return None
    # 将第 1 个丑数 1 放入列表中,该列表用于存放按照升序排序的所有丑数
    uglyList = [1]
    # 将因数 2、3、5 的默认索引设为 0
    twoPointer = 0
    threePointer = 0
    fivePointer = 0
    # 设定默认索引
    count = 1
    # 如果当前索引与要查找的索引相等,则返回该索引对应的丑数
    while count != index:
        # 将最小的丑数存入列表中
        minValue = min(2 * uglyList[twoPointer], 3 * uglyList[threePointer], 5 * uglyList[fivePointer])
        uglyList.append(minValue)
        count += 1
        # 如果当前丑数含有因数 2,则其索引加 1
        if minValue == 2 * uglyList[twoPointer]:
            twoPointer += 1
        # 如果当前丑数含有因数 3,则其索引加 1
        if minValue == 3 * uglyList[threePointer]:
            threePointer += 1
        # 如果当前丑数含有因数 5,则其索引加 1
        if minValue == 5 * uglyList[fivePointer]:
            fivePointer += 1
    # 返回要查找的丑数
    return uglyList[count - 1]
# 查找第 8 个丑数
ret = GetUglyNumber(8)
print(ret)
```

31. 计算整数列表的中位数

中位数又称中值,是统计学中的专有名词,指按顺序排列的一组数据中居于中间位置的数,代表一个样本、种群或概率分布中的一个数值,其可将数值集合划分为相等的上下两部分。对于有限的数集,可以把所有观察值按从高到低的顺序排序后找出正中间的一个作为中位数。如果观察值有偶数个,通常取最中间的两个数值的平均数作为中位数。

在此题中,如果列表中数据的个数是奇数,则列表中间那个数据就是列表数据的中位数;如果列表中数据的个数是偶数,则列表中间两个数据的算术平均值就是列表数据的中

位数。

解析代码如下：

```python
#资源包\Code\chapter19\1942.py
def get_median(data):
    #对列表进行排序
    data.sort()
    #获取列表的长度
    length = len(data)
    #初始化中位数
    median = None
    #列表长度为偶数
    if length % 2 == 0:
        #计算出列表中间两个数据的算术平均值
        median = (data[length //2] + data[length //2 - 1]) / 2
    #列表长度为奇数
    if length % 2 == 1:
        #计算出列表中间的数据
        median = data[(length - 1) //2]
    return median
ret = get_median([2, 3, 5, 4, 8, 10])
print(ret)
```

此外，本题除了上述的传统算法，还有一种非常巧妙的算法，即将列表长度除以2之后的正索引取反，然后只需将正、负索引对应的元素相加后除以2，便可以得到中位数。

例如，当有偶数列表[1,2,3,4,5,6]时，其中位数由列表中间的两个数据3(负索引为-4)和4(负索引为-3)决定，而该列表长度除以2之后的正索引为3，其所对应的元素为4，此时，将正索引3取反，得到的恰恰是负索引-4，所对应的元素为3，正是所需要的列表中间的两个数据，所以只需将两个正、负索引对应的元素相加后除以2，便可以得到中位数；当有奇数列表[1,2,3,4,5]时，其中位数就是列表中间的数据3，而该列表长度除以2之后的正索引为2，对应的元素为3，此时，将正索引2取反，得到的恰恰是负索引-3，所对应的元素仍为3，所以只需将两个正、负索引对应的元素相加后除以2，便可以得到中位数。

解析代码如下：

```python
#资源包\Code\chapter19\1943.py
def get_median(data):
    #对列表进行排序
    data.sort()
    #列表长度除以2
    half = len(data) //2
    #将正、负索引对应的元素相加后除以2,即可得到中位数
    median = (data[half] + data[~half]) / 2
    return median
ret = get_median([2, 3, 5, 4, 8, 10])
print(ret)
```

32. 计算小于或等于 n 的非负整数区间一共包含多少个 1

此题只需将整型转换为字符串型,然后对字符串进行循环遍历。

解析代码如下:

```python
# 资源包\Code\chapter19\1944.py
def numberofone(n):
    # 初始化计数器
    count = 0
    for i in range(1, n + 1):
        # 将整型转换为字符串型
        for i in str(i):
            if i == '1':
                count += 1
    return count
print(numberofone(14))
```

33. 一只青蛙一次可以跳上一个台阶,也可以跳上两个台阶,计算该青蛙跳上具有 n 个台阶的跳法有多少种

解此题,需要从计算的结果入手,即赋予假定值,然后罗列计算的结果,最后根据计算的结果推断出相关算法。

假设青蛙跳上 n 个台阶共有 f(n)种方法,而 f(n)种方法又可细分为两种:一是一次跳了一个台阶,那么剩下的 n−1 个台阶,其跳法是 f(n−1);二是一次跳了两个台阶,那么剩下的 n−2 个台阶,其跳法是 f(n−2),因此,可以得出公式:f(n)=f(n−1)+f(n−2)(n≥2,n∈N),然后通过实际的情况可以得出,当总共有一个台阶时,跳法 f(1)=1,当总共有两个台阶时,跳法 f(2)=2,即当总共有一个台阶时,共有一种跳法;当总共有两个台阶时,共有两种跳法;当总共有 3 个台阶时,共有 3 种跳法;当总共有 4 个台阶时,共有 5 种跳法……经过分析,该数列属于斐波那契数列。

解析代码如下:

```python
# 资源包\Code\chapter19\1945.py
def jumpFloor(num):
    # 当台阶数有 1 级或 2 级时,直接返回
    if num == 1 or num == 2:
        return num
    # 斐波那契数列
    return jumpFloor(num - 1) + jumpFloor(num - 2)
print(jumpFloor(4))
```

34. n 个人从 1 开始报数,报到 m 的退出,剩下的人继续从 1 开始报数,计算最后留下的是第几个人

此题是道典型的约瑟夫环问题,解决该问题的思路有两种:

第一种是常规方式,即创建环形链表,这种方式比较容易理解,即对环形链表进行循环,每次将报到 m 的节点删除,最后终止的条件为环形链表中的当前节点等于下一个节点指向其本身,那么这个节点就是最后留下的人。

解析代码如下:

```python
# 资源包\Code\chapter19\1946.py
# 链表节点
class LinkedNode:
    def __init__(self, value):
        self.value = value
        self.next = None
# 环形链表
def create_linkList(n):
    # 创建头节点
    head = LinkedNode(1)
    pre = head
    for i in range(2, n + 1):
        # 创建节点
        newNode = LinkedNode(i)
        pre.next = newNode
        pre = newNode
    # 形成环形
    pre.next = head
    return head
# 总人数
n = 6
# 报到的数
m = 4
# 如果报的数为1,则最后留下的人就是n
if m == 1:
    print(n)
else:
    # 获得环形链表
    head = create_linkList(n)
    pre = None
    cur = head
    # 终止条件是环形链表中的当前节点等于下一个节点指向其本身
    while cur.next != cur:
        # 模拟报数,获得报到数的节点
        for i in range(m - 1):
            pre = cur
            cur = cur.next
        # 删除报到数的节点
        pre.next = cur.next
        cur.next = None
        cur = pre.next
    print(f'最终留下的是第{cur.value}个人')
```

第二种方式非常巧妙,可以通过递归的方式来解决该问题,即每次删除某一个报到 m 的人后,就对剩下的 n-1 个人重新编号,直到留下最后一个人,所以现在的重点就是找出删除前和删除后仍然留下的人的编号的映射关系,经过分析,其映射关系如表 19-1 所示。

表 19-1 映射关系

删除前编号	1	2	3	⋯	$m-1$	m	$m+1$	$m+2$	⋯	n
删除后编号	$n-m+1$	$n-m+2$	$n-m+3$	⋯	$n-1$	已被删除	1	2	⋯	$n-m$

通过表 19-1，很容易得出删除前和删除后仍然留下的人的编号的映射关系，假设删除前的编号为 beforedel，删除后的编号为 afterdel，则 beforedel＝(afterdel＋m)％n，但是由于编号是从 1 开始的，所以需要将 beforedel 加 1，此外还需要保持等式两边相等，所以需要将 afterdel＋m 减 1，则最终删除前编号和删除后仍然留下的人的编号的映射关系为 beforedel＝(afterdel＋m－1)％n＋1。

解析代码如下：

```
# 资源包\Code\chapter19\1947.py
def JosephRing(n, m):
    return n if n == 1 else (JosephRing(n - 1, m) + m - 1) % n + 1
print(f'最终留下的是第{JosephRing(6, 4)}个人')
```

35. 给定一个列表，并有一个长度为 k 的滑动窗口从列表的最左侧移动到列表的最右侧，滑动窗口每次只能向右移动一位，计算每次移动中滑动窗口内的最大值

此题可以采用滑动窗口算法来计算，该算法需要注意两点，即计算滑动窗口向右滑动的次数和计算滑动窗口内的最大值。

假设给定一个列表[－3,3,1,－3,2,4,7]，设定滑动窗口的长度为 3，则每次移动中滑动窗口内的最大值为[3,3,2,4,7]，滑动过程如图 19-4 所示。

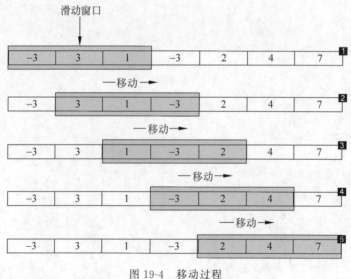

图 19-4 移动过程

解析代码如下：

```
# 资源包\Code\chapter19\1948.py
def maxSlidingWindow(lt, size):
```

```
#如果滑动窗口长度小于或等于0,或者列表长度小于滑动窗口的长度,则返回None
if size <= 0 or len(lt) < size:
    return None
#列表长度
length = len(lt)
result = []
#滑动窗口向右移动的次数等于列表长度减去滑动窗口长度再加1
for i in range(0, length - size + 1):
    #计算当前滑动窗口内最大的值
    result.append(max(lt[i:i + size]))
return result
#滑动窗口的长度为3
print(maxSlidingWindow([-3, 3, 1, -3, 2, 4, 7], 3))
```

36. 计算一个32位二进制整数中1的个数,其中负数用补码表示

计算机内部使用补码进行存储。整数的原码、反码和补码都是一致的,而负数的原码、反码和补码是不一致的,所以要计算出负数的补码,可以将负数和32位二进制1相与,即可得到该负数的补码。

解析代码如下:

```
#资源包\Code\chapter19\1949.py
def compute(number):
    #如果为负数,则与32位二进制1相与
    if number < 0:
        #0xffffffff 相当于32位1
        number = number & 0xffffffff
    #将0b两位去掉,得出二进制数长度
    length = len(bin(number)) - 2
    #初始化计数器
    count = 0
    for i in range(0, length):
        #1和正数相与不等于0
        if number & 2 ** i != 0:
            count += 1
    return count
print(compute(13))
print(compute(-13))
```

图 书 推 荐

书 名	作 者
鸿蒙应用程序开发	董昱
鸿蒙操作系统开发入门经典	徐礼文
鸿蒙操作系统应用开发实践	陈美汝、郑森文、武延军、吴敬征
华为方舟编译器之美——基于开源代码的架构分析与实现	史宁宁
鲲鹏架构入门与实战	张磊
华为 HCIA 路由与交换技术实战	江礼教
Flutter 组件精讲与实战	赵龙
Flutter 实战指南	李楠
Dart 语言实战——基于 Flutter 框架的程序开发（第 2 版）	亢少军
Dart 语言实战——基于 Angular 框架的 Web 开发	刘仕文
IntelliJ IDEA 软件开发与应用	乔国辉
Vue＋Spring Boot 前后端分离开发实战	贾志杰
Vue.js 企业开发实战	千锋教育高教产品研发部
Python 人工智能——原理、实践及应用	杨博雄主编，于营、肖衡、潘玉霞、高华玲、梁志勇副主编
Python 深度学习	王志立
Python 异步编程实战——基于 AIO 的全栈开发技术	陈少佳
Python 数据分析从 0 到 1	邓立文、俞心宇、牛瑶
物联网——嵌入式开发实战	连志安
智慧建造——物联网在建筑设计与管理中的实践	［美］周晨光（Timothy Chou）著；段晨东、柯吉 译
TensorFlow 计算机视觉原理与实战	欧阳鹏程、任浩然
分布式机器学习实战	陈敬雷
计算机视觉——基于 OpenCV 与 TensorFlow 的深度学习方法	余海林、翟中华
深度学习——理论、方法与 PyTorch 实践	翟中华、孟翔宇
深度学习原理与 PyTorch 实战	张伟振
ARKit 原生开发入门精粹——RealityKit＋Swift＋SwiftUI	汪祥春
Altium Designer 20 PCB 设计实战（视频微课版）	白军杰
Cadence 高速 PCB 设计——基于手机高阶板的案例分析与实现	李卫国、张彬、林超文
Octave 程序设计	于红博
SolidWorks 2020 快速入门与深入实战	邵为龙
SolidWorks 2021 快速入门与深入实战	邵为龙
UG NX 1926 快速入门与深入实战	邵为龙
西门子 S7-200 SMART PLC 编程及应用（视频微课版）	徐宁、赵丽君
三菱 FX3U PLC 编程及应用（视频微课版）	吴文灵
全栈 UI 自动化测试实战	胡胜强、单镜石、李睿
pytest 框架与自动化测试应用	房荔枝、梁丽丽
软件测试与面试通识	于晶、张丹
深入理解微电子电路设计——电子元器件原理及应用（原书第 5 版）	［美］理查德・C. 耶格（Richard C. Jaeger）、［美］特拉维斯・N. 布莱洛克（Travis N. Blalock）著；宋廷强译
深入理解微电子电路设计——数字电子技术及应用（原书第 5 版）	［美］理查德・C. 耶格（Richard C. Jaeger）、［美］特拉维斯・N. 布莱洛克（Travis N. Blalock）著；宋廷强译
深入理解微电子电路设计——模拟电子技术及应用（原书第 5 版）	［美］理查德・C. 耶格（Richard C. Jaeger）、［美］特拉维斯・N. 布莱洛克（Travis N. Blalock）著；宋廷强译

图书资源支持

感谢您一直以来对清华版图书的支持和爱护。为了配合本书的使用,本书提供配套的资源,有需求的读者请扫描下方的"书圈"微信公众号二维码,在图书专区下载,也可以拨打电话或发送电子邮件咨询。

如果您在使用本书的过程中遇到了什么问题,或者有相关图书出版计划,也请您发邮件告诉我们,以便我们更好地为您服务。

我们的联系方式:

地　　址:北京市海淀区双清路学研大厦 A 座 714

邮　　编:100084

电　　话:010-83470236　010-83470237

客服邮箱:2301891038@qq.com

QQ:2301891038(请写明您的单位和姓名)

资源下载:关注公众号"书圈"下载配套资源。

资源下载、样书申请

书 圈

图书案例

清华计算机学堂

观看课程直播